U0153483

LIN CHEN-YEH ARCHITECT

一冊通曉戰術、時代背景

全彩圖解版

戰國武器甲冑事典

中西豪、大山格 監修

Universal Publishing 編

前言

武器與防具能彰顯一個民族的個性。以日本的情況來看，舉凡弓採用上下不對稱的設計以換取射程、盾不是手持的防具等，均可說是其武器防具的特徵，由此可見日本民族爭取攻擊距離，以及就算犧牲自衛手段也要顧全左臂靈活的意圖。換言之，日本的祖先應是以攻擊為重的民族。

此外，刀、槍及鎧甲也會隨著時代的變遷改變型態，反映出社會情況。舉例來說，戰國武將朝倉宗滴曾留下「武士就算被罵是狗，是畜生，也要以勝為本」[1]這句訓示，當時所製造的武器與防具大多著重機能性與實用性。然而到了長治久安的江戶時代，卻出現批評「投射兵器太卑鄙」的風潮，毋寧說武器與防具的機能益趨退化。世上的所有事物大抵會隨著時代推移進行改良，卻不見得會隨時間經過變得更發達，此乃歷史的原則。這一點，我們可以從武器與防具的變遷過程中窺知。

所謂政權，意味著擁有權力讓人民服從。若無法以言語服人，政權就只能動用武力迫使人民屈服。因此，認識武器與防具是追溯歷史相當重要的一環。為了讓各位讀者能透過武器與防具等「物品」了解每個時代的特徵，同時也能對使用者的「心境」感同身受，請務必詳讀穿插在各章之間的專欄介紹。相信定能有助於各位讀者拓展視野，充實涵養。

大山　格

戰國武器甲冑事典 目次

第一幕
武器

戰國革命 ~武器篇~

一般認為，火繩槍（matchlock）的普及改變了戰國時代的合戰。

的確，各戰國大名都很積極地引進火繩槍。其中又以織田信長為第一人，從軍隊整體比率來看，約佔織田軍（明智軍）整體的百分之二十二左右。相較之下，北条軍的鐵砲裝備率低，僅佔百分之三，上杉軍佔百分之七，武田軍也不過才佔百分之六。不過各大名就算在領地內製造火繩槍，還是需要從鐵砲產地堺及國友村採購。

既然如此，為何織田軍能夠裝備大量的鐵砲呢？這是因為，織田信長透過堺購入大量優質火藥的緣故。儘管黑火藥原料當中的木炭與硫磺能靠國內自給，但硝石只能仰賴國外進口。雖然也可以從中國進口硝石，不過優質硝石的產地卻是在西班牙及葡萄牙的殖民地——南美。

織田信長藉由統治堺獨占南美產的硝石，以確保大量優質火藥。至於其他的戰國大名則因缺乏進口硝石，也就無法確保足夠的火藥。而劣質的黑火藥在發射後，碳粉容易附著在槍身內，如果沒有清除乾淨連射一〇發以上，甚至會妨礙火藥的裝填。

使用優質火藥能減少碳粉的附著，延長連續射擊的時間。

織田軍憑藉豐富的火藥，發動其他戰國大名所不能的彈幕射擊，凌駕群雄。

高貫布士

一九五六年生於神奈川縣。學生時代，曾在軍事評論家小山內宏、航空評論家青木日出夫等人所創設的「軍事學研究會」學習軍事學。過去任職於出版社，現身兼軍事分析家與作家二職，相當活躍。

第一章

刀

刀

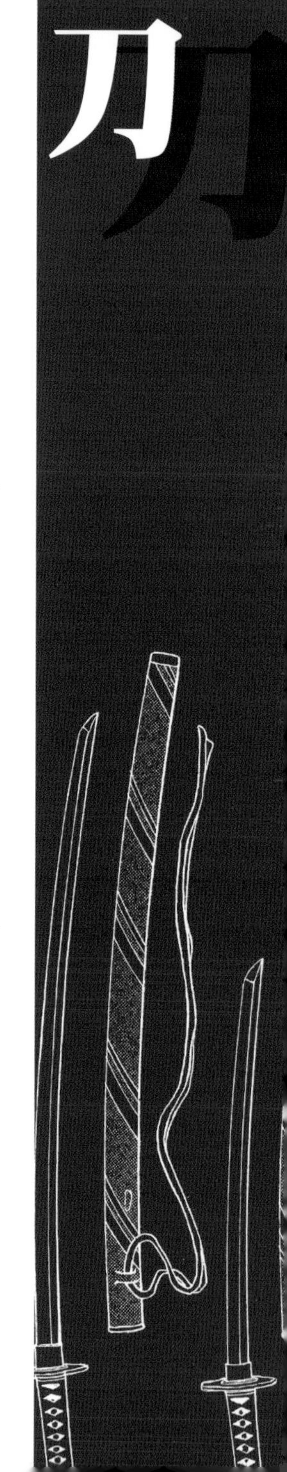

❖追求強大與美 日本特有的武器

自鎌倉時代末期以來，日本合戰的形式從騎射戰轉變為徒步集團戰。而合戰形式的變化，連帶影響了刀的形狀，從方便在馬上拔出腰間佩帶的「太刀」，轉變成刀刃朝上，便於行走時拔出插在腰間的「打刀」。

相較於刃長超過九〇公分，盛行於南北朝時代的大太刀（野太刀），打刀的刃長約六〇公分，刀反弧度較淺，重視在密集戰時操作的便利性。

到了安土桃山時代，太刀幾乎完全衰微，在腰間插上成對的一般打刀及名為「脇差」的短打刀成為趨勢。

基本上，刀是作為護身之用的武器。由於合戰盛行使用弓箭、鐵砲等遠距離武器，近距離武器則以薙刀及槍為主流，沒有適當的時機拔刀作戰，因此刀逐漸失去用武之地，只有在敵我陷入混戰時才有機會使用。

刀的各部位名稱

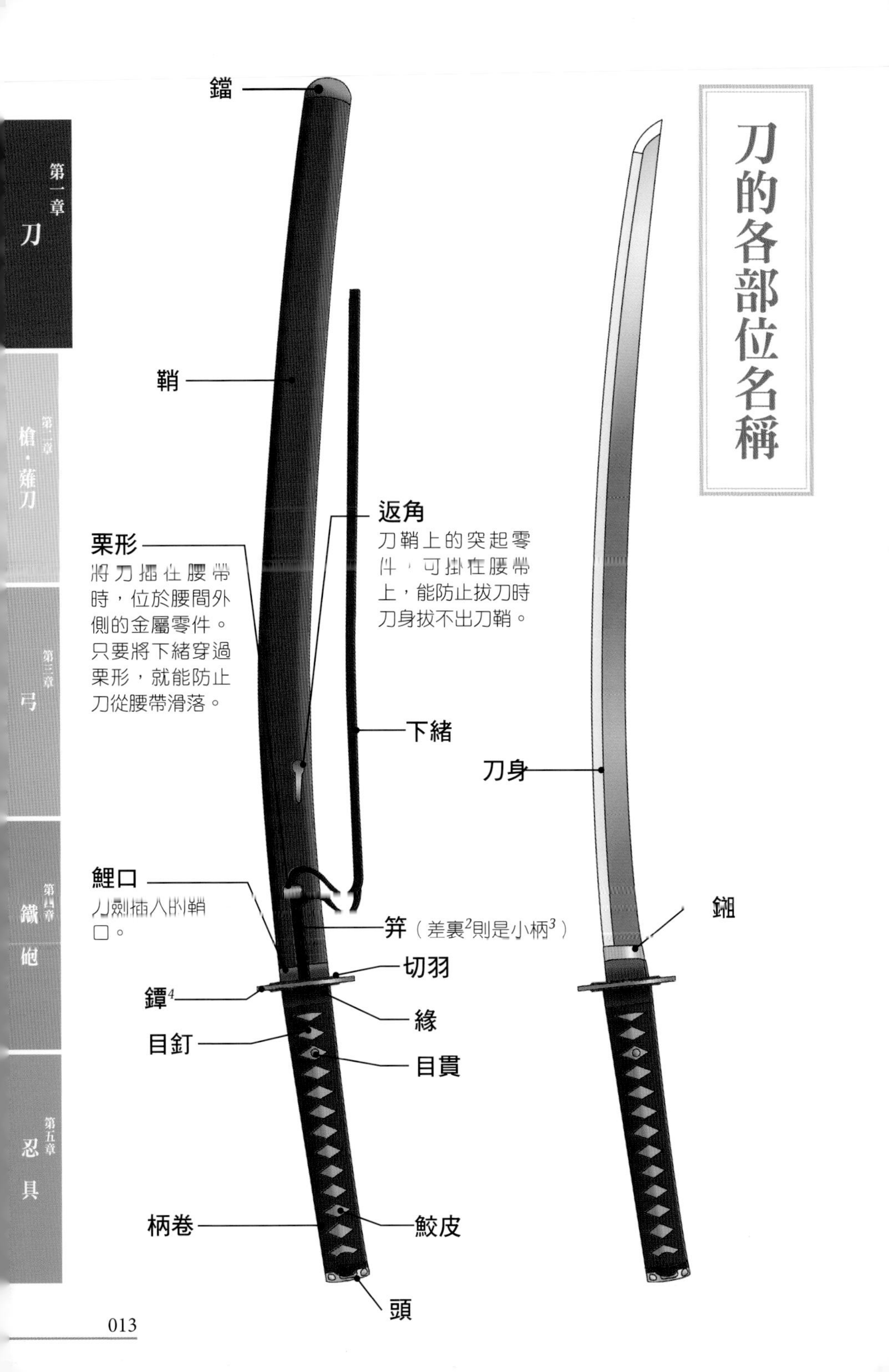
鐺
鞘
返角
刀鞘上的突起零件，可掛在腰帶上，能防止拔刀時刀身拔不出刀鞘。
栗形
將刀插在腰帶時，位於腰間外側的金屬零件。只要將下緒穿過栗形，就能防止刀從腰帶滑落。
下緒
刀身
鯉口
刀劍插入的鞘口。
笄（差裹[2]則是小柄[3]）
鎺
切羽
鐔[4]
緣
目釘
目貫
柄卷
鮫皮
頭

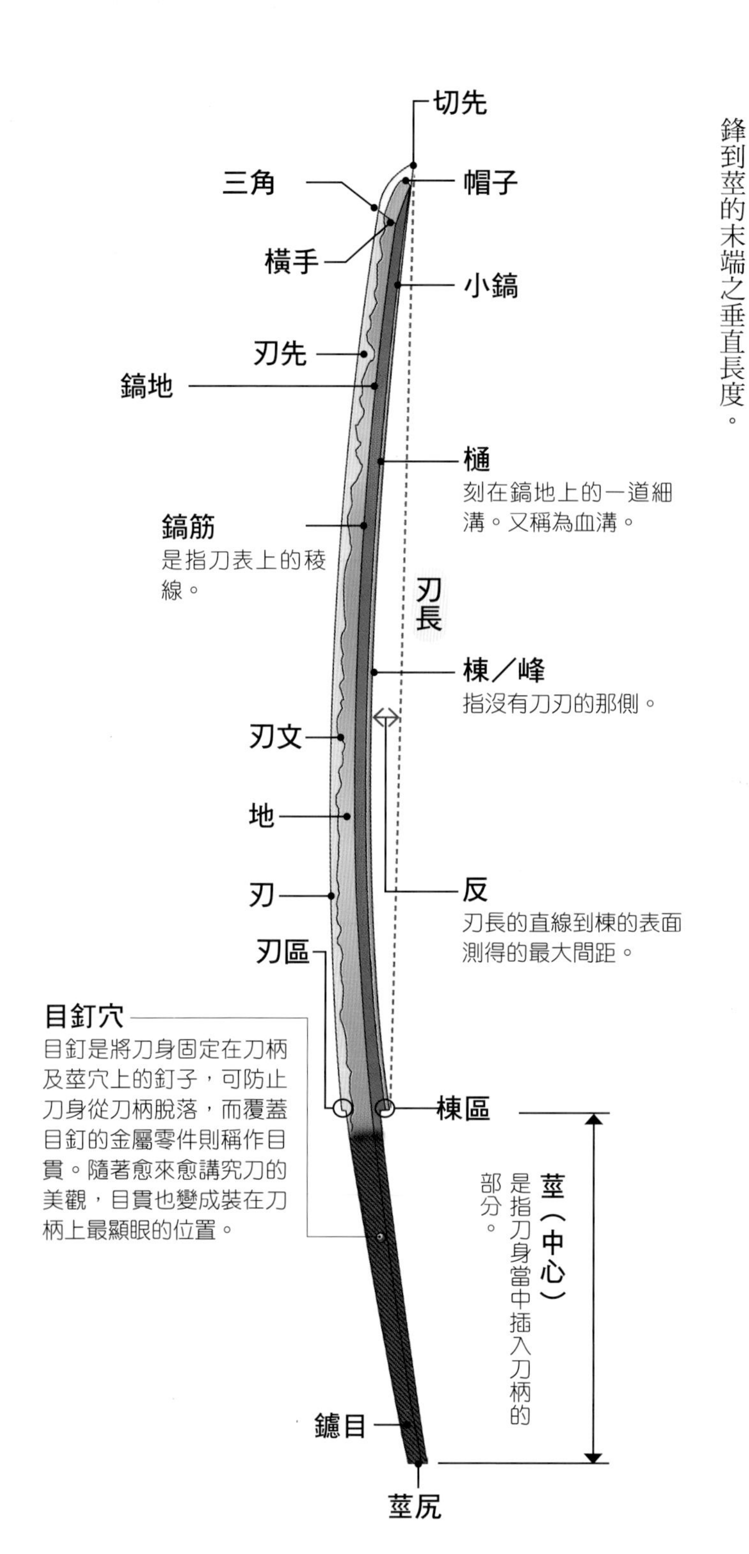

刀身分成上下兩部分，區以上的部分稱作身，以下的部分則稱作莖。另外在日文中刀的量詞是一振、二振或是一腰、二腰，而不是用一把、二把來算。

基本上，刀的長度由刃長決定。所謂刃長，是指棟區到刀鋒的垂直長度。此外，刀的全長包含莖的部分，是指刀鋒到莖的末端之垂直長度。

刀劍的種類

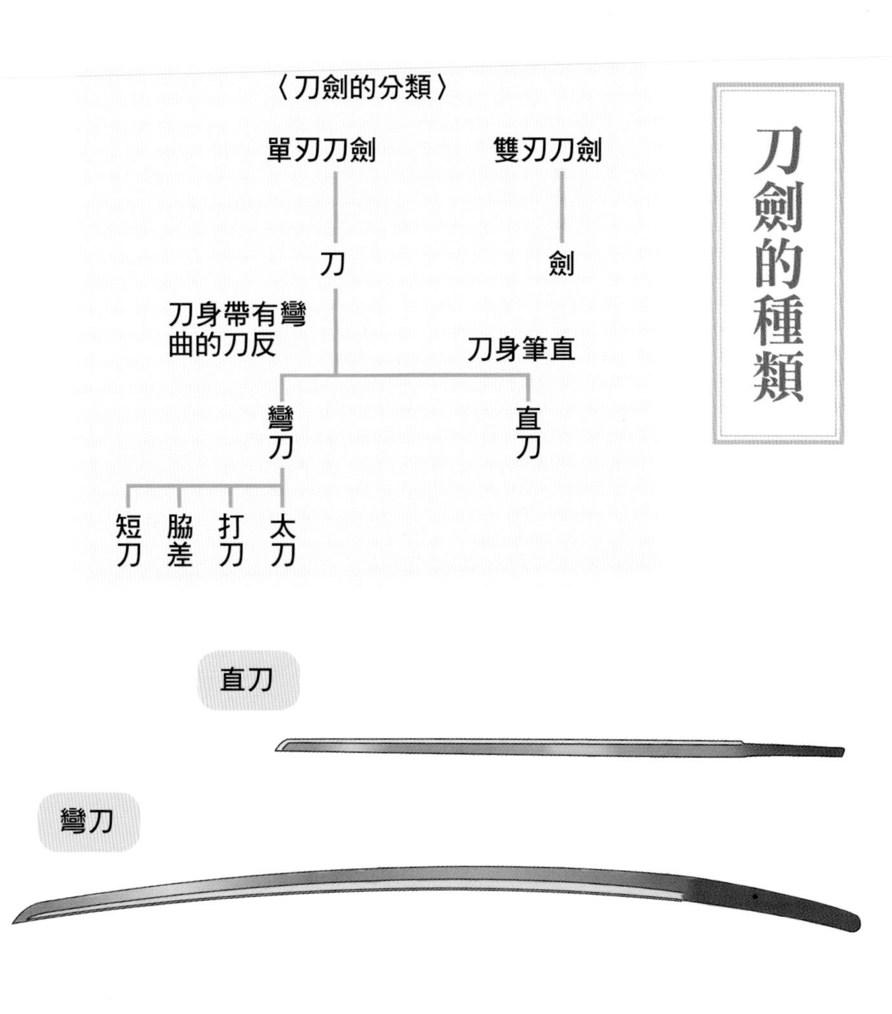

劍

奈良時代以前生產的刀劍主要以劍為主，一般長度約為七〇～八〇公分。使用時，一手持劍，另一手則拿著盾，專門用來刺擊敵人。雖然劍也會用來摺倒或斬殺敵人，但其形狀是基於刺擊敵人的考量而打造的。此外，劍也深受中國等大陸文化所影響。

劍的特徵是雙面開鋒，刀的特徵則是單面開鋒。

直刀

幾乎沒有刀反的刀。不過短刀的話，即便沒有刀反也不能夠稱作直刀。直到奈良時代為止，幾乎所有的刀都是指直刀。

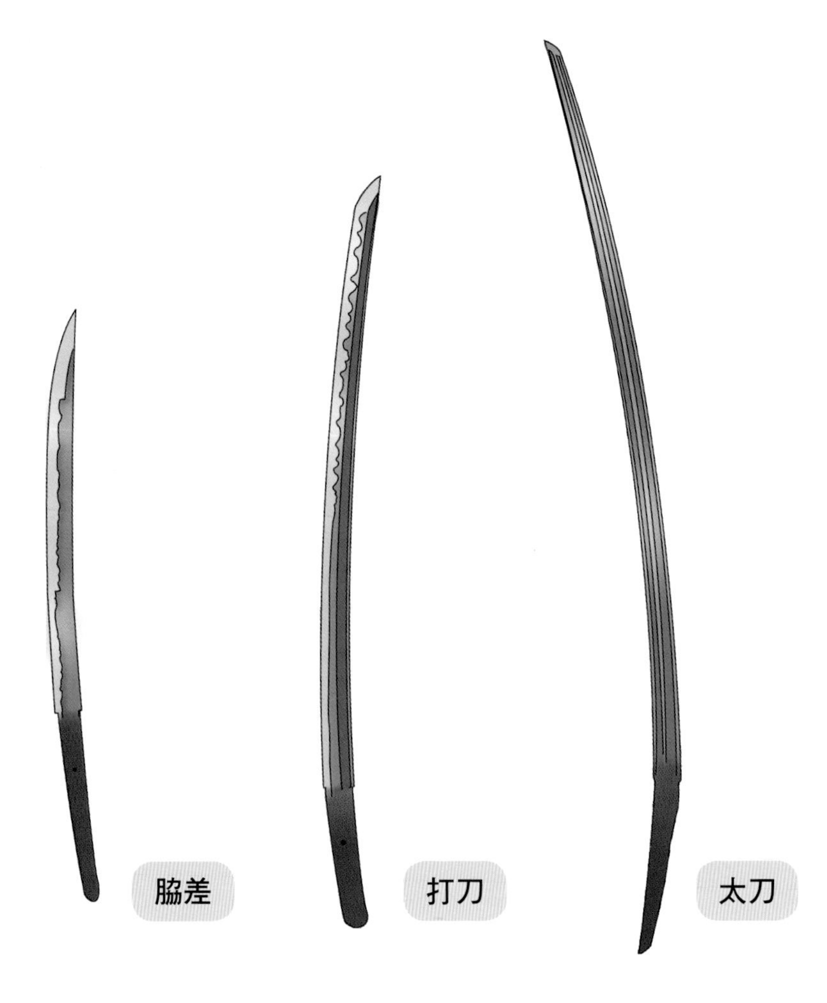

彎刀

平安時代以後所生產的刀均屬於此類。亦稱作「反張刀」，即刀身帶有彎曲刀反的刀。

相較於直刀，彎刀多了斬、橫砍、揮等攻擊形式，只要能隨機應變、善加運用，自然能得心應手。

太刀

日本中世的武士在戰場上使用的刀稱為太刀，通常將刀掛在腰帶上使用。

太刀屬於單刃刀，比起刺擊更著重斬擊。徒步戰時是以雙手持刀進行攻擊，威力甚強。

騎馬時則是用單手持刀，由於重量較輕且攻擊力高，在以槍及弓為主力武器的戰場上成為重要的輔助武器。但由於佩掛在腰間無法立即拔刀，容易造成妨礙，成了太刀的缺點。基於這項弱點，後改由打刀取代其地位。

打刀

打刀在以前被稱作腰刀，同時還附上一把短刀，其樣式也隨著時代變遷變得跟太刀一樣，不過其佩帶方式不同於太刀般掛在腰上，而是插在腰間。時至今日，一般所講的刀，指的就是打刀。

大小打刀（打刀與脇差）已成為所有武士階級的常用裝備，因此刀劍的樣式、外觀以及塗漆技術也相當發達，不僅講究刀的銳利度與強度，同時外觀上也極具美感。

一般而言，不論是太刀還是打刀均佩帶於左腰，太刀是將刀刃朝下，用繩子吊掛在腰間；打刀則是將刀刃朝上，插在腰間。

初期的彎刀幾乎都屬於太刀，自鎌倉時代中期起一直到戰國時代以後，普遍都是打刀。打刀的特徵是刀長比太刀短。太刀刀長約長達七十五公分以上，相較之下，打刀刀長則為六〇公分以上；到了江戶時代，規定打刀的長度為七〇公分左右。

脇差

脇差是指刀身長度介於三〇～六〇公分的短打刀。自鎌倉時代以來開始使用，到了戰國末期，在腰間佩帶打刀與脇差已變得相當普遍。其用途是作為大刀的備用刀，或是在無法揮動大刀的混戰下使用。

刀劍的歷史

磨製石劍（彌生時代）

據說這是作為狩獵等之用。其後，從中國大陸傳入青銅及鐵製的劍。

頭椎大刀（古墳時代）

當時的人基本上是一手拿大刀，另一手持盾進行攻擊。這個時代的劍深受中國文化的影響。

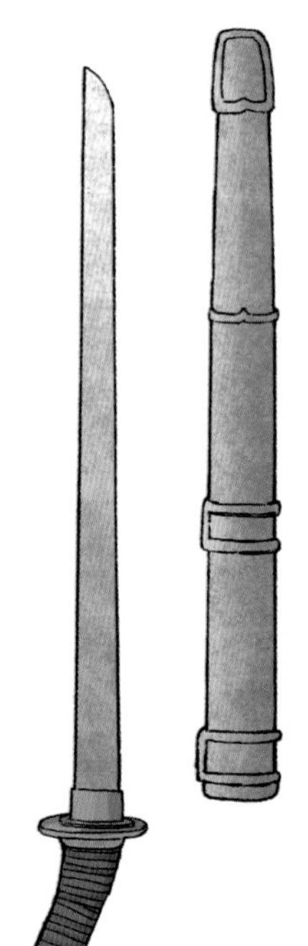

蕨手刀（古墳～奈良時代）

為全長50公分左右的直刀。刀把部分看起來如同用蕨葉纏繞，因而得其名。

據說在繩文時代，人們已經開始使用類似刀劍的器物，這一點可從挖掘出的石棒與石劍得到印證。不過據推測，這些石棒與石劍與其說是戰鬥武器，倒不如說是祭祀用品。

另外在彌生時代，受到中國大陸傳來的金屬器文化影響，儀式及日常用具也開始使用金屬製品，出現銅製的劍，而隨著時代推移，鐵製品也逐漸增多。

古墳時代，在大和政權統一全國之前，各地爆發種種紛爭，武器與防具的需求也隨之增加。初期大多使用鐵製的雙刃劍，不久之後，使用單刃直刀的人逐漸增多。

到了奈良時代，在朝廷的支配下，日本與中國的交流變得熱絡，從刀的演變也能看出其影

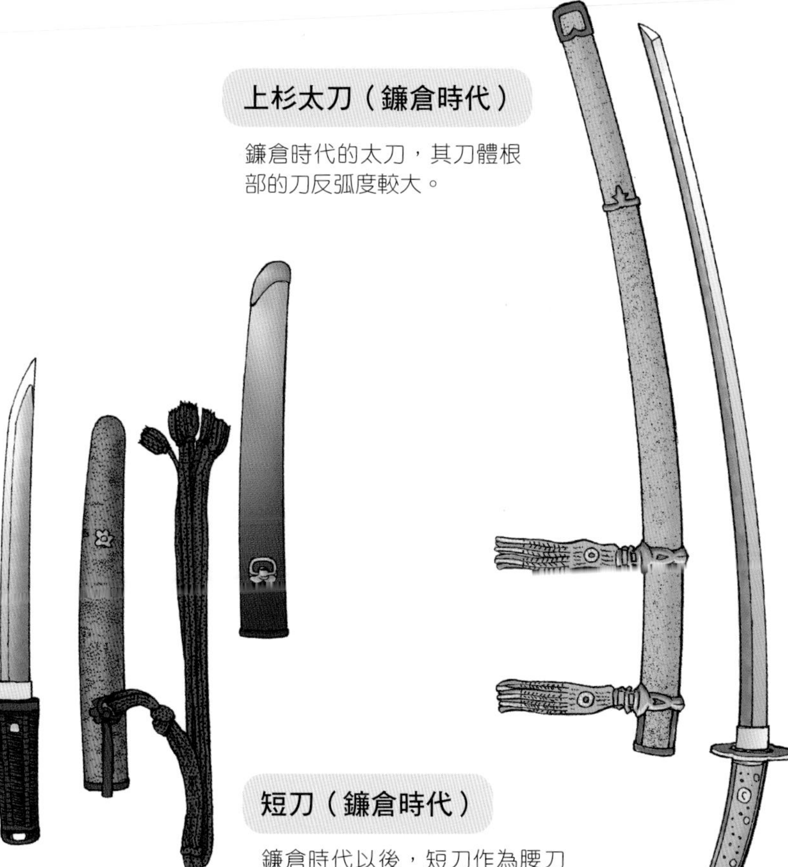

上杉太刀（鎌倉時代）

鎌倉時代的太刀，其刀體根部的刀反弧度較大。

短刀（鎌倉時代）

鎌倉時代以後，短刀作為腰刀使用，也用來當作護身武器及暗器。

響。除了刀的裝飾變得更加華麗之外，到奈良時代結束之前一直都是使用直刀。

進入平安時代，戰爭型態從以往的步兵戰轉變為騎兵戰，既有的直刀跟不上騎馬的速度，因此刀劍的形狀才逐漸轉變成彎刀，這也關係到現在日本刀的形狀。

此外歷經承平・天慶之亂（九三五～九四一）、前九年之役及後三年之役後，在源平合戰[5]等戰役，不僅戰鬥規模擴大，就連刀的銳利度、耐久度等也益加精進。

源賴朝開設鎌倉幕府，揭開了朝廷與幕府雙重統治的序幕。後鳥羽天皇為了奪回以天皇為中心的朝廷支配權，也展開一連串運動，結果承久之亂以幕府的勝利告終。自此，武家所建立的封建

大太刀（室町時代）

室町時代的太刀長度較長，稱作野太刀，到了戰國時代則沒落。

制度有了飛躍性的發展。

另外，承久之亂爆發前後的刀劍需求急速攀升，其形狀也與平安時代的刀劍不同，少了優美與高雅，大多充滿武家社會特有的剛健氣息且重視機能性。從這時期起，薙刀也逐漸普及。

鎌倉時代後期發生一起動搖鎌倉幕府的重大事件，那就是文永之役及弘安之役，亦即所謂的二度元寇來襲。元軍二度來襲，為日本的戰爭帶來巨大的變化。相對於日本軍延續平安時代以來由騎馬武者發起單挑的戰鬥方式，元軍則毫不留情地發動集團戰。由於日本缺乏有組織的集團戰經驗，結果輸得相當狼狽。

之後，在與元寇交戰後得到教訓的日本國內，合戰方式也從原先的騎兵一對一的個人戰轉變為集團對集團。甲冑開始重視機動性及可動性，同時也開始製造胴丸與腹卷等。除此之外，武器也順應時勢產生變化，刀在合戰中扮演相當重要的角色。

到了南北朝時代，槍急速普及

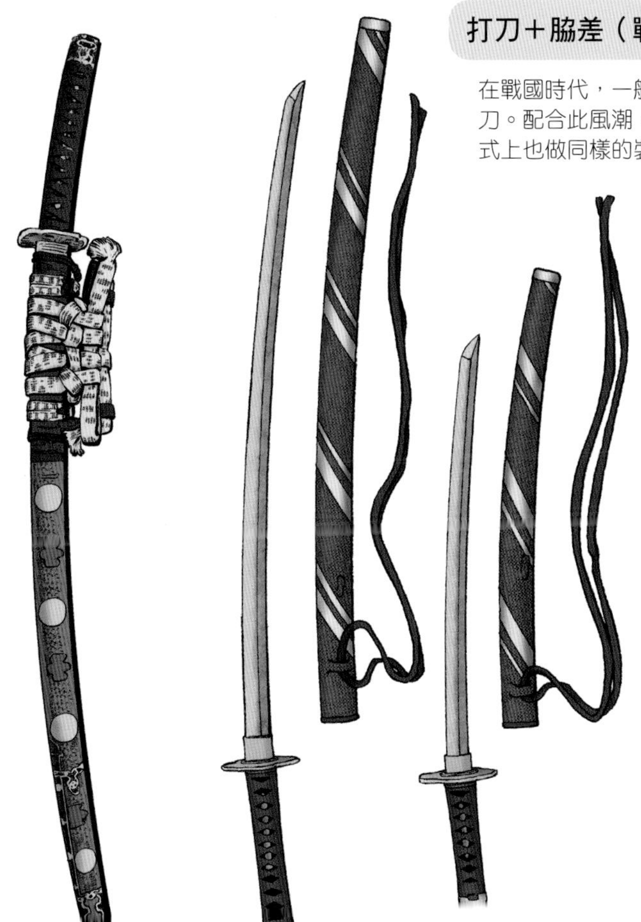

打刀＋脇差（戰國時代）

在戰國時代，一般都是佩帶大小雙刀。配合此風潮，打刀及脇差在樣式上也做同樣的裝飾。

化，成為日後合戰的主要武器。至於刀，這時期開始生產一種刀身長達三尺左右（約九〇公分），名叫野太刀的大太刀，可是到了南北朝時代末期卻幾乎衰微，逐漸轉變成以生產打刀為主。

而在戰國時代，打刀席捲其他種類的刀，與脇差搭配成一對，在腰間佩帶大小腰刀成為武士的基本裝備。也因此，打刀與脇差的樣式逐漸採用相同的設計。

江戶時代則規定刀的長度為二尺三寸（約七〇公分），直到江戶時代結束為止，劍術一直都是戰術的根本。隨著幕末開始大量採用新型鐵砲，甲冑也失去防衛作用，刀成了近身戰的主要武器，一直到禁止佩刀的廢刀令頒布為止。

鍛造的分類

鍛造是指日本刀的造型，以下根據刀的斷面形狀及開刃方式進行分類。

劍

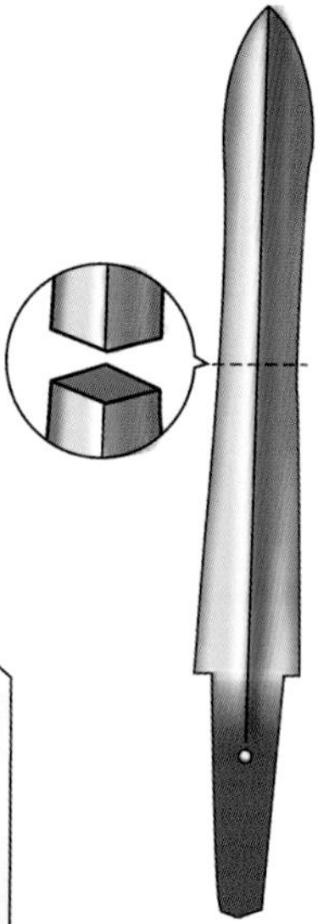

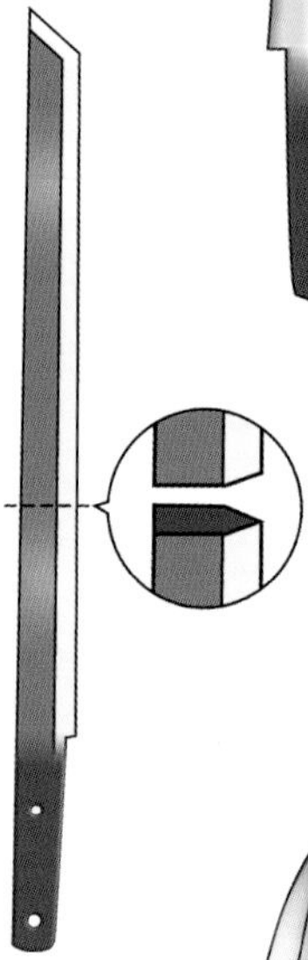

平造
刀身的兩面為平面，構成三角形斷面。常見於短刀及脇差等。

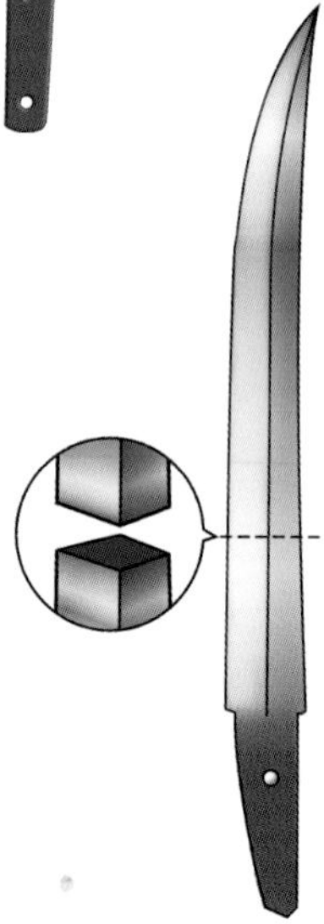

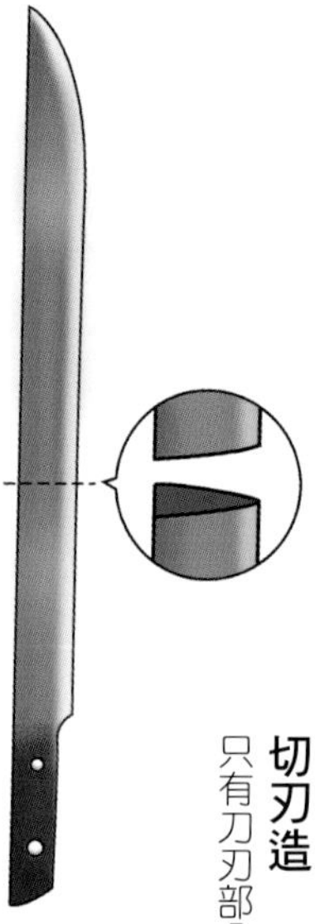

切刃造
只有刀刃部分呈楔形，常見於奈良時代。

菖蒲造
由於刀身形狀類似菖蒲葉而得名，主要常見於脇差之類。

片切刃造
正反兩面的其中一面為切刃造，另一面為平造。大多用於短刀上。

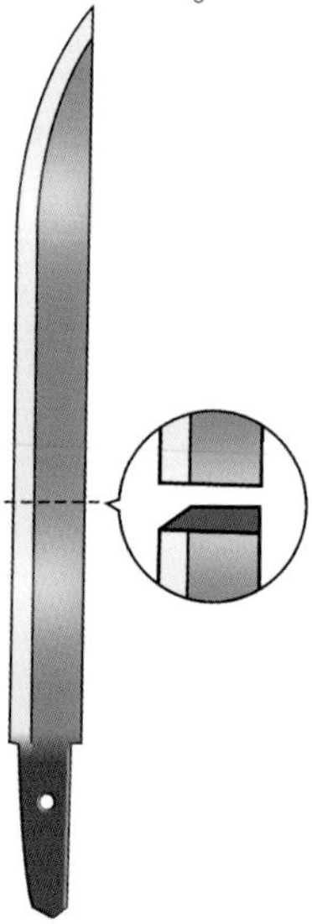

鎬造

最常用於刀及脇差，又名「本造」。刀身的兩面均有稱作鎬的稜線構造。

兩刃造

出現在直刀到彎刀過渡期的鍛造，為鎬造的不完全形。

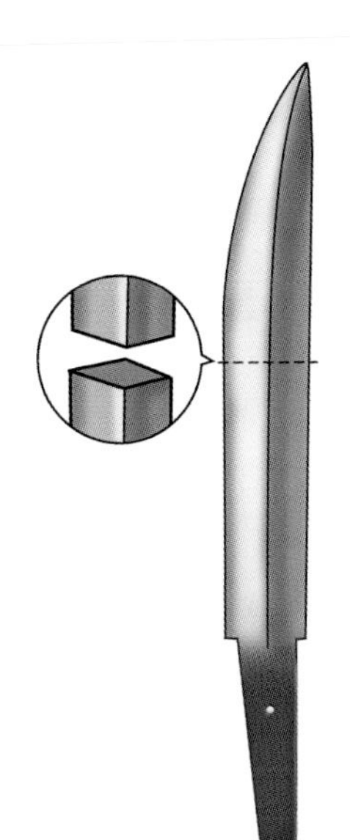

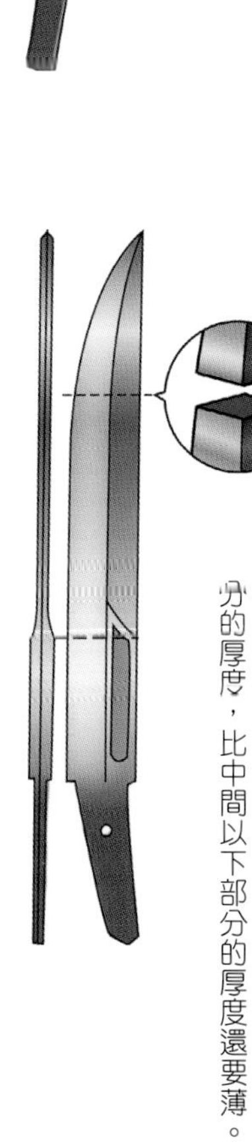

冠落造

棟的部分上下厚度不一致。棟的尖端到中間部分的厚度，比中間以下部分的厚度還要薄。

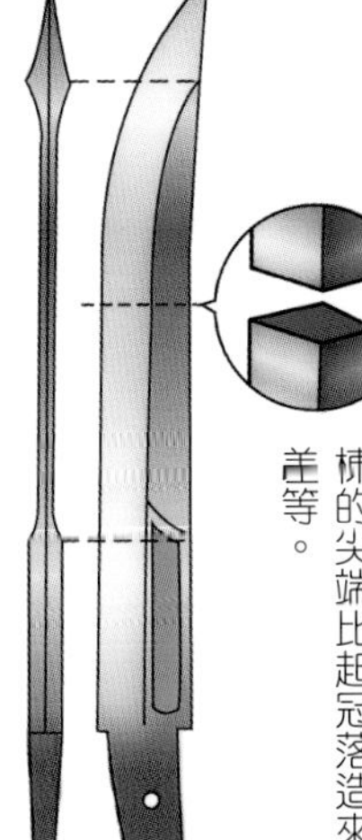

鵜首造

棟的尖端比起冠落造來得厚。常見於短刀及脇差等。

恐造（おそらく造り）

橫手的位置朝莖的方向靠近，切先約佔整個刀身的一半至三分之二。這種鍛造在室町時代中期後才出現，在那之前尚未出現。

關於刃文

刃文可分成缺少變化的直刃及充滿變化的亂刃二種。刃文的形狀並不是為了鋒利而加上的，而是為了追求外觀的美感以及展現刀匠的個性。

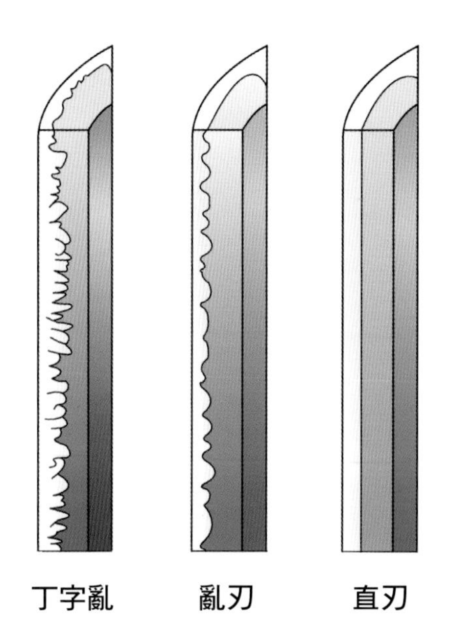

帽子的形狀

刀身的尖端部分稱作帽子[6]，帽子的形狀隨時代而異，平安時代的帽子形狀較短，到了鎌倉時代以後，則以形狀大的帽子為主流。

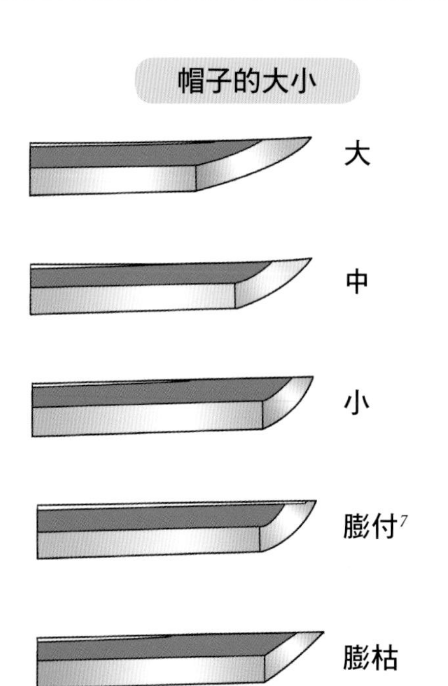

莖的種類

在莖的部分也會刻上刀匠的名字，其形狀種類也很豐富。

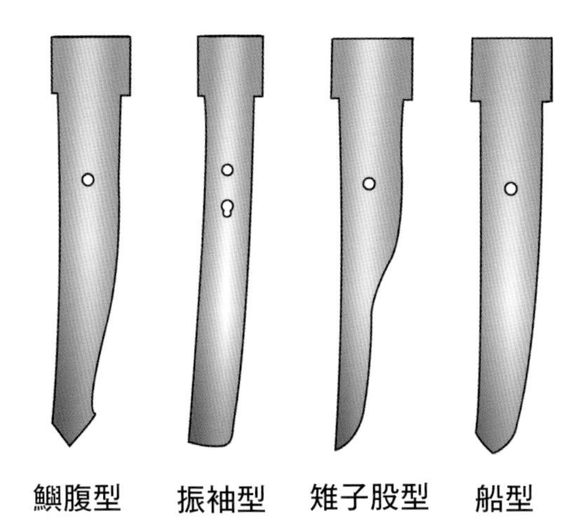

鑢目的形狀

鑢目是刻在莖上的銼紋，具有止滑的效果。其形狀因刀匠而異，種類繁多。

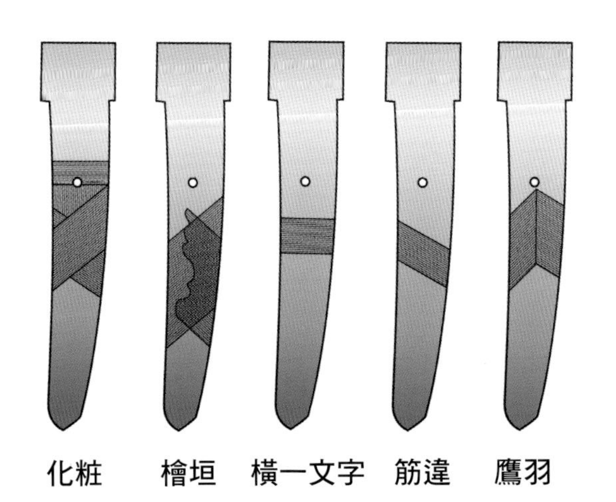

佩刀方式

如前所述，打刀的佩刀方式與太刀不同，是將刀刃朝上插在腰間。隨著時代推移，武士開始佩帶大小雙刀，並在刀鞘上裝上返角，可防止拔刀時連同刀鞘一起拔出。

不過戰國時代的武士們穿著甲冑武裝時，為求外觀好看，比較偏好將打刀如同太刀般將刀刃朝下佩帶。

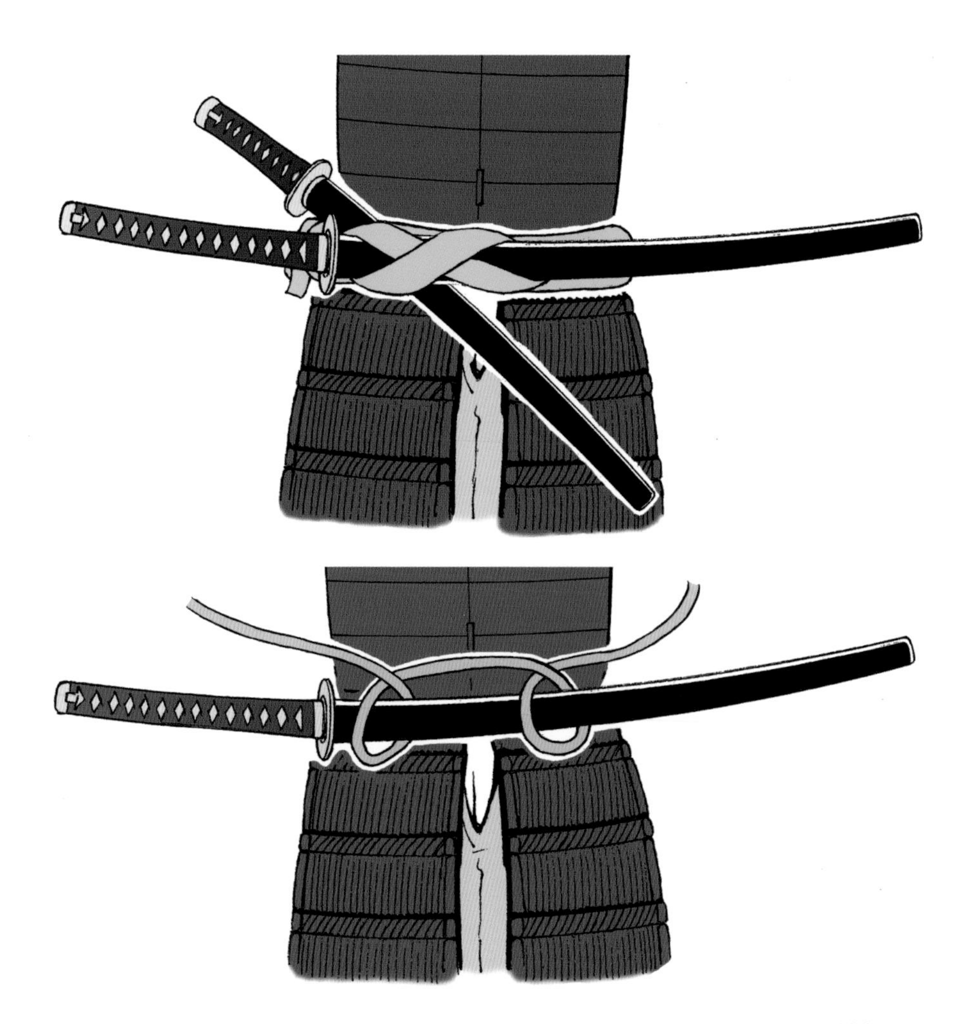

腰當

草鞋形狀的皮革板。在皮革板的前後二處有用來固定刀的繩環，只要將刀穿過即可固定。使用腰當就能如同佩帶太刀般，將刀刃朝下佩帶大小雙刀。

腰當具有騎馬時能防止刀鞘觸碰馬匹、避免摩擦傷及胴甲等優點，但由於拔刀時相當不便，因此不適合在實戰中使用。此外也具有刀容易卡住，不便於行動的缺點。常見於實戰減少的江戶時代。

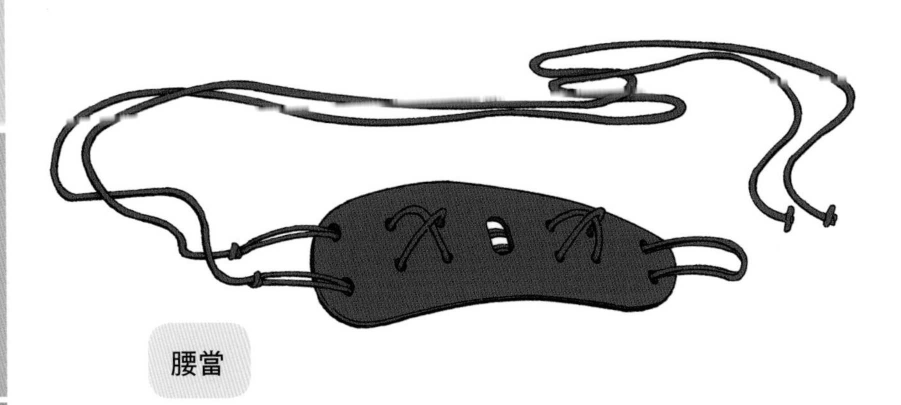

腰當

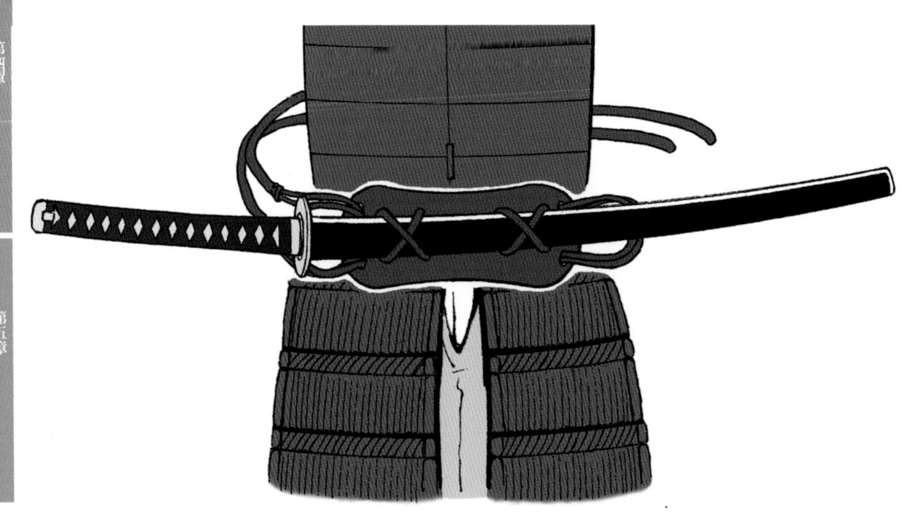

合戰當中刀的使用

戰國時代武士的一般造型

佩帶各一把大小刀是江戶時代武士的基本裝備，不過戰國時代的武士可就不同，他們在戰場上往往會佩帶各數把大小刀。

戰國武士之所以需要好幾把刀，是因為刀只要用來殺敵幾次後就會立刻作廢。比方說當刀一砍在敵人的甲冑上就會彎掉，甚至折斷。就算順利擊倒敵人，如果用的刀是便宜貨，刀刃大多一碰到脂肪就會變鈍損壞。

因此他們會使用好幾把刀作戰，不管是從倒下的敵人身上搶走刀來用，或是使用備用的刀。

騎馬戰鬥的武者

騎在馬上用刀時，是以單手持刀戰鬥。由於刀的重量輕，刀身又帶有彎曲刀反，即使在馬上也能夠輕易殺敵。

只不過在拔刀時，要注意避免傷到馬匹。從刀鞘拔刀時千萬不能朝正面拔刀，應該朝右方拔刀。

另外在馬上進行攻擊時，由於馬就在正前方，想要不傷及馬匹進行攻擊簡直難如登天。所以在馬上進行攻擊時，基本上是以攻擊右側為主，但同時也會使左側出現大空隙，具有重大的弱點。

騎馬武者側面

戰場上，主要是在混戰時使用刀。槍柄長的槍是戰場上的主要武器，不過在混戰狀態時，槍柄長度反倒成為阻礙，揮動、刺擊等動作均受到限制。

就這一點來說，刀能夠隨機應變，重量輕且容易揮動，因此能操作自如。此外相較於槍，不易出現空隙也是刀的優點。因此就連長柄足輕在失去槍後，也會拔刀作戰。

近身戰的武士

日本刀是追求「折不斷」、「不彎曲」、「鋒利度」三項要素所製造的武器，不論強韌以及外觀的美感，其製刀技術都是世界頂級水準。

此外相較於世界各國的刀劍，日本刀在雙手劍當中也是最輕量級，易於攜帶。

然而，也因此使得操作日本刀需要相當的技術，在斬擊時必須揮動刀來調節力道與方向，如此才能充分活用前述三項要素。若是使力方向有誤，就會折彎甚至折斷刀身。

劍術的發展

自室町時代起，劍術採納了各種不同的技法與技術，不久也出現以教授劍術為職業的人。到了戰國時代劍術得到確立，成立了許多流派。此外，在主要記載武田信玄・勝賴在位時甲斐武田氏戰術、兵法等的軍書——《甲陽軍鑑》中，記載了「武藝四門」及「六藝」等戰鬥必備的武術。「武藝四門」是指兵法（刀）、弓、鐵砲、馬術四種武術，「六藝」則是指劍術、槍術、弓術、砲術、馬術及柔術六種武術。

〈鍔〉

鍔裝在區分刀身與莖的部位，不但能夠防禦拳頭，還具有止滑功用。鍔除了具備機能性外，同時也注重裝飾性，講究各式各樣的工藝技巧。

與持槍或薙刀的敵人戰鬥時，必須善用武器的輕便性迅速地四處移動。由於對手的柄長較長，揮舞的動作也大，因此可以趁空隙應戰。像這樣，刀的優點在戰爭中特別顯著，出現固定的戰法。

關於切腹與介錯

戰爭中落敗的武將，大多選擇戰死沙場或是切腹自我了斷。切腹是日本特有的風俗習慣，一般認為在平安時代早已存在。

其實切腹有很多種方式，正式的切腹是用刀在腹部橫豎各劃一刀呈十字狀的「十文字腹」，不過以此法切腹需要耗費相當的氣力，因此改以用刀在腹部橫劃一刀的「一文字腹」當作標準切腹方式。其他尚有在腹部劃T字型的「變形十文字腹」，以及從肚臍下方劃肚的「南部腹」等。切腹的方式種類繁多，據曾於江戶初期到日本訪察的法蘭索斯・卡隆（François Caron）[8]的報告指出，日本約有五〇種切腹方式。

人在切腹後並不會馬上死亡，尚有充足氣力的武士甚至還會從腹部取出腸子展示給周圍的人看 此舉在戰國時代被譽為勇猛崇高，但在江戶時代卻被認為是不體面且過時的行為。只有切腹的話會因出血量多，到死亡之前會相當痛苦，因此通常旁邊會有負責介錯的人，切腹後再被斬首使之完全斷命。

短刀的優點

刀身在三〇公分以下的刀，稱為短刀，造型都是採取沒有刀反的平造。短刀常作為輔助武器之用，亦可作護身之用。

戰國時代的武士總會攜帶數把打刀上戰場，同樣道理，也需要攜帶數把短刀。一般戰爭時主要使用槍為武器，陷入混戰時則改以打刀應戰。若與敵人扭打成一團時，就要使用短刀割斷對方的咽喉。

這種時候，刀長較長的打刀派不上用場，使用短刀才能夠隨機應變。自室町時代至戰國時代生產了各種類型的短刀，有一種插在右腰間且可用右手瞬間拔出的短刀，稱作「馬手指」。其他尚有一種用於與人扭打時的短刀，稱作「鎧通」。另外，短刀也能用來取下敵人的首級並帶回。

專欄❶ 武器防具

被譽為「天下第一」、名刀中的名刀——本庄正宗

據說盤據於越後北部的豪族揚北眾當中，最為剛強勇猛的，要屬上杉氏的重臣本庄繁長這號人物。

在本庄繁長出生之前，父親本庄房長遭到其弟小川長資反叛而被奪走城池，悔恨而死。不過本庄繁長在長大成人後，於父親的十三年忌會場上逮到以監護人身份出席的小川長資，並逼迫他自殺，就此奪回本庄氏的實權。永祿元年（一五五八），他跟隨上杉謙信轉戰各地，參與了川中島之戰、關東出兵等戰役。然而在永祿四年（一六六一）的川中島之戰，在激烈戰況中立下功績的本庄繁長對陷入困境的上杉謙信大聲斥責，自此兩人之間便產生隔閡。本庄繁長曾經一度反叛上杉謙信，但上杉謙信卻認同其武勇，准許他歸降並恢復其領地與居城。在上杉謙信死後，本庄繁長受到上杉景勝的重用，立下討伐新發田重家等無數軍功。

天正十六年（一五八八） 大寶寺武藤家與最上義光麾下的東禪寺家為出羽庄內的支配權開戰，本庄繁長便出兵支援大寶寺武藤家。以數量取勝的本庄軍在十五里原與東禪寺軍對峙，東禪寺軍節節敗退。敵軍將領東禪寺勝正於是想出奇招，佯裝成本庄軍欲隻身進入本庄本營。他一手舉起假首級，大喊：「我殺死敵軍總大將東禪寺勝正了！」。東禪寺勝正原本想趁首實檢[9]時討伐本庄繁長，沒想到復仇不成，卻反被本庄繁長所殺死。東禪寺勝正所擁有的大太刀正宗，造型為大磨上[10]反淺（為刀莖前端大幅截短的刀，刀反較淺），長度為二尺一寸五分半（約六四・六五公分），便成了本庄繁長的戰利品。

然而後來本庄繁長前去參加伏見城普請[11]時，據說由於財政貧困，於是透過本阿彌光悅[12]將東禪寺勝正的正宗賣給了德川家康（有一說法是賣給羽柴秀次）。這把被本阿彌光悅評鑑為「在正宗之作當中屬上乘之作，天下第一」的刀，被稱為「本庄正宗」，成為將軍家的秘傳寶刀，不過在第二次世界大戰結束後卻失去行蹤，至今仍下落不明。

深受戰國風雲兒所喜愛的雙刀——宗三左文字與壓切長谷部

戰國時代的風雲兒織田信長擁有為數眾多的名刀。據說在這些名刀當中，織田信長最為喜愛的有兩把，一把是「宗三左文字」。永祿三年（一五六〇）的桶狹間之戰讓織田信長聲名大噪，而敵將今川義元於此戰所佩帶的刀正是宗三左文字。

追溯這把刀的來歷，原是三好政長饋贈給武田信虎的刀，其後由於與今川氏和談，武田信虎不僅將女兒嫁過去，同時還將這把刀送給今川義元。宗三這個名字，是三好政長身為茶人的名號。由於這把刀是織田信長討伐今川義元後所得到的，因此又稱做「義元左文字」。織田信長在宗三左文字的刀莖表面刻上「永祿三年五月十九日義元討捕刻彼所持刀」，背面則刻上「織田尾張守信長」，足見他的喜悅。

本能寺之變後，宗三左文字成為豐臣秀吉的刀，並轉讓給其子豐臣秀賴。其後，這把刀又從豐臣秀賴轉讓給德川家康，由德川家代代傳承下去。明治維新後，德川家將此刀獻給建勳神社，現被指定為重要文化財。

織田信長的另一把愛刀是「壓切長谷部」，這把刀是出自南北朝時代相州鎌倉的刀匠長谷部國重之手，將大太刀進行磨上成為打刀。所謂「壓切」意同於「壓斷」，是指用力壓住加以斬斷之意。這個奇特名稱的由來，來自織田信長身上所發生的事件。根據某個記載，織田信長為了手刃一位做出無理舉動、名叫觀內的茶坊主[13]，便拔出愛用的長谷部國重的刀，觀內立刻躲到廚房。織田信長發現觀內躲在廚房內收納餐具的櫥櫃裡，由於空間狹窄無法揮刀，他便將刀插入櫥櫃中用力壓住切開，將觀內連同櫥櫃一併砍死。

其後，織田信長將壓切長谷部賜給黑田孝高，另有一說是豐臣秀吉賜給黑田長政，成為福岡黑田藩的家寶。現被指定為國寶，為福岡市博物館所藏。

第二章

槍、薙刀

槍

❖作為戰場的主角大為活躍

自鐮倉時代後期以來，「槍」開始用於合戰上，直到戰國時代鐵砲出現以前，一直都是戰場上的主力武器。

槍也是武勇的象徵，像是戰爭時，最先與敵軍交戰者稱為「一番槍」，武功卓越的人才亦被比喻為槍，例如「賤岳七本槍」等。而槍之所以盛行的原因，是因為隨著集團戰術的建立使得合戰大規模化所致。

當足輕在對付騎馬武者時，槍是最有效的武器。戰國時代所使用的槍稱作「長柄槍」，槍柄長達四～六公尺左右，只要將長柄槍緊密地並排成一列，向外推出形成「槍衾」，就能阻擋騎馬武者的突擊。

相較於刀、弓及騎馬武者，槍除了不須勤加訓練外，也不易受到士兵的個人技巧所左右，此外，其製造過程也比薙刀簡單，適合大量生產。基於上述原因，使得足輕成為合戰的重要戰力。使用長柄槍時，比起突刺攻擊，大多舉槍從敵人的頭上往下劈擊。

槍的各部位名稱

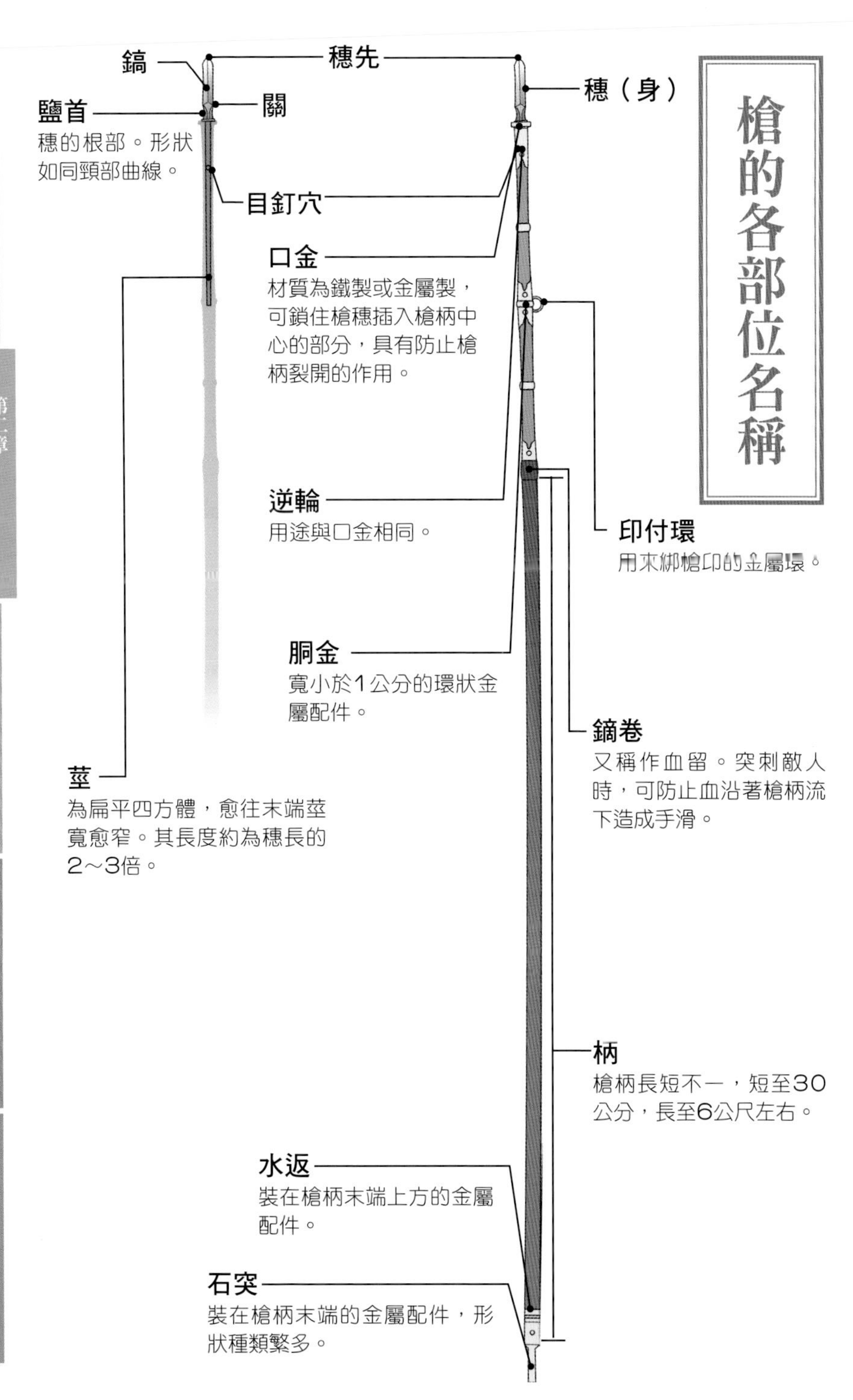
鎬
穗先
穗（身）
鹽首
穗的根部。形狀如同頸部曲線。
關
目釘穴
口金
材質為鐵製或金屬製，可鎖住槍穗插入槍柄中心的部分，具有防止槍柄裂開的作用。
逆輪
用途與口金相同。
印付環
用來綁槍印的金屬環。
胴金
寬小於1公分的環狀金屬配件。
鏑卷
又稱作血留。突刺敵人時，可防止血沿著槍柄流下造成手滑。
莖
為扁平四方體，愈往末端莖寬愈窄。其長度約為穗長的2～3倍。
柄
槍柄長短不一，短至30公分，長至6公尺左右。
水返
裝在槍柄末端上方的金屬配件。
石突
裝在槍柄末端的金屬配件，形狀種類繁多。

槍的種類

直槍（素槍）

所有槍當中最普及，也最具代表性的就是直槍。直槍的槍穗呈直線形，插在棒狀的槍柄上，是槍最基本的形式。一般全長為二～三公尺，而足輕所拿的「長柄槍」長度達四～六公尺，能發揮強大的威力。

槍穗根據長度有不同的名稱。穗長六～三〇公分的槍稱為短穗槍；穗長三〇～六〇公分的槍則稱為中身槍；而穗長六〇～九〇公分的槍稱為大身槍。

直槍的優點除了重量輕之外，主要用於突刺攻擊及由上往下的劈擊，因此操作單純，連新手也能輕鬆操作。

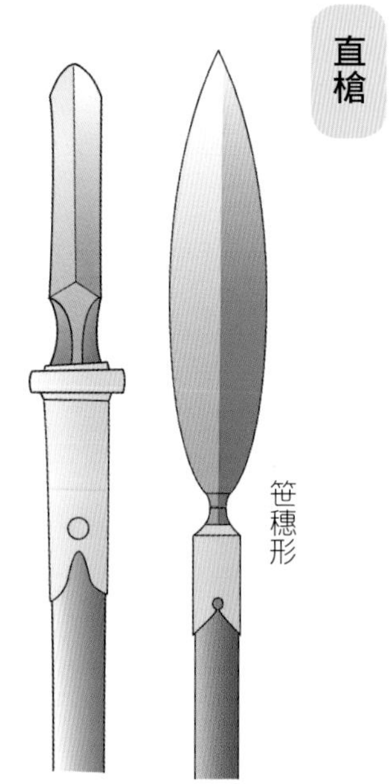

鐮槍

鐮槍是槍穗具有橫手及枝刃構造的槍，形狀種類繁多，大致可分成二種類型：一種是左右其中一側設有枝刃的片鐮，另一種是左右兩側均設有枝刃的兩鐮。多了突出的鐮刃構造，使得鐮槍除了突刺攻擊之外，還能夠住對方進行攻擊、封鎖對方的攻擊或是阻擋對方的攻勢。此外，也能防止對方抓住槍柄。流行於戰國時代後期。

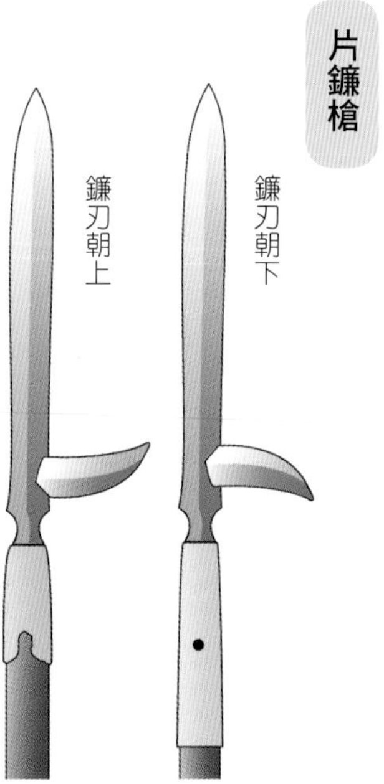

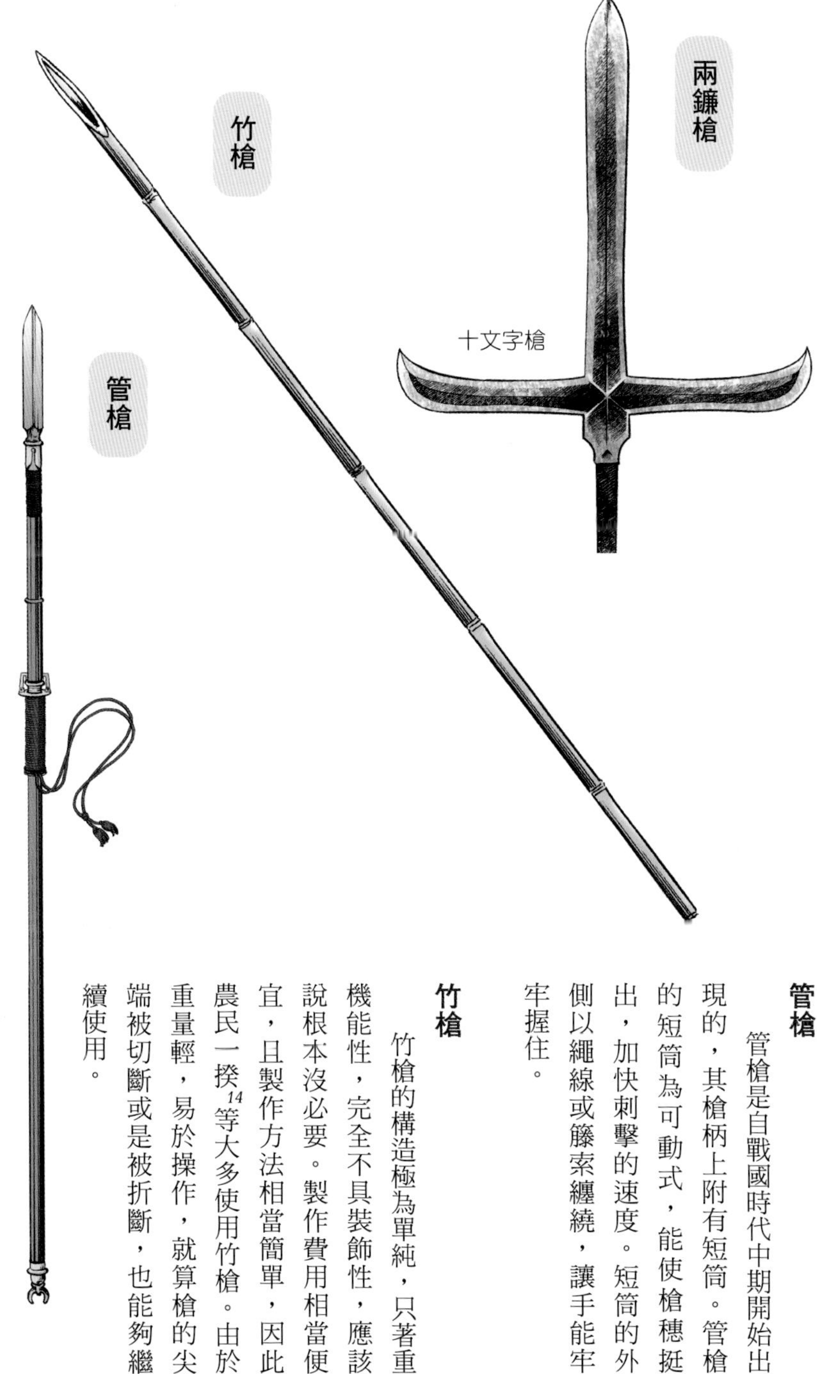

管槍

管槍是自戰國時代中期開始出現的，其槍柄上附有短筒。管槍的短筒為可動式，能使槍穗挺出，加快刺擊的速度。短筒的外側以繩線或籐索纏繞，讓手能牢牢握住。

竹槍

竹槍的構造極為單純，只著重機能性，完全不具裝飾性，應該說根本沒必要。製作費用相當便宜，且製作方法相當簡單，因此農民一揆[14]等大多使用竹槍。由於重量輕，易於操作，就算槍的尖端被切斷或是被折斷，也能夠繼續使用。

鞘的種類

鞘的種類繁多，根據槍的形狀及素材有不同的形式。

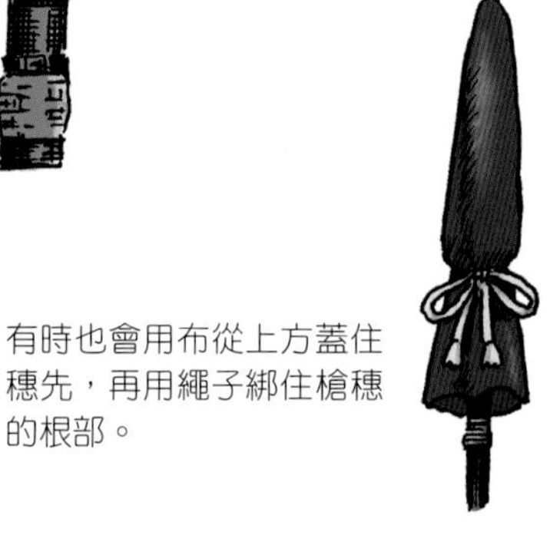

這種鞘的開口朝下，從上方套住穗先。

皮革製的直槍專用鞘。

有時也會用布從上方蓋住穗先，再用繩子綁住槍穗的根部。

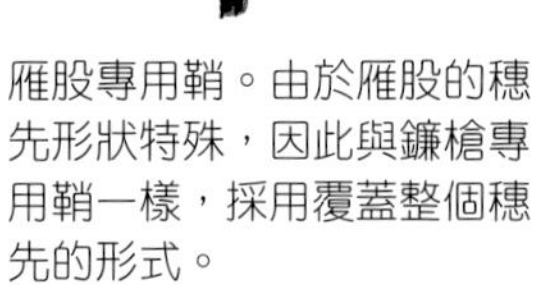

雁股專用鞘。由於雁股的穗先形狀特殊，因此與鐮槍專用鞘一樣，採用覆蓋整個穗先的形式。
所謂雁股，是指形狀如V字型般左右分叉的穗先。

鐮槍專用鞘。這是用毛所製成的兩鐮槍專用鞘。

兩鐮槍專用鞘。為皮革製，這種形狀能夠完全覆蓋槍穗的枝刃。

槍印的種類

武士為了在戰場上區別各隊，同時也為了宣示槍的持有者，會在自己的槍上綁上標誌。一般以長條形最為常見，並使用草、紙、麻及獸毛等素材，在不會妨礙作戰的有限大小下，費盡心思讓槍印更顯眼。槍印的素材與形狀也各有千秋。

石突的種類

裝在槍柄尖端的配件。根據用途及流派而有不同的形狀，例如形狀尖銳的石突可攻擊身後的敵人、形狀鼓起的石突可防止槍因手滑掉下等。而行軍時，有時也會讓石突著地，拖著槍行走。

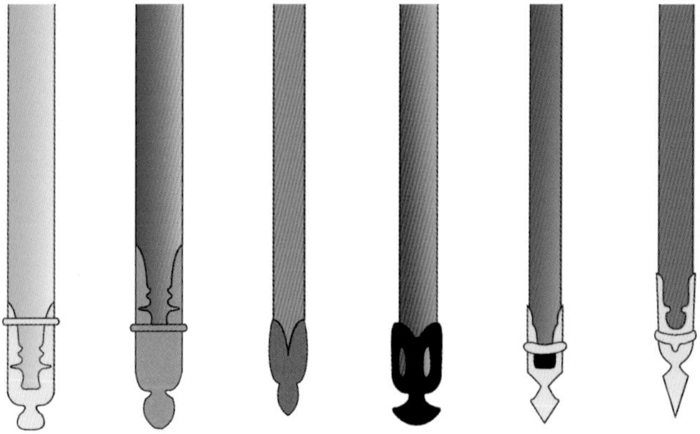

〈打根〉

打根是設計成可用手投擲的槍，作為槍術的一種。使用時可從極近距離投擲，或是用手持槍進行突刺。

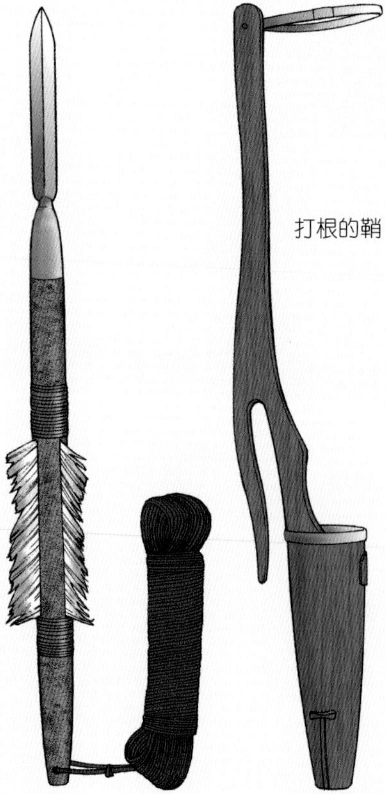

打根的鞘

打根的根部附有繩索，投擲後還可以拉回來。

大身槍

穗長超過二尺（約六〇公分）以上的槍，在戰國時代廣為使用。一般槍的標準重量約為三．五公斤，而大身槍的重量有些甚至超過五公斤，因此操作上需要相當的力量與技術。由於大身槍的外觀比一般槍來得有魄力，因此在集團戰中，光是手持大身槍就能展現自身的強大勇猛，甚至能讓敵方喪失戰意。

大身槍具有貫穿鎧甲、撂倒馬腳的威力，尤其在混戰時更能發揮其威力，無須在意遠近的時機就能擊倒敵人。

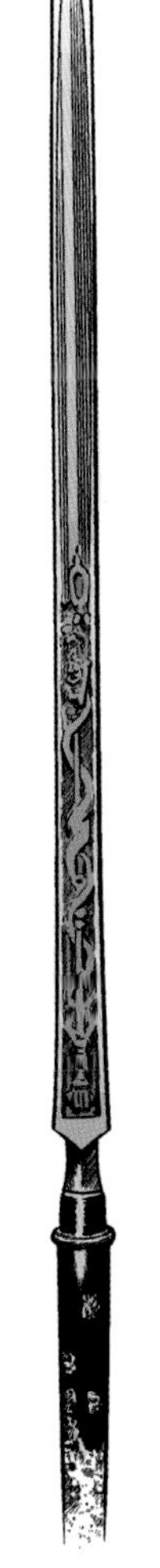

有名的大身槍
日本號的穗先

攻擊方法

甲冑是為了防禦刀槍的攻擊所製作的防具，想用槍刺擊並貫穿甲冑的鐵製部分根本不可能。因此，刀槍才要專門針對沒有甲冑覆蓋的部分及弱點殺傷敵人。只要觀察使用槍、劍的古武術就能明白，那些忠實重現戰國時代武術的武道，全都針對頸部、腋窩、下臂內側、腰部上方及大腿內側等要害進行攻擊。

此外，曾與宮本武藏戰得不相上下而聞名的高田又兵衛，其所屬的寶藏院流槍術則是針對面部、左右面、前軀及大腿等處進行刺擊。而關節因防備薄弱，也是攻擊的目標。除了刺擊之外，槍也能朝敵方的腳掃去，將其撂倒後制伏在地、殺死對方。

持槍方式

持槍的足輕是戰國時代的核心戰力。因此，足輕使用的是即使沒有學過槍術，也能輕易操作的直槍。

基本上採取突刺攻擊，有時也會集體一同發動刺擊，以攻擊敵軍的騎馬武者。

中段持槍法

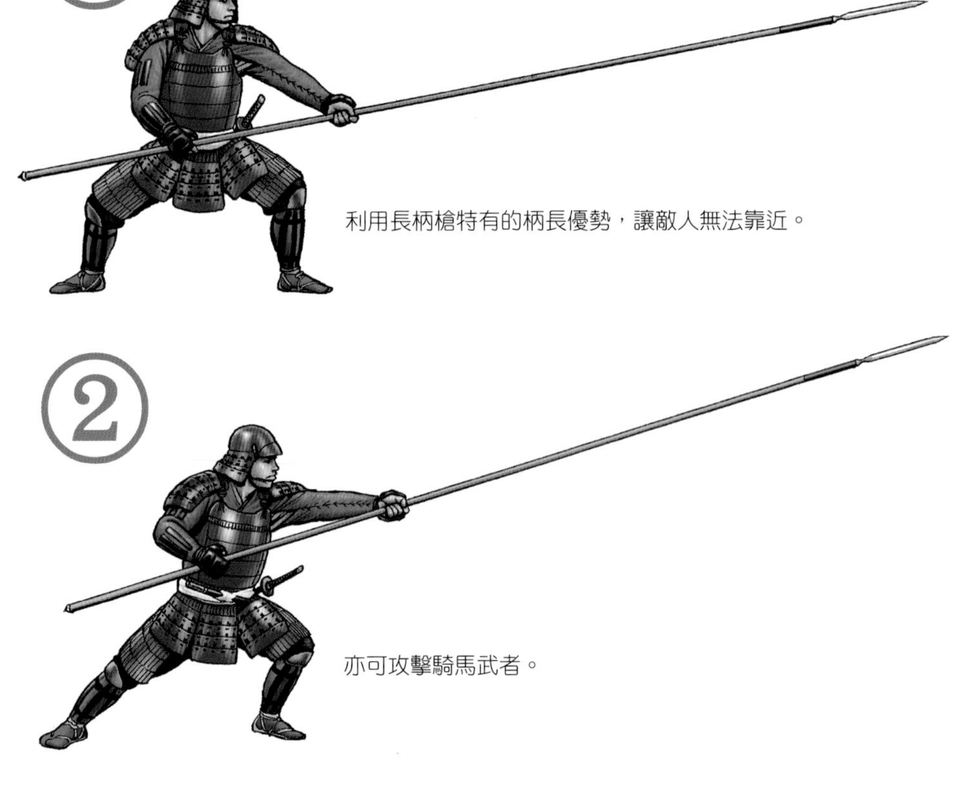

利用長柄槍特有的柄長優勢，讓敵人無法靠近。

亦可攻擊騎馬武者。

上段持槍法

雖然軀幹的四周會出現空隙，
但可加快刺擊的速度。

當敵方的槍朝腳下掃過來進行
攻擊時，可跳起來避開攻擊。

下段持槍法

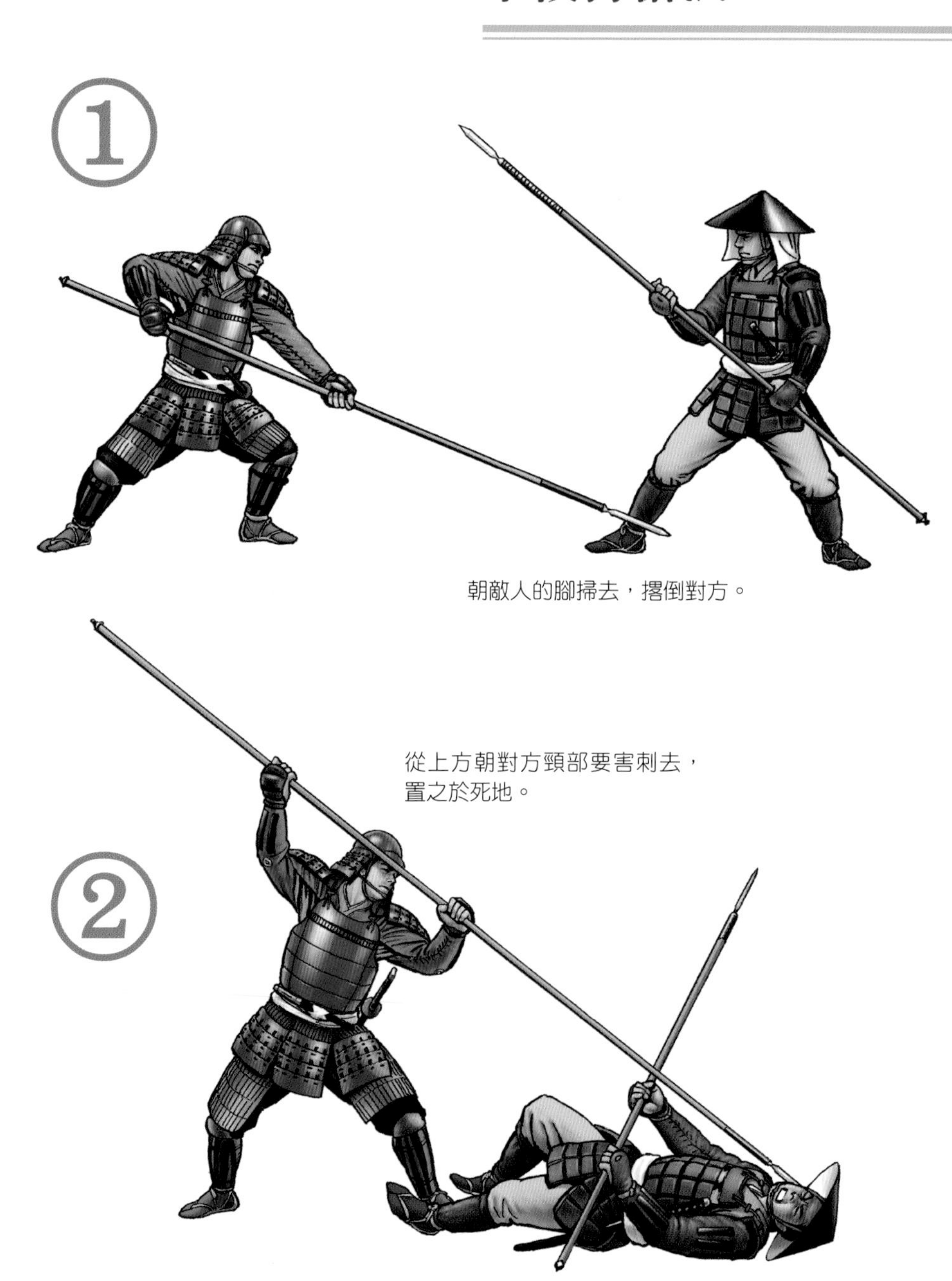

朝敵人的腳掃去，撂倒對方。

從上方朝對方頸部要害刺去，
置之於死地。

合戰當中的槍

槍在合戰中扮演各種角色，是戰國時代的主力武器。其基本使用方式除了刺擊對手之外，還可以朝對方的腳下掃去，或是利用槍柄長度與離心力痛擊對方。只要劈擊對手的頭部，就能造成致命傷。

此外，槍在合戰中也很適合打集團戰。戰國時代後半的戰術以集團戰法為主，足輕及戰時所徵募的農民使用長柄槍作戰，槍柄長度約四五五～六五〇公分、裝有短穗，在集團戰中發揮強大的威力。長柄槍的使用方式大多用

騎馬時的持槍方式

足輕的用槍範例。就連精通武術的武士也不是對手。

於在組頭一聲令下，全隊一齊從上方揮槍打擊，或是集體出槍擊退對方，使對方毫無還手的機會，就此潰敗。

另外還有一種戰法叫做槍衾，是將長柄槍一字排開以抵擋騎馬武者的突擊，威力相當強大。槍衾是將隊伍排成四列或六列縱隊，隊伍的前後左右均將穗先指向敵軍。從敵軍的角度來看，槍的穗先擋住去路，看起來就像是衾（棉被）般毫無縫隙，因而得其名。由於騎馬隊的突擊無法擊破槍衾，騎馬武者只好下馬改以近身戰作戰。槍部隊的強弱決定了戰國時代戰爭的勝敗，這句話說得一點也不為過。

從上方揮槍劈擊為普遍的用槍法。

薙刀可因應狀況，採取揮刀、劈擊、斬擊、橫掃等多樣戰法。

槍於戰鬥外的使用方式

槍除了用來進行攻擊之外，亦可利用其棒狀造型做各種應用。

比方說，可當作擔架搬運傷兵，也可用來代替拐杖。

除此之外，還能如同下圖所示，在水中移動時作為支撐棒來使用。身穿沉重的甲冑很難在水中游泳或步行，只要用槍代替支撐棒，就能利用反作用力一口氣迅速移動。

利用槍在水中移動

另外，由於槍的外觀充滿威嚇感，因此門番[15]及番人[16]大多持槍。而處刑之際，執刑者也會從左右兩側持槍突刺行刑。例如長篠之戰時，奧平氏麾下的足輕鳥居強右衛門用自己的性命換來援軍的情報，結果遭到武田勝賴逮捕被處以磔刑，慘遭槍貫穿。

薙刀

❖威力超群，需要相當技術才能操作自如

薙刀又寫作長刀，這種武器是在長柄上裝上帶有彎曲刀反的刀身，以雙手持刀，用來揮斬敵人。

薙刀誕生於平安時代中期，是種刀柄比太刀長，攻擊距離亦比太刀遠的武器。薙刀亦可用來揮斬馬腳。其後又經過改良，在描繪平將門與藤原純友之叛亂（天慶之亂．九三八年）的合戰繪卷上，就出現了手持薙刀的武將。

然而隨著槍出現在戰場上，薙刀逐漸式微。這是因為槍受到足輕所構成的集團戰法採用，不但能進行突刺或劈擊，亦可數人一起進攻壓制敵人。而薙刀只能使出斬擊或橫掃，很難做出整齊劃一的動作，再加上槍的刀刃較短，成本比薙刀便宜，是促使槍普及的原因之一。

之後，薙刀由負責守城的女性及守護寺廟的僧侶所承接使用。據說是因為比起長度過長的槍，薙刀的尺寸更適合在室內操作。從操作便利這點來看，薙刀不僅比刀更便於操作，即使是個頭嬌小的女性也可利用離心力充分發揮其威力。

薙刀 VS 薙刀

薙刀的各部位名稱

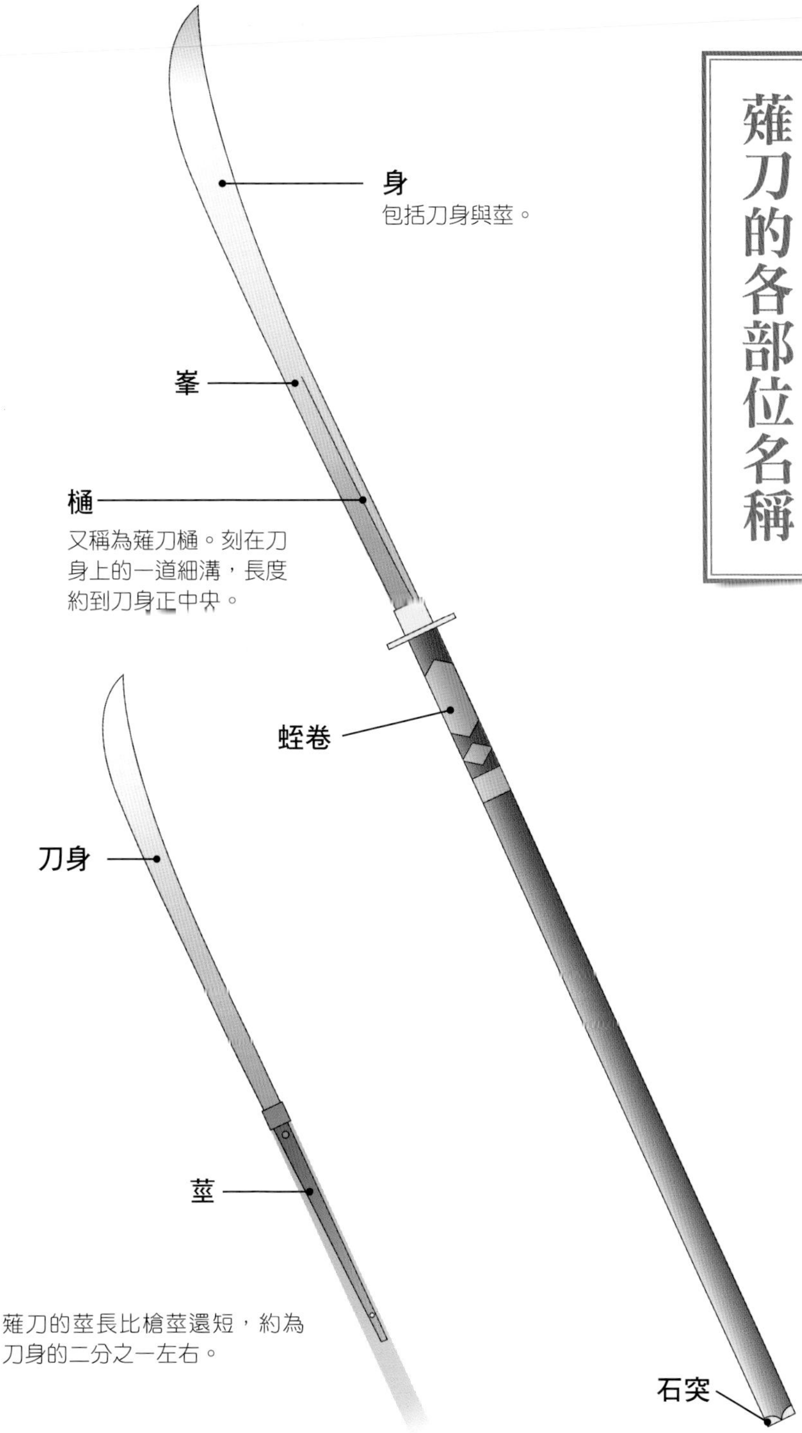

身

包括刀身與莖。

峯

樋

又稱為薙刀樋。刻在刀身上的一道細溝，長度約到刀身正中央。

蛭卷

刀身

莖

石突

薙刀的莖長比槍莖還短，約為刀身的二分之一左右。

薙刀的種類

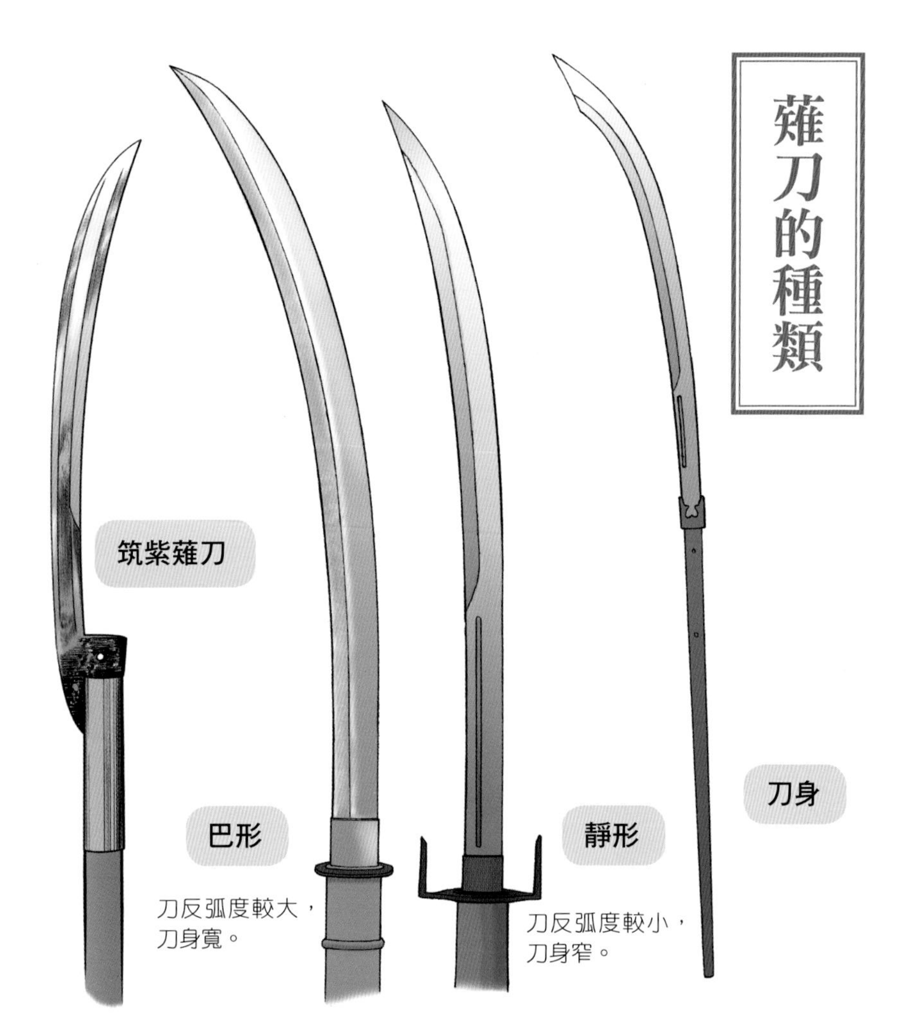

自平安時代末期起，薙刀開始急速普及。平安時代後期的合戰基本上以騎射戰為主，儘管薙刀的速度遜於太刀，但在騎兵一對一單挑及近身戰時卻能發揮其優勢，不須觀察對手的時機即可發動攻擊。

初期的薙刀刃長約為六〇公分，但隨著時代的變遷，薙刀的刀柄也逐漸增長。如前所述，薙刀隨著槍的普及，被拿回重煉，重新打造成刀槍，因此歷史悠久的古老薙刀現已不復存在。

室町時代到戰國時代間，一種名叫「筑紫薙刀」的薙刀在九州地方極為盛行。筑紫薙刀的刀身長約四十五公分，有別於一般刀莖插入刀柄以目釘固定的薙刀與槍，其刀莖基部裝有一種稱作「櫃」的輪狀金屬配件，可穿過刀柄並牢牢固定住。

薙刀的使用方法

直到南北朝時代～室町時代前期槍登場之前，薙刀既是騎馬武者的主力武器，也是足輕的主要武器。薙刀的攻擊方法有斬擊、橫砍、突刺、橫掃、劈擊等，攻擊模式相當多樣，連手無縛雞之力者也能憑藉技術使出強勁攻擊，相當好操作。此外，也可派士兵在己方的騎馬武者後方行軍，攻擊敵方的馬腳讓騎馬武者落馬等等。

持薙刀的方式

中段的持法

上段的持法

與持刀的敵人戰鬥時，就要善用薙刀的長刀柄，與敵方保持適當距離，以免讓對方接近自己的周身要害，再伸出薙刀發動刺擊或橫掃攻擊。

專欄 3 武器防具

與天下無雙的猛將最匹配的猛槍——蜻蛉切

德川家的武將本多忠勝被稱為「戰國最強武將」，其愛用的槍是蜻蛉切。名槍蜻蛉切可說是本多忠勝的代名詞，這是一把擁有笹穗型穗先的大身槍，槍莖上刻有村正一派的刀匠藤原正真的銘文。

穗長超過一尺以上的槍統稱為大身槍，據說蜻蛉切的刃長為一尺四寸四分五厘（約四三．七公分），蜻蛉切穗先的複製品現於岡崎城內展示。

元龜三年（一五七二），武田信玄率領三萬大軍開始進攻德川的領地遠江。在開戰後不久，德川軍突然遭到行軍迅速的武田軍襲擊，居於劣勢。本多忠勝為了讓德川家康的本隊與內藤信成隊撤逃，自願擔任殿軍。

據說這時，本多忠勝換掉平時所使用的長一丈三尺（約三．九公尺）的黑漆槍柄，改用長二丈（約六公尺）的青貝螺鈿槍柄。雖然長槍柄能擴大攻擊範圍，但相對地操作難度也提高好幾倍，本多忠勝靠著操控自如地使用長槍，在陷入走投無路的「一言坂之戰」中，不僅協助德川家康順利脫逃，同時也讓自己從險境中脫困。

據說蜻蛉切名稱的由來是源自一言坂之戰時所發生的軼事。有一隻蜻蜓[17]欲停靠在本多忠勝的槍穗尖端，卻在瞬間被一分為二，因而得其名。

武田軍目睹本多忠勝抱著必死的覺悟守護主君的戰姿，甚至還寫成狂歌讚賞他：「家康有二樣不配有的物品，一是唐頭，一是本多平八」。本多忠勝被敵軍譽為德川家康不配擁有的武將，其威名也因而傳遍天下。

附帶一提，「唐頭」是指使用氂牛尾巴裝飾的頭盔，在當時的日本是相當罕見的飾品，據說是德川家康從一艘遇難的南蠻船得到的。

專欄 4
武器防具

廣為後人傳頌的天下三槍之一——日本號

「蜻蛉切」、「御手杵」及「日本號」這三把槍，被譽為「天下三槍」。相信大部分人就算沒聽過日本號，也一定聽過民謠「黑田節」。「喝酒吧喝酒吧，只要你喝下它，喝到足以吞取這把日之本第一的名槍，就是真正的黑田武士。」這首民謠中登場的槍，就是日本號。

日本號乃是刃長二尺六寸一分五厘（約七十九公分）的大身槍，槍柄及槍鞘為青貝螺鈿加工。上面沒有刻銘文，作者不詳，但據說是室町時代後期的大和鍛冶之作。日本號原為天皇家的珍藏品，正親町天皇將日本號賜給將軍足利義昭，之後又傳給織田信長，最後成為豐臣秀吉的所有物。但也有一說認為，日本號是後陽成天皇直接賜給豐臣秀吉的。

豐臣秀吉為獎賞在小田原之戰立下戰功的福島正則，於是將日本號賜給他。某天，黑田長政麾下的母里友信前去拜訪停留在京都伏見城的福島正則。母里友信屬於「黑田二十四騎」當中最優秀的「黑田八虎」一員，為　名猛將。當母里友信來訪時，福島正則正巧喝得醉醺醺，由於他邀母里友信飲酒遭拒，因此刻意煽動說道：「難道黑田家的武士都是不會喝酒的膽小鬼嗎？」其實母里友信在黑田家是以海量聞名的酒豪，福島正則卻誤以為他不會喝酒，還拿出大酒盃跟他約定：「只要你喝光這些酒，就讓你拿走喜歡的獎賞。」既然福島正則都這麼說了，母里友信便一口氣乾掉好幾杯斟得滿滿的大酒盃，要求福島正則將裝飾在屋內氣派的日本號作為獎賞送給他。

起初，福島正則以唯獨日本號不能送人為由拒絕，最後他念在「武士絕無二言」，下定決心將日本號送給母里友信。黑田節所歌頌的就是這段軼事。而根據民間傳說，在朝鮮打虎失敗的母里友信得到好友「槍之又兵衛」後藤基次的協助，其後便將日本號送給他，但事實上日本號一直在母里家代代相傳，後來獻給黑田家。日本號現在由福岡市博物館所藏，其複製品在廣島城內展示，讓大眾能一睹其驍勇雄壯的姿態。

打虎所誕生的勇將愛槍——片鐮槍

槍是戰國時代最廣為使用的武器。在日本，槍（矛）早在古墳時代起就已經存在，不過在鐮倉時代後期經過進化改良，因此在當時仍屬於相當新穎的武器。即使是沒受過騎馬、弓術等專門訓練的士兵，也能持槍對抗騎馬武者，使得槍轉瞬間躍升為合戰的主力武器。戰場上最先持槍突擊敵營的人或部隊稱為「一番槍」，在戰場上表現活躍的武將被譽為「小豆坂七本槍」、「賤岳七本槍」等，舉凡這些種種跡象，都顯示出「槍」成為戰場上的亮點。

眾武將當中也有不少使槍高手。除了手持「蜻蛉切」作戰的本多忠勝之外，還有人稱「槍之又左」的前田利家、被稱為「槍彈正」的武田家家臣保科正俊，其他尚有任職於德川家的「血槍九郎」長坂信政，以及人稱「槍大膳」的里見家家臣正木時茂等，全都是擅長槍術的武將。

加藤清正也是以槍為註冊商標的戰國武將之一，他所愛用的是形狀被稱為「片鐮槍」的槍。

不同於一般穗先筆直的「直槍」，穗先根部的左右兩側有鐮狀突起構造的槍稱作「十文字槍」，只有單側有鐮刃構造的則稱作片鐮槍。當時，槍一般用來刺擊敵人或是從上方劈擊，而片鐮槍可以鉤、砍、擋住敵刃等，用法相當廣泛。不過要操控片鐮槍相當不容易，得有相當的技術才能操控自如。

加藤清正的片鐮槍之所以聞名，與知名的打虎軼事有關。

據說在文祿之役出兵朝鮮時，加藤清正的小姓遭大虎咬死，憤怒的加藤清正便手持愛槍十文字槍刺殺那匹大虎。這時，十文字槍的單邊鐮刃被大虎咬碎，變成片鐮，這起打虎的英勇事蹟使得片鐮槍成為加藤清正的象徵。另外還有一種說法，據說加藤清正在討伐天草一揆[18]時，其十文字槍在一陣激戰中折斷了單側的鐮刃，變成片鐮槍，不過這種說法缺乏可信度。

第二章

弓

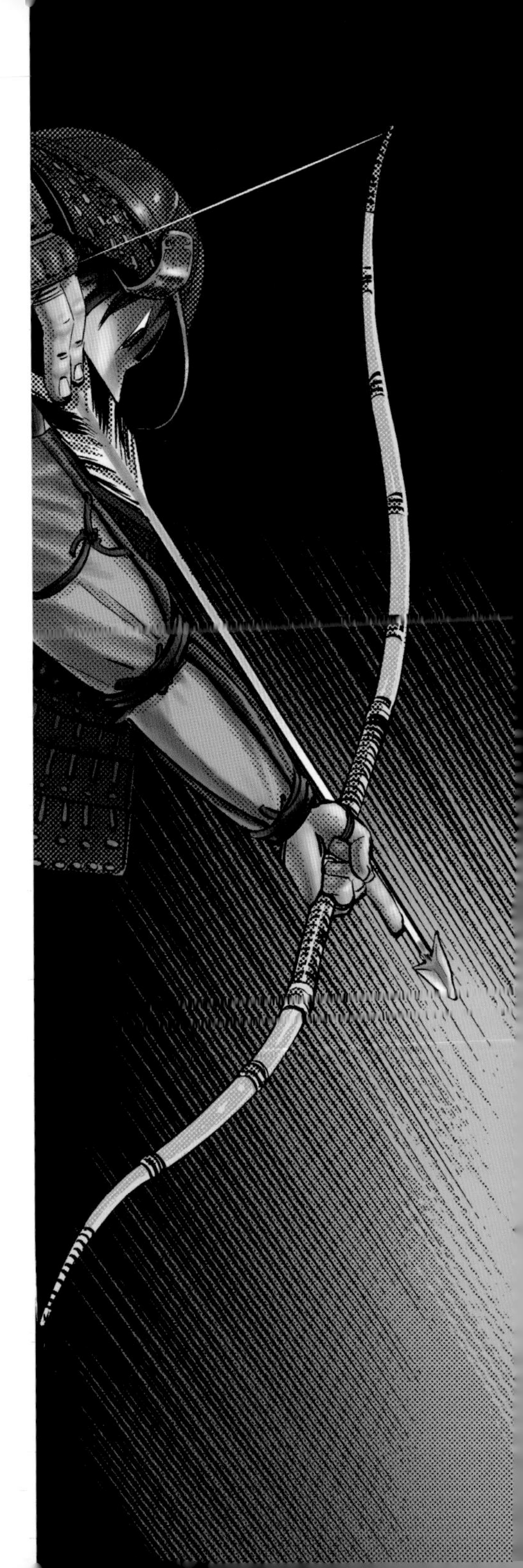

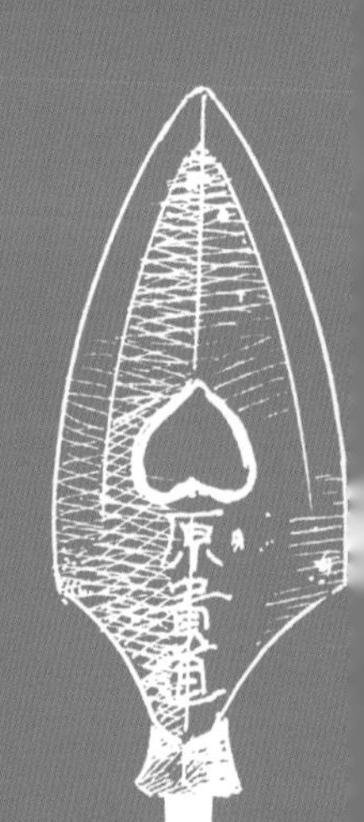

❖作為武士的必備武術而發達

有道是：「武士之道即弓馬之道」，弓與馬的操控技術原是武士必備的武藝。而在戰國時代初期，弓也是戰場上僅次於槍的主力武器。

戰國時代普遍使用的是誕生於室町時代後期的「四方竹弓」，這是由竹片包住木芯四面所製的合成弓。四方竹弓的有效射程距離為五〇公尺左右，據推測其威力足以貫穿薄鎧甲。在戰國時代末期，製造出至今弓道仍持續使用的弓胎弓。

然而隨著戰國時代後半鐵砲的登場，使得弓喪失其地位。這是因為想要準確射出弓箭必須接受專門訓練，相對地，即使個人的能力與技術再低，鐵砲也能夠充分發揮戰力。

作為合戰武器已經跟不上時代的弓，在安土桃山時代以後成為騎馬時及在駕籠[19]中隨身攜帶的個人護身用具，同時也轉型成精神鍛鍊用的武道之一。

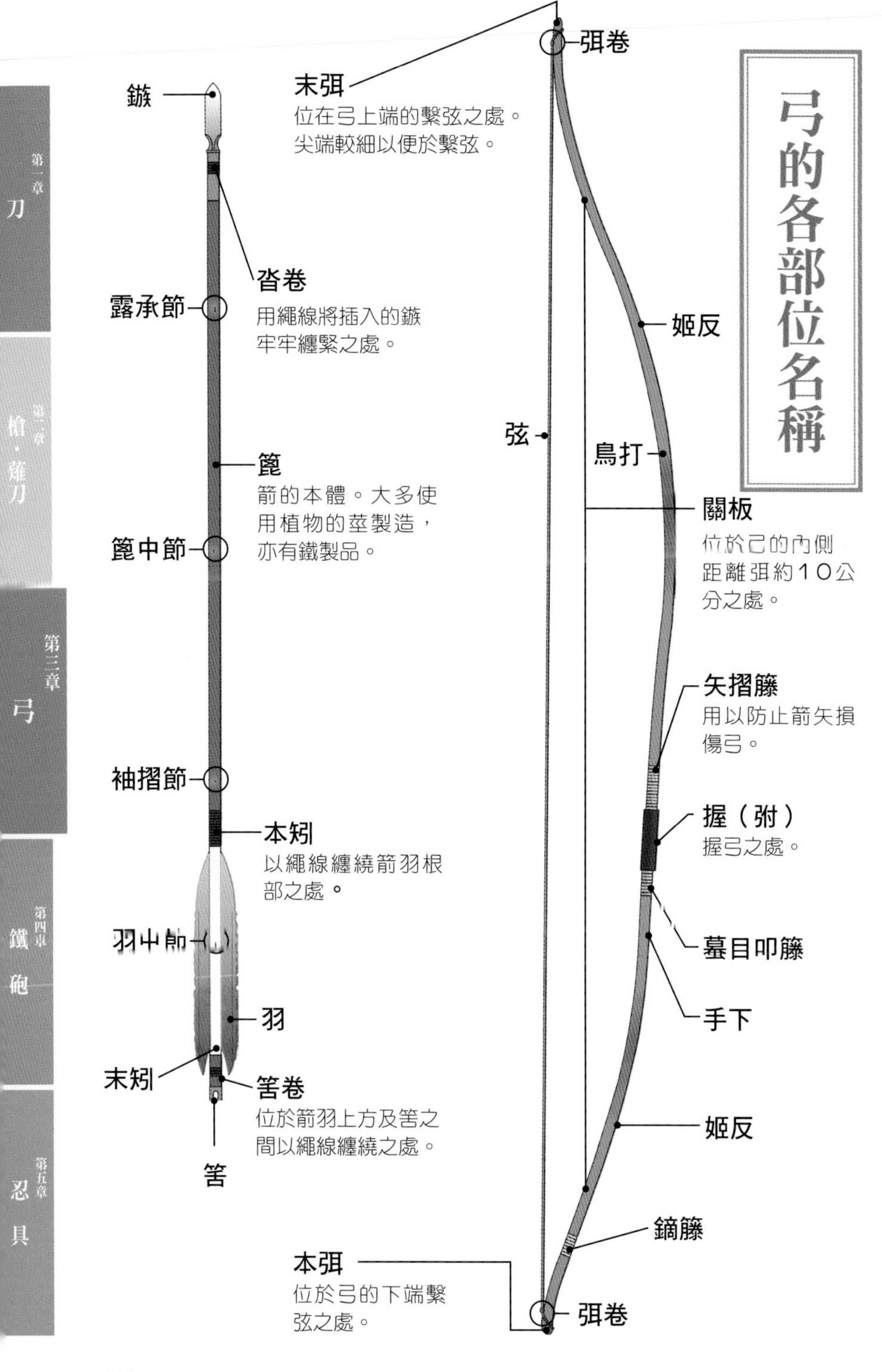
弓的各部位名稱
鏃
沓卷
用繩線將插入的鏃
牢牢纏緊之處。
露承節
篦
箭的本體。大多使
用植物的莖製造，
亦有鐵製品。
篦中節
袖摺節
本矧
以繩線纏繞箭羽根
部之處。
羽中節
羽
末矧
筈卷
位於箭羽上方及筈之
間以繩線纏繞之處。
筈
末弭
位在弓上端的繫弦之處。
尖端較細以便於繫弦。
弭卷
姫反
弦
鳥打
關板
位於弓的內側
距離弭約10公
分之處。
矢摺籐
用以防止箭矢損
傷弓。
握（弣）
握弓之處。
蟇目叩籐
手下
姫反
鏑籐
本弭
位於弓的下端繫
弦之處。
弭卷

鏃的種類

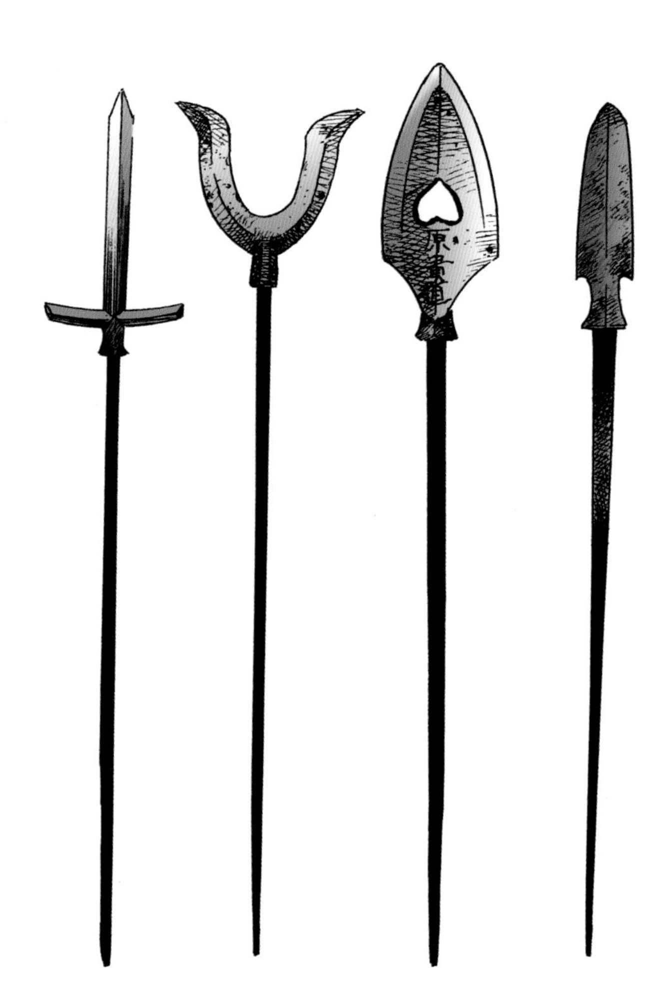

十文字形　雁股　平根　定角形

弓是射程距離與準確度均相當出色的武器，自古以來一直都是武士的重要武器。

日本弓的特徵在於長度比外國弓來得長，採用下短上長的獨特構造，雖然操控難度高，相對地卻擁有優異的射程與威力。

日本中世的武士相當重視弓箭技術。當時所使用的都是以竹篾與木材等組合製成的合成弓，與現代弓道所使用的弓，在構造上完全相同。

此外，由於弓箭的效果取決於鏃的攻擊，因此為追求更強的攻擊力，發展出各種類型的鏃。

繩文時代與彌生時代使用的是石製的鏃，到了彌生時代金屬文化傳入後，開始使用銅製與鐵製等金屬製的鏃。

鏃的形狀

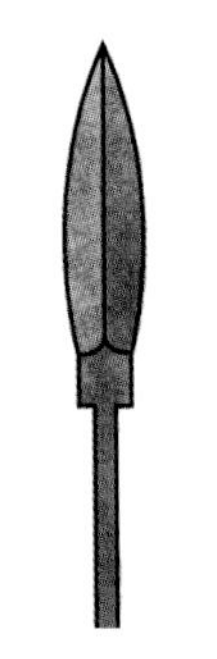

楊枝葉形

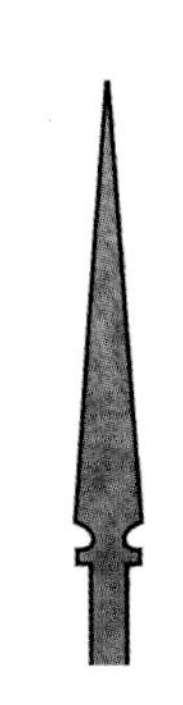

釘形

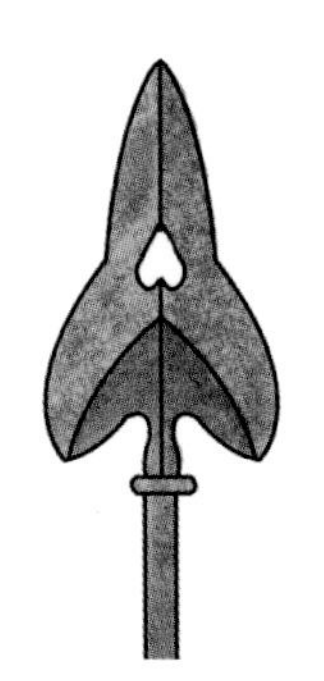

澤瀉形

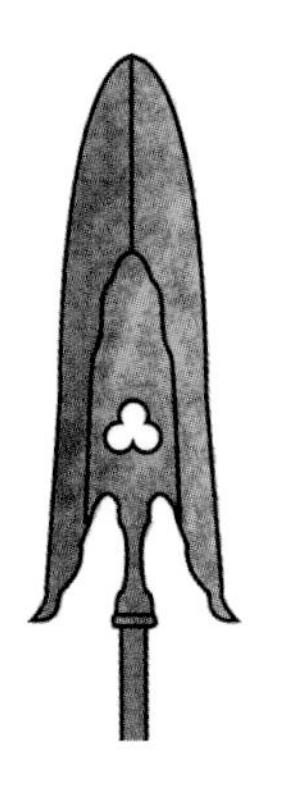

腸繰

葵形

飛燕形

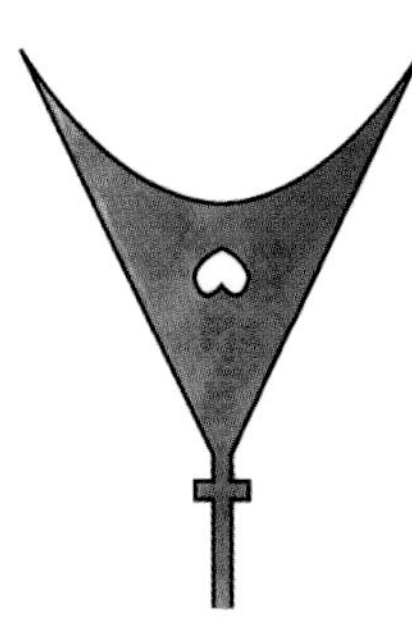

天鼠形

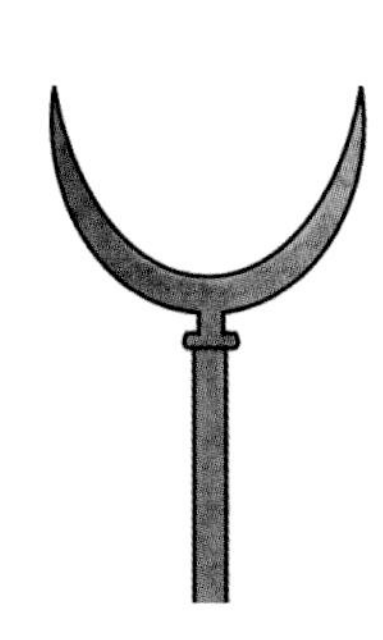

圓月

而鏃的形狀起初只有削尖而已，進入中世後，隨著鏃的種類開始多樣化，其用途也跟著出現變化。

平根

鏃的形狀從尖端往根部方向逐漸變寬，具有擴大傷口的效果。

腸繰

當箭射中腹部時，鏃下方的尖角會鉤住腹部，甚至還能將腸子鉤出來，是種相當兇殘的箭。

雁股

鏃的尖端設計為左右分岔，可擴大傷口。

箭羽的種類

箭羽能讓箭射出時更安定，透過在羽毛數量及形狀下功夫，就能提高命中率。

古代原是以二片羽為主流，隨著時代推移，逐漸被能讓箭筆直射出的三片羽以及可讓鏃維持水平射出的四立羽所取代。此外，由於箭射出時會旋轉，為了讓箭旋轉時更安定，同時提高穿透力，也會刻意將羽毛倒著裝。

箭羽所使用的是鳥類尾羽，最常用的是鶴、天鵝、貓頭鷹等大型鳥類的羽毛，此外也會使用鷺科、烏鴉、雉科等的羽毛。其中等級最高的是鷲科，鷲科的羽毛又稱作真羽，根據羽毛的顏色及形狀有不同的名稱。其次是鷹羽。

鏑矢

鏑是將木頭或動物的角加工為蕪菁形，中間挖空所製成，若是在鏑的中央挖幾個孔再裝到箭上，當箭一射出時，風穿過這些孔就會發出極大的呼嘯聲。鏑矢尖銳的聲響具有威嚇敵軍的效果，也常用來當作開戰的信號。而鏑矢的聲響亦具有驅邪的效果，常用於儀式及祭神等場合。

鏑矢也用來當作宣布騎射三物正式開始的信號。

騎射三物

此乃自古以來為了磨練武士的弓術、讓他們彼此競爭所舉行的

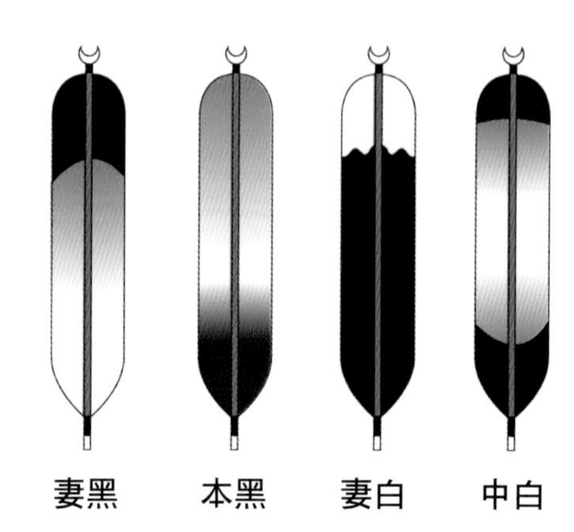

訓練。包括犬追物、笠懸以及流鏑馬三種項目。

- **犬追物**　朝放進馬場的狗射箭。
- **笠懸**　瞄準懸掛的圓靶射箭。
- **流鏑馬**　騎馬奔馳於馬場，朝固定在木棒尖端的四角標靶射箭。

弓台

將兩張弓、矢籠以及弦卷綁在棒狀的基座上，在江戶時代為主公所持弓專用，由家臣負責攜帶。

攜帶弓箭的足輕

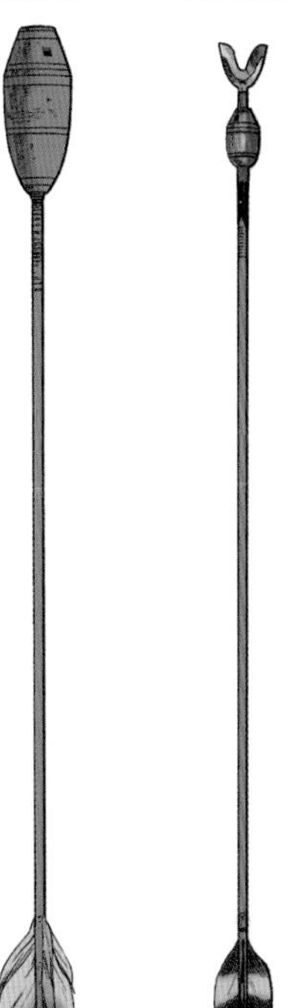

箙

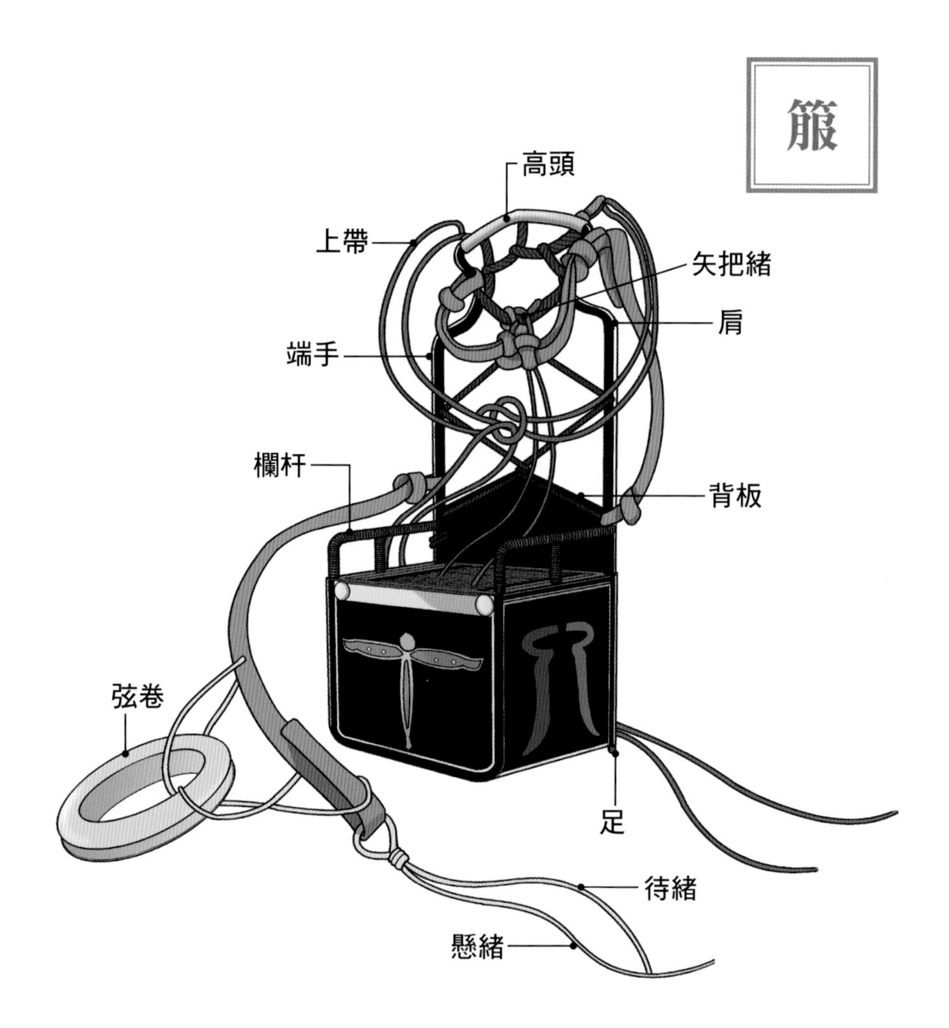

胡籙

奈良時代用來收納、攜帶箭矢的道具。可分成平胡籙及壺胡籙二種，前者為將箭矢直立搬運的矢立式構造，後者則為可完整包覆箭矢的筒狀構造。

據說胡籙一直受到使用，直到平安初期為止。

箙

從胡籙變化而來，為武士用來收納箭矢便於攜帶的道具。

視大小而定，可收納十二～三○枝箭。平安時代原是作為貴族儀禮之用，後改良成實戰用，自鎌倉時代起開始使用。

弦卷

用來攜帶備用弓弦的用具。為

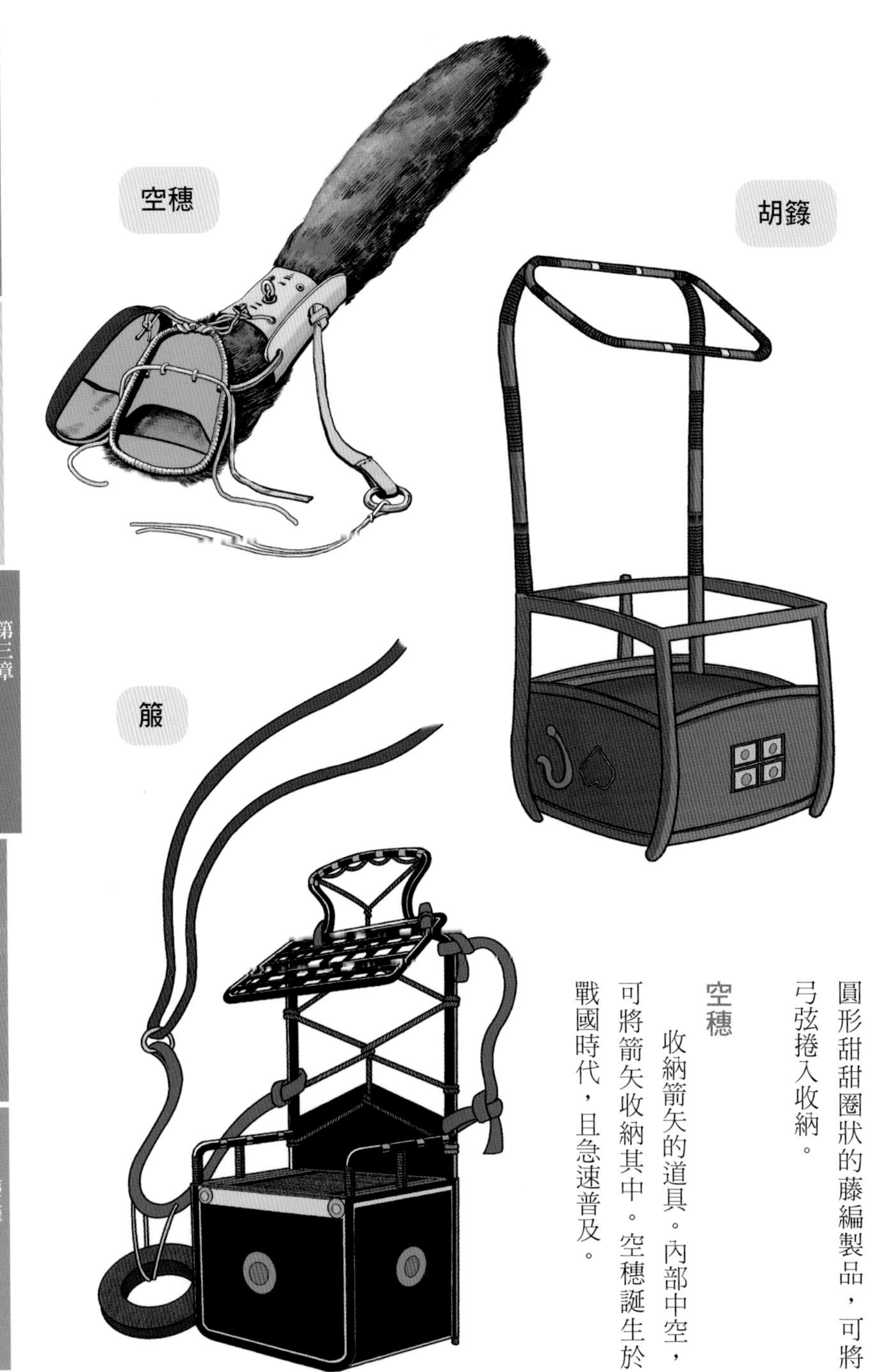

圓形甜甜圈狀的藤編製品，可將弓弦捲入收納。

空穗

收納箭矢的道具。內部中空，可將箭矢收納其中。空穗誕生於戰國時代，且急速普及。

弓的射法

弓有八種基本動作，稱為射法八節。亦為弓道所用的射法。

①**踏足（足踏み）**：面向標靶，雙腳踏開，左右腳腳尖的間隔相當於箭長（矢束）。

②**構身（胴造り）**：挺直腰桿，讓上半身安定。

③**備弓（弓構え）**：將箭搭在弓弦上。這時，左手握弓不要握得太緊，要如同握雞蛋般握弓。

④**舉弓（打起し）**：雙手往上舉，以便於拉弓的動作。舉至略高於額頭的位置，箭要保持水平狀態，並注視標靶，這種狀態稱作「物見」。

⑤**拉弓（引分け）**：以左右均等的力道拉開弓。雙手拳頭維持水平，將弓拉開至箭的長度。使箭輕觸臉頰，約介於人中（口割）的位置。

⑥**集中**（会）：指完成拉弓的狀態。這個狀態稱作「五重十文字」，即弓與箭、左手與弓、右手大拇指與弓弦、軀幹與雙肩、頸部與箭分別形成十字形（呈直角），這點很重要。

⑦**分離**（離れ）：完成集中的瞬間，將箭射出。

⑧**殘身**（残心）：注視箭的去向。

合戰當中的弓箭

即使是弓，只要從極近距離發射就有可能貫穿甲冑。而弓的強度取決於弓的厚度，其種類包括四分弓（約一．二公分）、五分弓（約一．五公分）及六分二厘弓（約一．九公分）等，一般而言，弓的厚度愈厚，力道愈強。

鏃的形狀種類繁多，有種鏃叫做「楯破」，不僅能刺進木製的楯，據說還能夠破壞楯。

日本從繩文時代起就開始使用弓，而自古墳時代到戰國時代期間，弓一直扮演相當重要的角色，說是戰場上的主角也不為過。

弓根據長度大致可分成二種，長度小於一六〇公分者稱作短弓，大於一六〇公分者則稱為長弓。在日本，自古墳時代以來，外型上下對稱的短弓又稱作半弓，用於狩獵。而合戰所使用的幾乎都是長弓，一直延續至今。除了戰爭之外，有時弓箭也會作為儀式之用。

到了平安末期，弓箭在戰爭中的重要性開始大幅增加。這個時代乃從貴族社會過渡到武家社會的過渡期，因此甲冑與戰法也出現極大的變化。由於武士開始身著大鎧，主要以騎馬射箭來擊倒敵人，因此需要高超的弓箭技術，尤其注重在騎馬時也能準確命中敵人的技術。源平合戰時，就出現眾多擅長弓術的武將。

戰國時代的合戰，先從你來我往的投射兵器戰開打。即便在鐵砲傳入日本之後，弓箭的重要性依然不減。為了消磨裝填彈藥的時間，有時弓箭也會與鐵砲一起混用。想擊潰敵方火力強大的密集槍隊，弓箭是不可或缺的重要武器。

持箭手勢

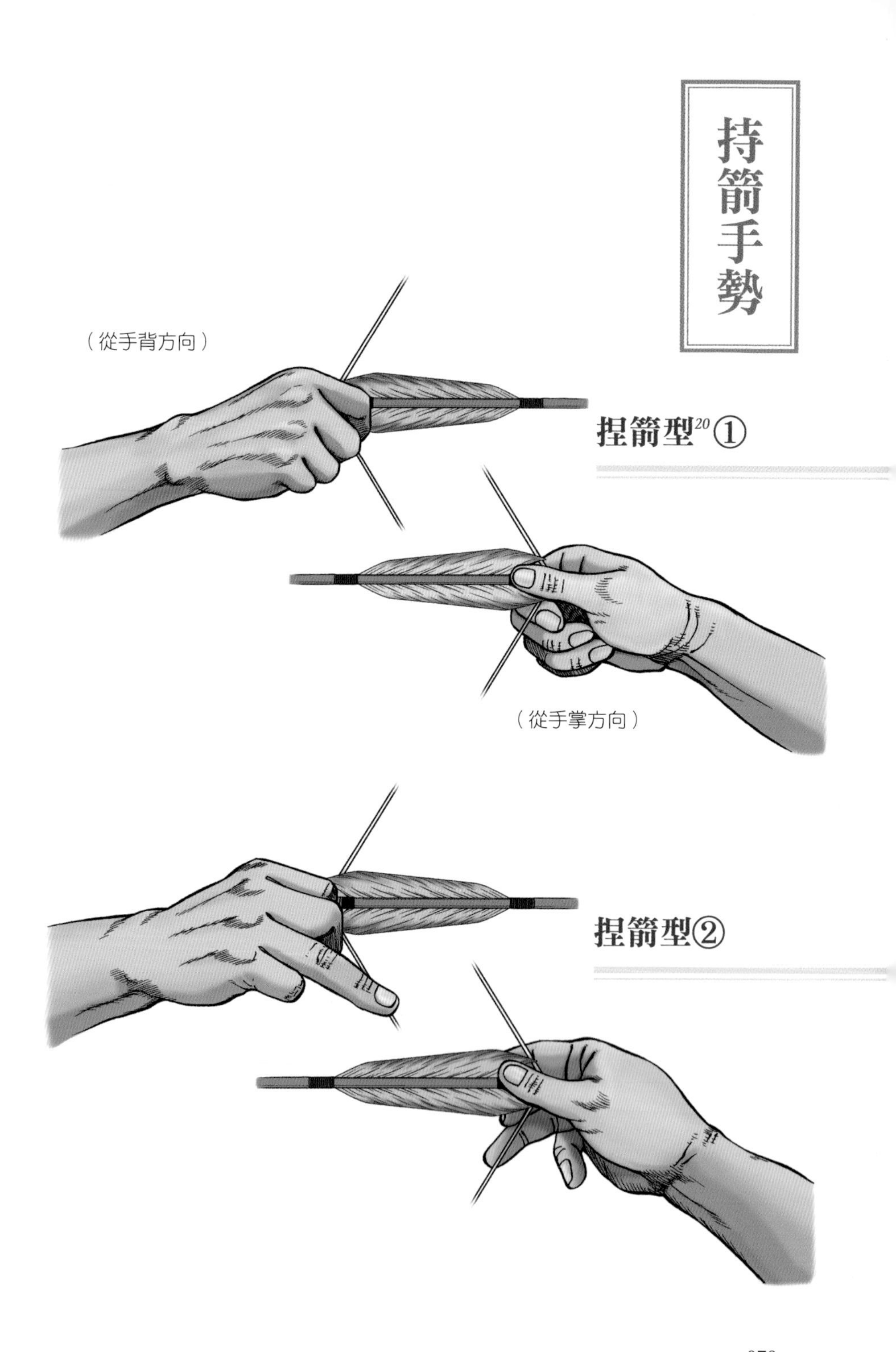

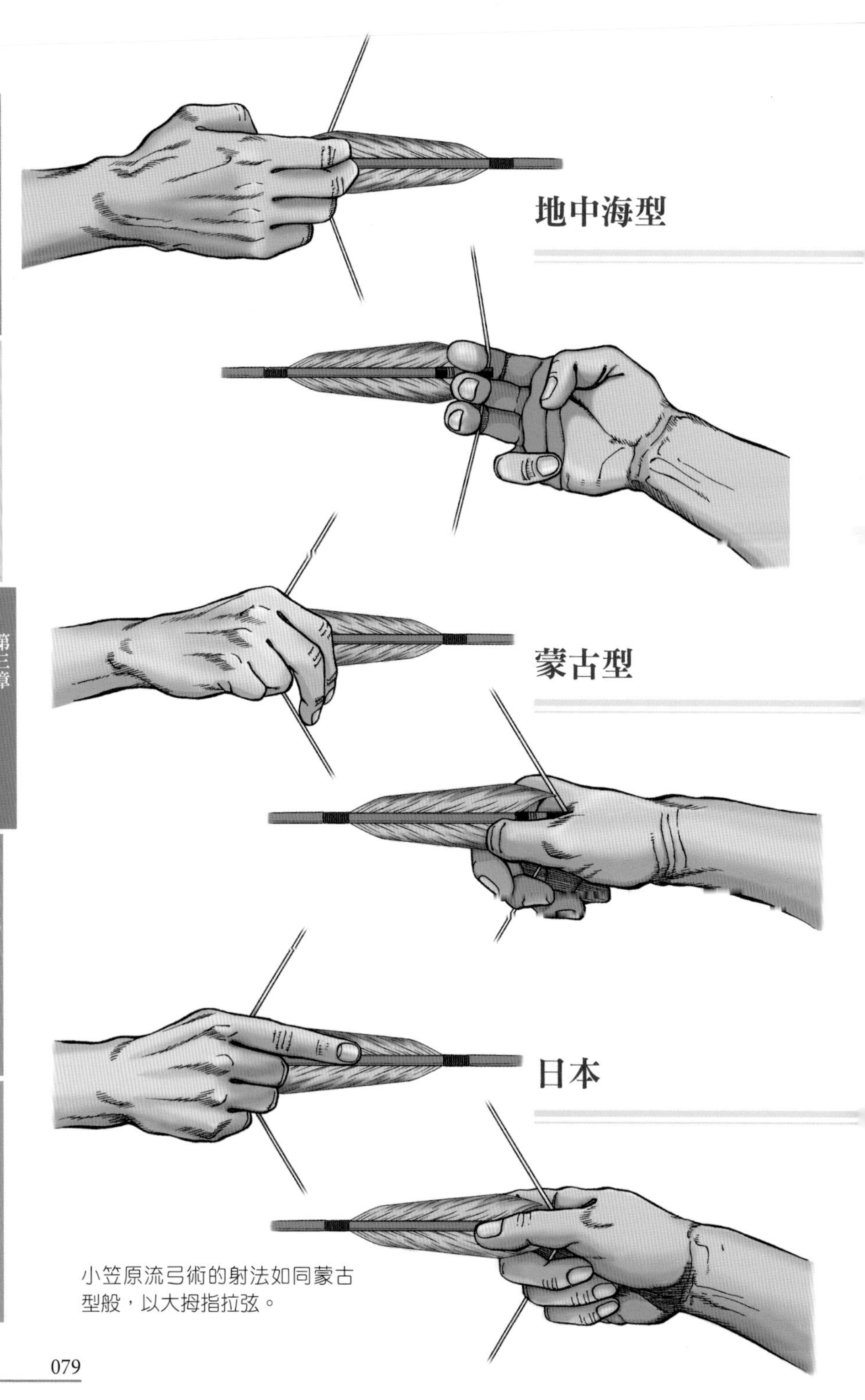

小笠原流弓術的射法如同蒙古型般，以大拇指拉弦。

左手示意圖

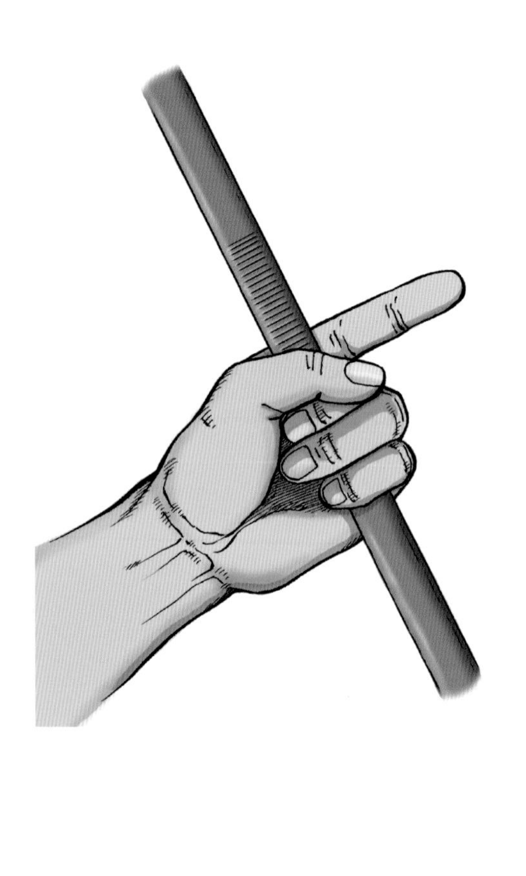

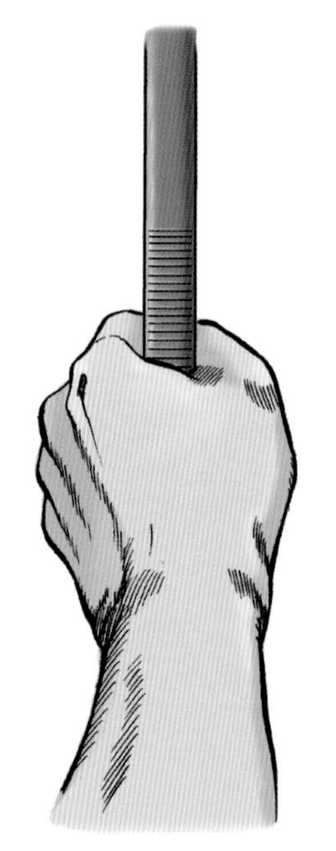

戴上韘時

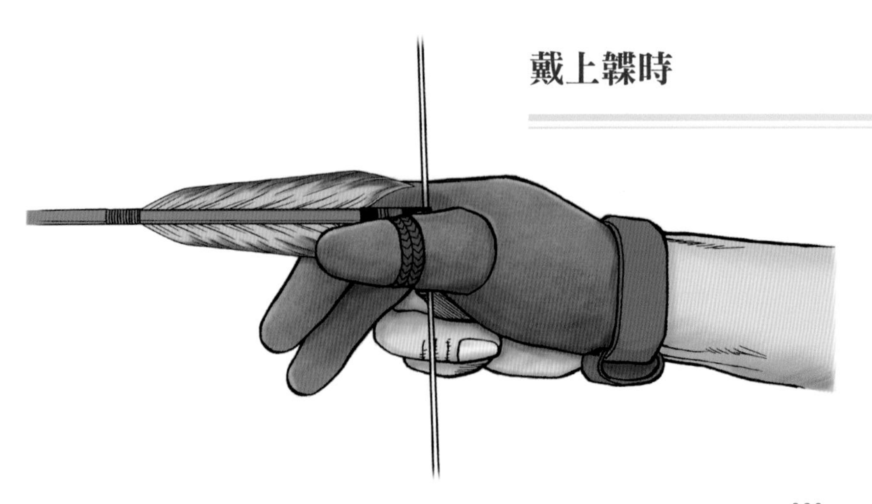

韘

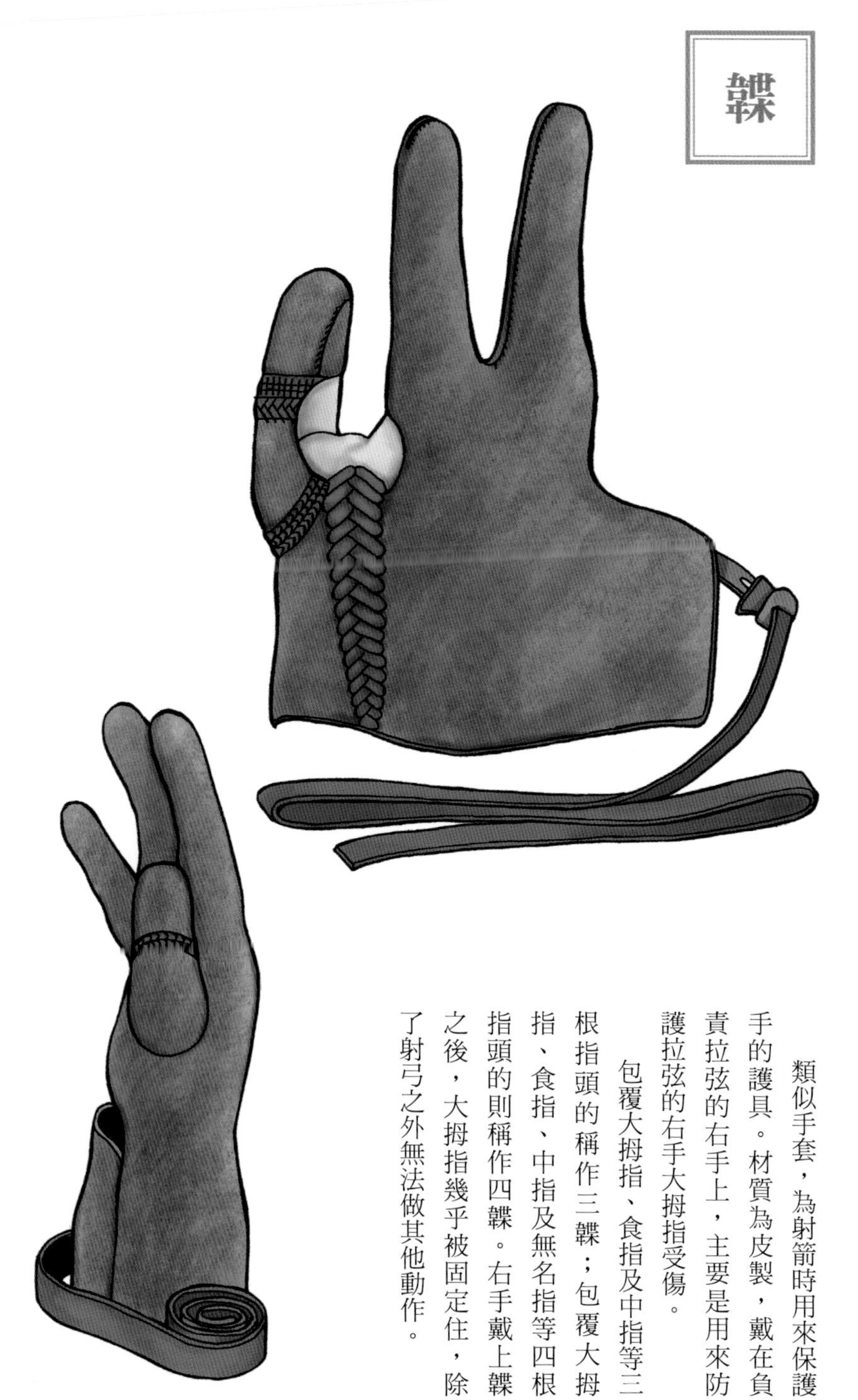

類似手套，為射箭時用來保護手的護具。材質為皮製，戴在負責拉弦的右手上，主要是用來防護拉弦的右手大拇指受傷。

包覆大拇指、食指及中指等三根指頭的稱作三韘；包覆大拇指、食指、中指及無名指等四根指頭的則稱作四韘。右手戴上韘之後，大拇指幾乎被固定住，除了射弓之外無法做其他動作。

❖弩在日本的地位不及弓……

弓箭與弩的共通點是兩者都有弓及弓弦，且都發射箭矢，只不過前者為垂直持弓，後者為水平持弩。此外，相對於弓須具備熟練的技巧與肌力，弩利用滑輪或齒輪拉弦並固定，只需如同鐵砲般扣下扳機就能發射，因此經過短期訓練即可學會。

弩的破壞力與穿透力非弓所能比擬，大型的弩甚至得耗費不少人力才能拉得動。例如中國宋代的「床子弩」等安裝式的大型弩，其最大射程距離約一公里左右，連厚重的鎧甲也能輕易地貫穿給予致命傷。

弩的起源來自中國，早在紀元前五世紀的春秋戰國時代就已經存在，不過其缺點是不能快速連射（一分鐘約一～二發）。

至於日本，根據《續日本紀》的記載，弩在藤原廣嗣之亂[21]時已開始使用，似乎用來當作城池等的防禦武器而非打野戰。然而隨著武士的崛起，合乎武士道精神的弓受到重視，而弩在日本也逐漸消失蹤影。

弩

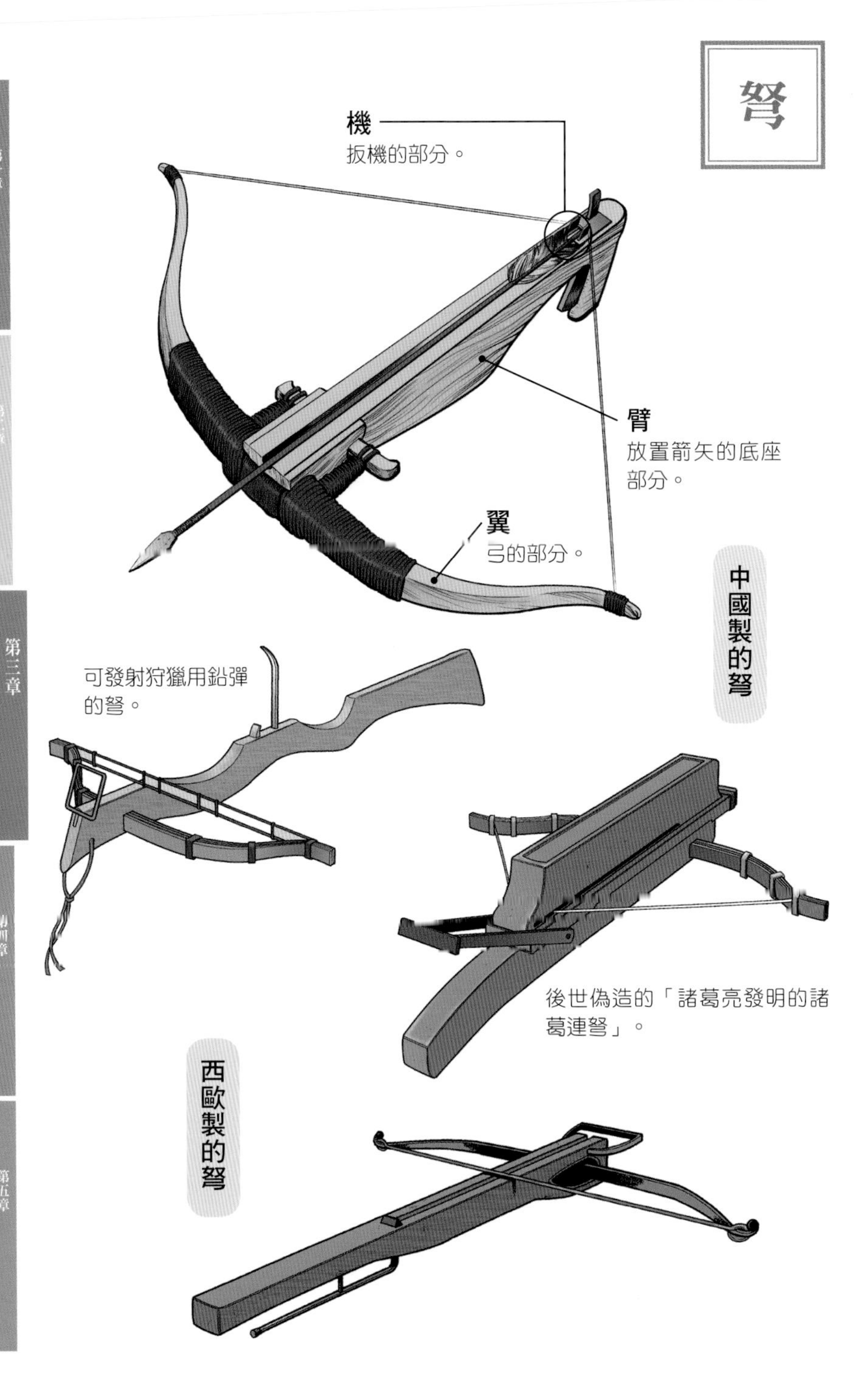
機
扳機的部分。
臂
放置箭矢的底座部分。
翼
弓的部分。
中國製的弩
可發射狩獵用鉛彈的弩。
後世偽造的「諸葛亮發明的諸葛連弩」。
西歐製的弩

大顯身手的半弓

永祿十一年（一五六八）爆發的小越之戰，是弓箭大顯身手的知名戰役。

宮崎縣南部的日南市有一座城，名叫飫肥城，日向的伊東氏與薩摩的島津氏正圍繞著這座城展開爭奪戰。為了奪回飫肥城[22]，伊東軍將城包圍住，沒想到島津的援軍正好抵達，伊東軍遭到兩面夾擊，陷入苦戰。這時，突然間有無數枝箭不知從何處飛出，朝島津軍射去，原來是由藏身在岩石及草叢中的義勇兵部隊所射出。

其實，伊東氏擁有一項秘密武器，那就是由農民及町民手持半弓所組成的武裝民兵組織，即義勇兵部隊。一般的弓長為七寸三尺（約二二一公分），而所謂半弓，是指長度只有一般弓長一半左右的弓。與弓相較之下，半弓不須使勁即可進行連射。由於半弓的弓長短，因此義勇兵可以藏匿在高大的草叢中屈身射箭，讓看不見敵軍蹤跡的島津軍感到驚慌失措。義勇兵的射手以四~五人為一組，藏身於草叢中，一邊移動一邊瞄準敵兵的臉部與頸部，然後一同齊射集中攻擊。半弓的穿透力比一般弓還要弱，而這樣的作戰方式可彌補這項弱點。就這樣，伊東軍大獲全勝，終於奪回飫肥城。長達二十八年的飫肥城攻防戰宣告閉幕，伊東氏成為南九州最大勢力，開始進入全盛期。

任何事物都不能單憑性能決定其優劣，運用智慧動動腦筋總會找到解決之道，即便在現代，這種戰國時代武器的使用範例仍然帶給世人最棒的訓示。

順帶一提，伊東氏為了讚頌義勇兵部隊的功績，於是允許農民們基於娛樂目的持有弓。據說，這就是現在一種名叫「四半的」[23]弓術之起源。時至今日，大多飫肥的民眾仍然一邊把酒言歡，一邊玩四半的弓道。

第四章

鐵砲

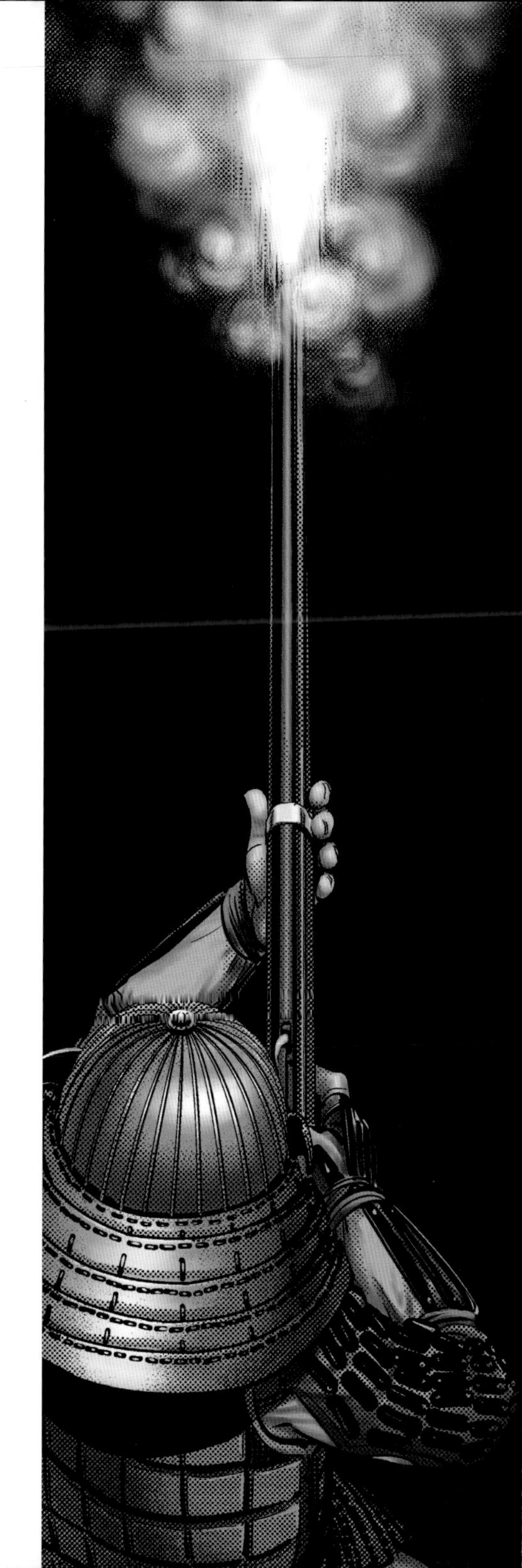

鐵砲

❖為合戰帶來革命

火繩槍又稱為種子島槍，也就是所謂的「鐵砲」，其製造方式於一五四三年傳入日本後立即在國內開始生產，由於各戰國大名追求強大的兵器，使得鐵砲在轉眼間普及全國。

織田信長很早就注意到鐵砲的優越性，創造出活用鐵砲隊的嶄新戰術。自此，其他的戰國大名們也開始爭相組織鐵砲隊。

鐵砲不需要特殊能力及長時間訓練，使得原本不是戰鬥主角的足輕，在軍事上的價值大幅提昇。不僅加速了戰鬥的節奏，甲冑也逐漸演變成既維持輕裝又能夠防禦子彈的「當世具足」。

能夠防禦鐵砲的城池都相當堅固，以往城池主要是蓋在山上或山丘上，其後逐漸改在平地築城。火繩槍的標準有效射程距離為一〇〇公尺以內，據說其威力可射穿位於五〇公尺處、厚度五公厘的合板。

鐵砲的各部位名稱

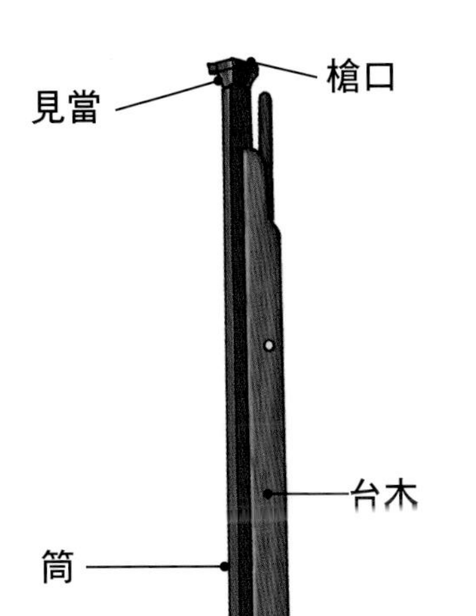

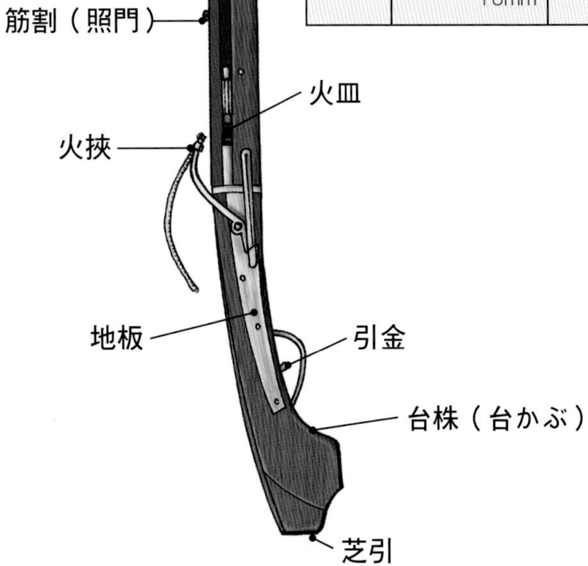

火器的分類

	槍口直徑	彈丸直徑	彈丸重量
大筒	27.0～40.3mm	26.5～39.5mm	30～100匁[24]
中筒	23.6～27.0mm	23.1～26.5mm	20～30匁
小筒	8.7～18mm	8.5～18.3mm	1～10匁

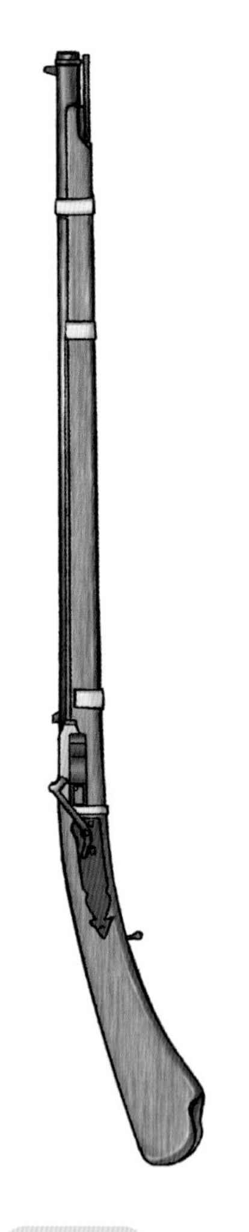

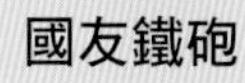

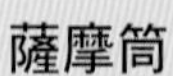

仿照從葡萄牙傳入的款式所製成。

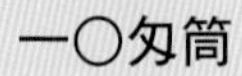

為武士所使用，而非足輕。

據官方說法，鐵砲於一五四三年首度由葡萄牙人傳入九州的種子島，但在這之前，銅製槍及石槍等其他類型的鐵砲早已傳入日本，合戰中也能發現使用的跡象。據說在鐵砲傳入種子島的前一年，即一五四二年周防的大內氏出兵攻打尼子氏時，尼子氏以二〇挺鐵砲應戰，重創大內氏。

火繩槍傳入種子島後首度用於合戰，是在六年後的一五四九年，島津貴久與肝付氏於薩摩發生衝突，爆發黑川崎之戰，島津軍在此戰中使用了鐵砲。

翌年，在畿內也爆發使用鐵砲的合戰。根據公卿山科言繼所寫的《言繼卿記》記載，一五五〇年的洛中之戰，細川晴元軍以鐵砲射擊三好長慶的軍隊。也就是說，鐵砲傳入的七年後，京都的市街戰中也使用了鐵砲。之後又過了五年，一五五五年爆發川中島之戰之際，武田軍扛著三〇〇挺鐵砲到信濃的旭山。據說攻守雙方一直進行著激烈的槍擊戰。

鐵砲傳入日本不到三〇年，在合戰中使用的鐵砲數量已增加到以千挺為單位。而促使鐵砲如此迅速普及的原因之一，在於火繩槍的構造簡單，較易於量產。

火繩槍是由槍身、支撐槍身的木製槍床以及點火裝置所構成。

製作槍身是鍛冶師的工作。先將鐵敲打成板狀，接著以粗細與火繩槍口徑一致的鐵棒作為芯，將鐵板捲成筒狀。拔掉鐵芯完成鐵筒後，繼續用鐵纏繞鐵筒。之後，用尾栓塞住鐵筒的其中一側，另一側則作為槍口。在日本，製作尾栓的螺絲讓工匠煞費苦心，最後只要在尾栓附近的側面裝上火皿後，槍身就完成了。

槍床是支撐槍身下半部的構造，由指物師[25]負責製造。使用樫或櫻樹削製成槍床，並在槍床裝上讓火挾活動的扳機裝置。

點火裝置的機關由金具師[26]製作，為金屬製並使用彈簧。最後將點火裝置、槍身與槍床組裝，火繩槍便完成了。

種子島槍（火繩槍）

此乃日本的鍛冶師根據傳入的槍枝構造所製造的槍。據說最大射程可達七百公尺，在戰場上從三百公尺處開始射擊，實質有效射程約為一百公尺。

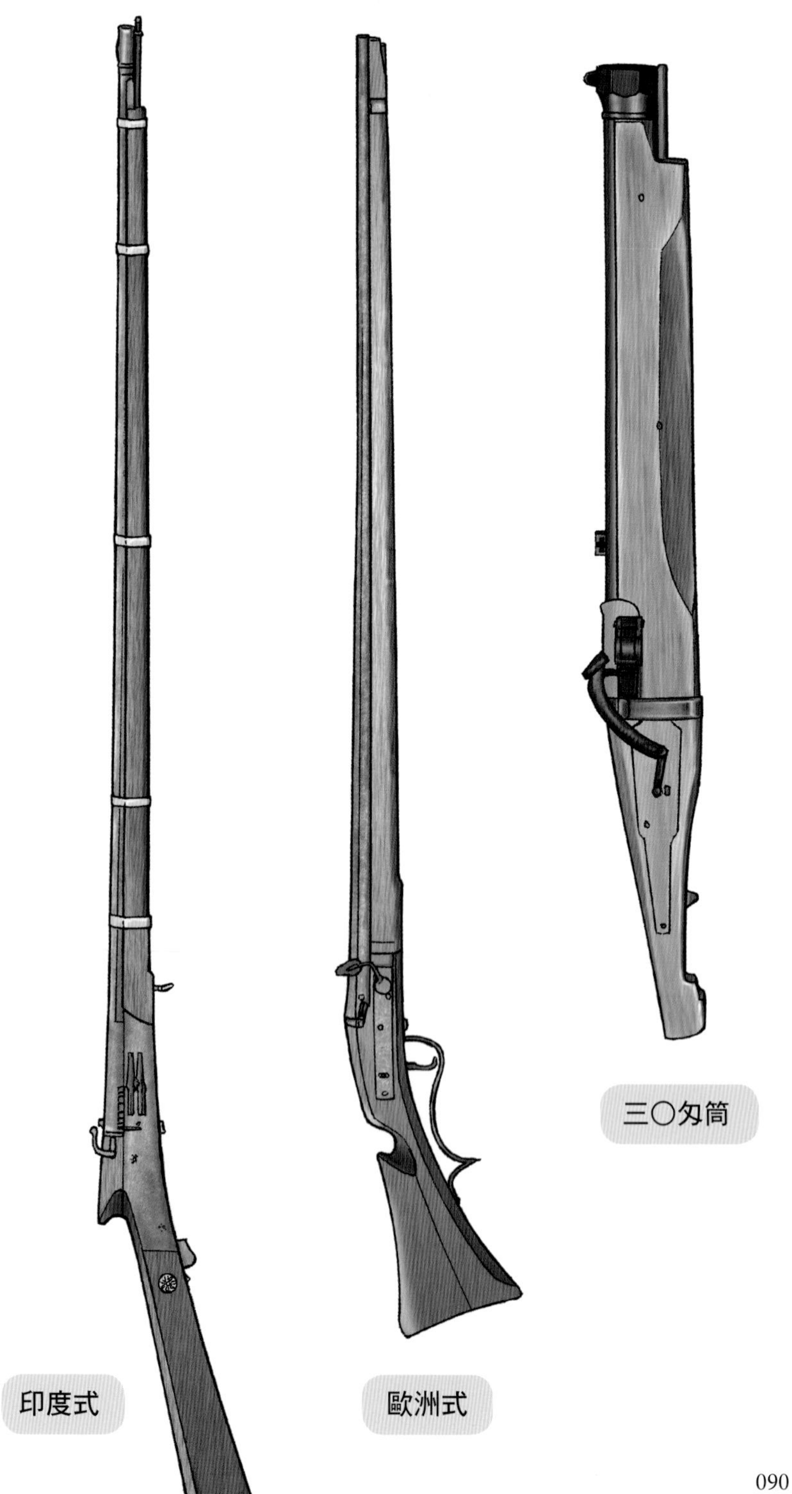
印度式
歐洲式
三〇匁筒

竹束

將數十根竹子綁成一束，用來代替楯使用。竹子不但重量輕且便於攜帶，防禦效果也相當出色，再加上價格便宜、容易取得，這也是竹束廣為使用的主要原因。由於竹束具有彈開、擋掉子彈的效果，一般說法認為武田軍為了防禦開始使用竹束。固定竹束時，可挖空竹節倒入砂土，就能提昇防禦效果。

蓑楯

鐵砲的小道具

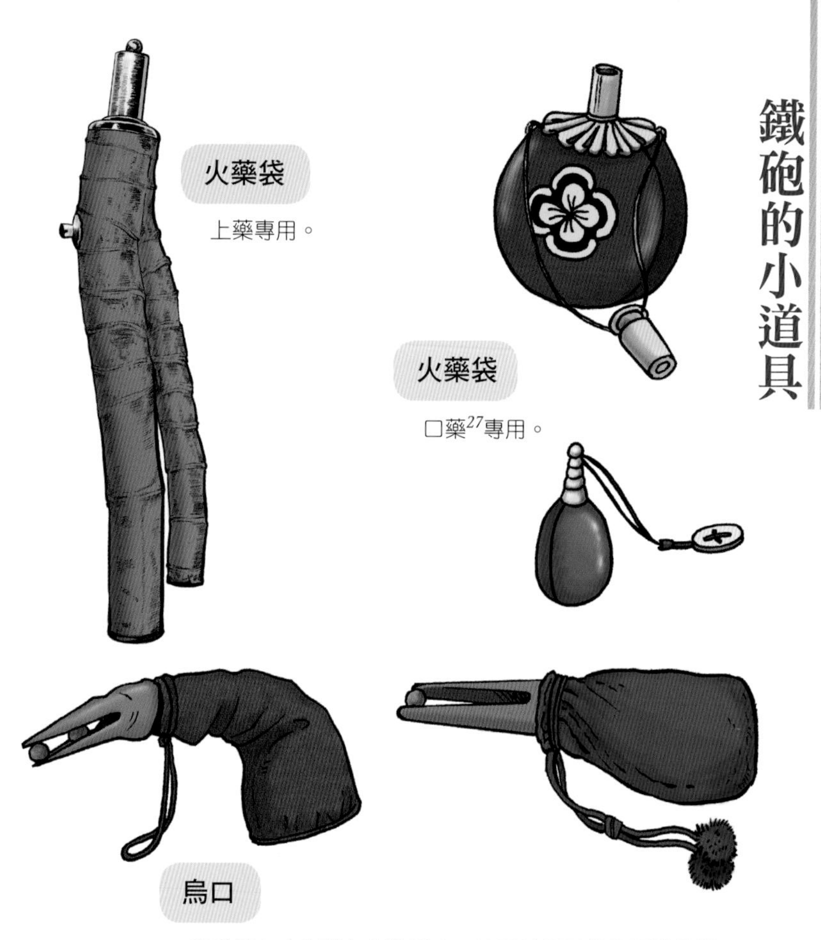

將規格大小的彈丸放進袋中，使用時便可從烏喙狀的袋口一顆顆地取出彈丸。

火繩

發射鐵砲時，必須使用可持續點燃導火藥的繩索，稱作火繩。容易點火、耐燒、燃燒緩慢、即使吸收濕氣也不會熄滅等，是火繩的必備條件。

火繩的主要原料為竹、棉花、日本扁柏等。竹製品的優點是耐燒，但缺點是怕淋雨及濕氣，雖然棉花與日本扁柏不耐燒，但受潮後只要經曬乾又能使用。

火藥

將硝石、硫磺及木炭這三種原料的粉末以五：二：二．五的比例混合，遂製成火藥。

玉藥

即裝在火皿的口藥，這是將一

輪火繩

胴亂

用來放彈丸及火藥的提包。

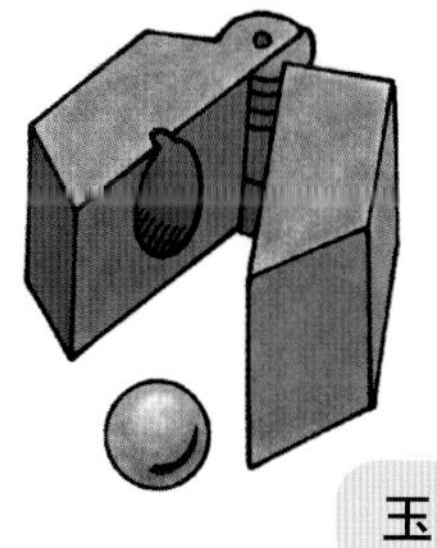

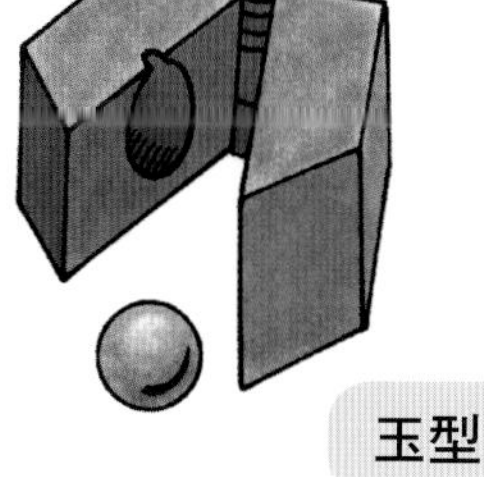

玉型

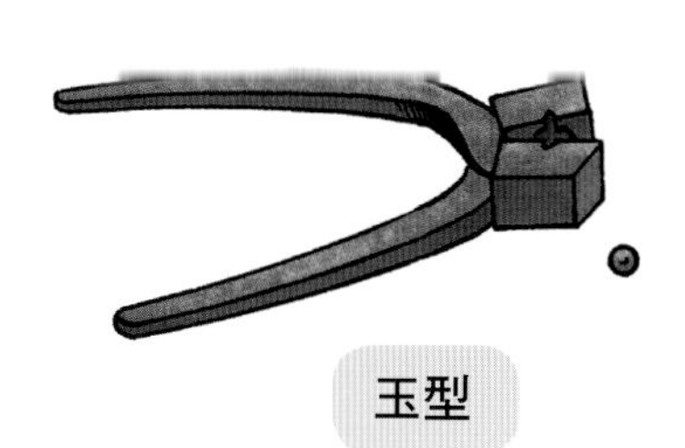

玉型

尾引彈丸

在彈丸上鑽洞並穿上線，可有效射擊水面。

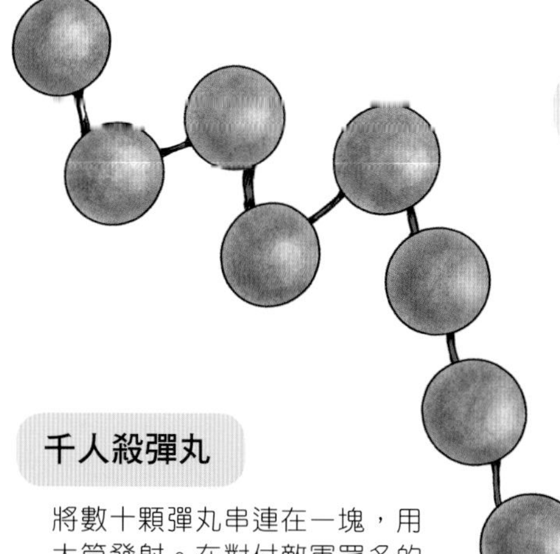

千人殺彈丸

將數十顆彈丸串連在一塊，用大筒發射。在對付敵軍眾多的情況下，效果十足。

般火藥磨成更細微的粉末，使之容易著火。從槍口與彈丸一起裝填的發射用火藥，叫做上藥，而鐵砲專用的火藥則叫做玉藥。彈丸與火藥常搭在一組。一般會將彈丸與火藥分別放入專門收納的袋子與容器中，隨身攜帶。

馬上筒

於戰國時代末期登場的小型火繩槍。這款槍正如其名，即使騎在馬上也能輕易操作，為戰國時代的手槍。

由於火繩槍屬於前裝式火槍，想邊騎馬邊拿著沉重的槍裝填彈丸簡直難如登天，因此馬上筒藉由改短槍身，將在馬上裝填彈丸化為可能。

但相對地，馬上筒的射程距離也縮短為三〇公尺，威力也減弱，只能作為應急武器。

據說大坂夏之陣時，伊達軍的騎馬武者全都手持馬上筒。

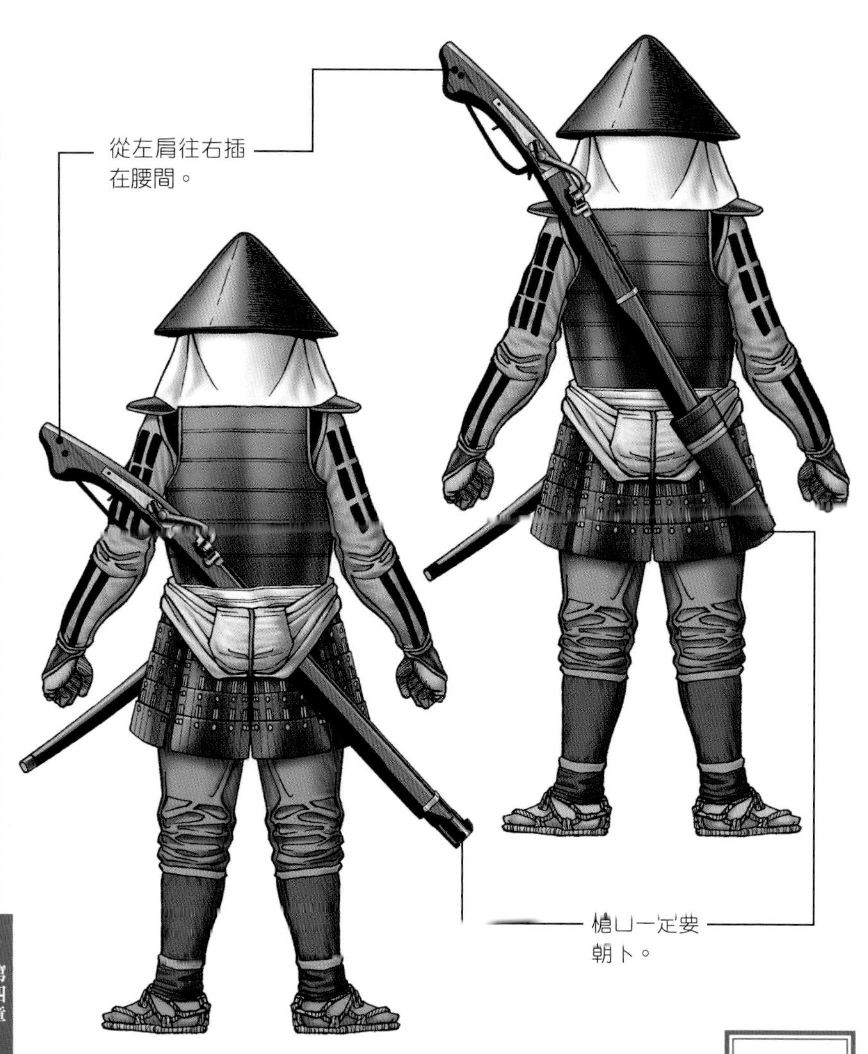

鐵砲的佩帶方式

不侷限於日本，火繩槍扛在左肩是全世界的基本常識。這是為了不論敵人何時出現，都能隨時應戰的準備。況且若是將槍扛在右肩的話，可能會碰到火繩的尖端造成受傷或燙傷，因此扛在左肩就能防患於未然。

此外，若是發射鐵砲後立刻與其他敵人進入接近戰時，就得將鐵砲倒過來，以雙手握槍來代替武器，或是拔刀應戰。

火繩槍的射法

扛著火繩槍的足輕

①將火繩槍槍口朝上立起，從筒先（槍口）放入火藥與鉛彈。接著從筒先插入朔杖（木製長棒），將火藥與鉛彈夯實。

②握住槍，將口藥倒在火皿上。

③蓋上火蓋，以免火繩上的火誤觸火皿引燃、口藥掉落或被吹散的意外。

④用火挾夾住火繩。擺好射擊姿勢，瞄準目標。

⑤打開火蓋。

⑥扣下扳機後，火繩就會因彈簧裝置落在火皿上點燃口藥，引爆槍底的火藥，射出鉛彈。

鐵砲的握法

腰撓放

將槍床抵住右腰以固定槍。

諸手放

以右手持槍，左手則握住右手手腕固定姿勢。

鍔止放

將刀豎直，將槍置於刀鍔上固定住。

緒便立膝放

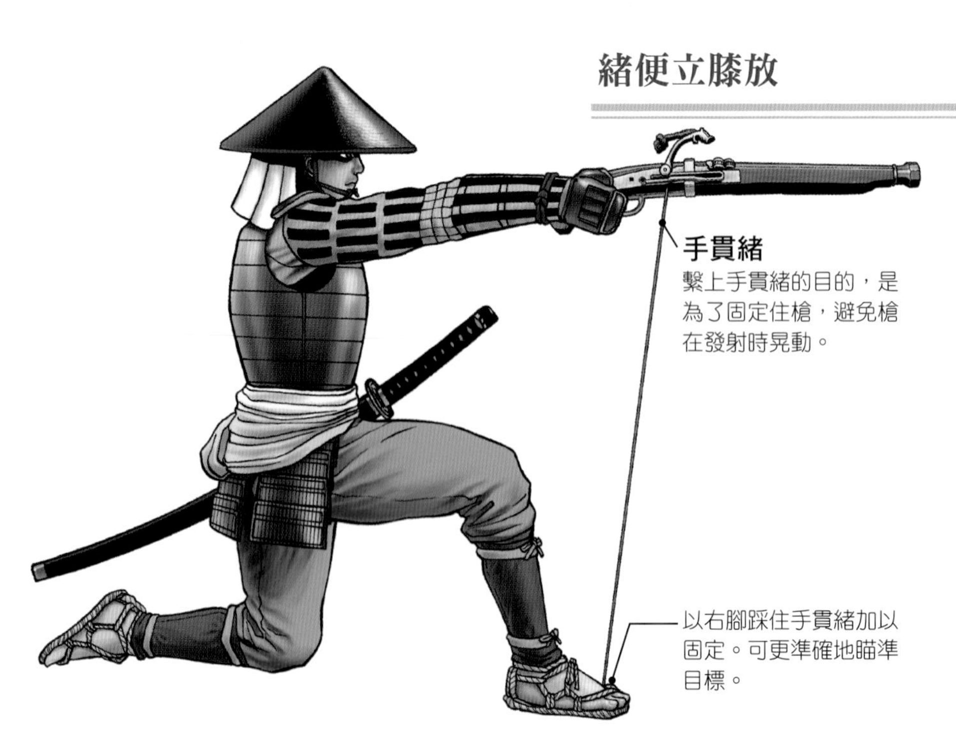

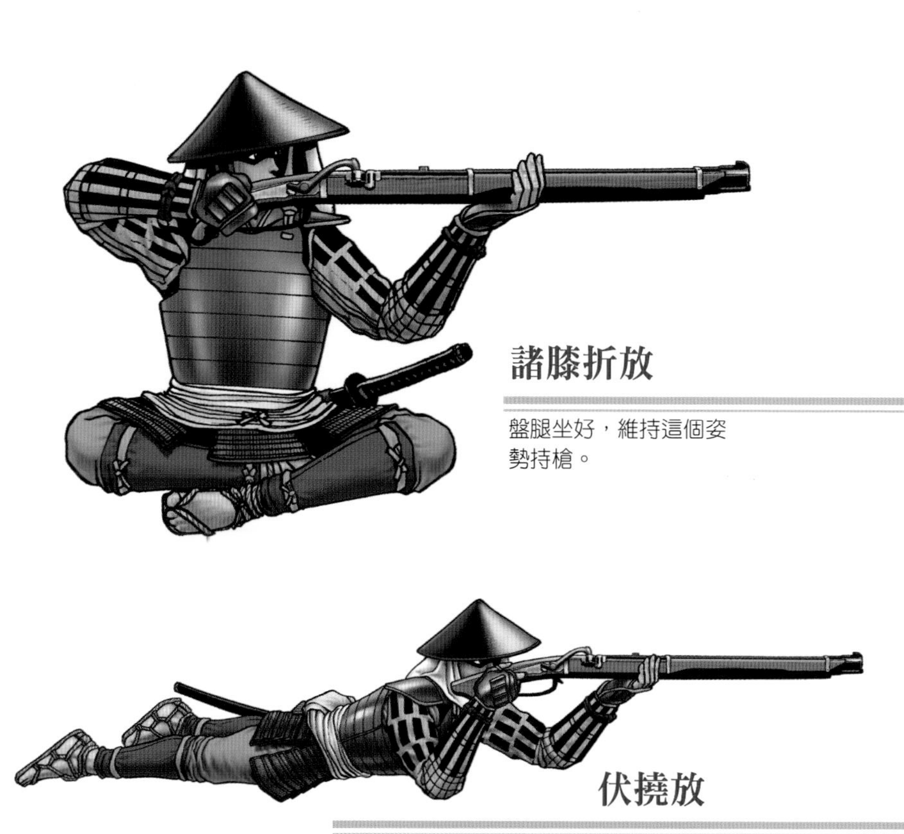

諸膝折放

盤腿坐好，維持這個姿勢持槍。

伏撓放

身體趴下，臉朝正前方，雙肘立起舉槍。

〈火繩槍的殺傷力〉

撇開近距離的命中率較低不談，火繩槍的殺傷力比起現代的來福槍可是絲毫不遜色。

根據實驗，火繩槍即使遠從五〇公尺處，瞄準鐵製當世具足最厚的軀幹部分，也能夠貫穿當世具足，在上面開出直徑約二～三公分的洞。而口徑大的一〇匁筒，威力竟高達一八六〇焦耳，就連M16及AK47等自動步槍的威力也不過二〇〇〇焦耳左右。

火繩槍的子彈是用柔軟的鉛所製成，因此在貫穿鎧甲後就會到處四散，大多會傷及士兵的內臟造成致命傷。

不僅如此，甚至還有人是中鉛毒而死。根據當時留下的紀錄，有位醫生如此記載「鐵砲傷口相當棘手」，由此可見火繩槍的殺傷力之高。

二段射擊

將士兵分成二列橫隊並排，前列屈膝射擊，後列則站立射擊。

每位射擊手身後都擁有數挺火繩槍及數名助手，當射擊手發射鐵砲時，助手就負責裝填彈藥、準備替換用的鐵砲等，合力構築出一個讓鐵砲射擊流暢的系統。

鐵砲傳入與普及的秘密

根據《鐵砲記》[28]等書記載，有關鐵砲傳入日本如下所述。

一五四三年，一艘中國船受到颱風襲擊漂流到種子島上。有一位懂漢文的日本人，與船上一名叫做五峰的中國人在岸邊的砂地上用木杖進行筆談，因而得知船上有二位葡萄牙商人，並攜帶著鐵砲。這二名葡萄牙商人當場示範如何發射鐵砲，所射出的鉛彈全部命中標靶，而鐵砲發射時所發出的聲響與火光宛如雷電，在場的人們無不用手摀住耳朵。

種子島島主種子島惠時與其子時堯以一挺一千兩的價格購買兩挺火繩槍。種子島時堯命令島上的刀鍛冶師複製鐵砲。其實，種子島不僅生產優質砂鐵，同時也聚集了諸多優秀的刀鍛冶師。師傅們費盡苦心，總算完成複製品，卻因不懂塞住槍底的裝置為何，使得出現命中率等問題。其實火繩槍的槍底是用螺絲鎖住的，然而當時的日本卻沒有生產螺絲的技術。之後，有一位名叫八板金兵衛的刀鍛冶師解決了這個難題。據說他將自己的女兒「若狹」嫁給葡萄牙人，因而習得製作螺絲的技術。直至今日，若狹的墓碑仍然靜靜地矗立在西之表的高地上。

就這樣，在得知鐵砲的製造方法後，自鐵砲傳入不過一～二年的時間就生產了數十挺鐵砲，很快地便普及日本全國，使日本成為世界上屈指可數的鐵砲持有國。其數量介於一〇萬～一〇〇萬挺，眾說紛紜，但據說關原之戰前後，日本的鐵砲持有數量已經超越歐洲各國的持有數。至於火繩槍威力如何，綜合實際射擊過鐵砲的使用者意見，其有效射擊距離介於五〇公尺～一〇〇公尺，在五〇公尺以內的距離只要正面射擊，甚至能貫穿鐵製鎧甲並造成致命傷。

鐵砲能在這麼短的時間內急速普及的原因之一，在於不論是誰都能在短期訓練期間學會射擊。因此在徵召農民擔任足輕的戰國時代，鐵砲可說是再合適不過的武器。

大砲

❖相較於小槍[29]不夠普及

戰國時代，「大砲」首度在日本史上登場。

大友宗麟向南蠻人購買的大砲屬於「石火矢」型，他將這支大砲取名為「國崩」，並用這支大砲對著逼近臼杵城的島津軍發動猛烈砲擊。

大坂冬之陣時，除了從荷蘭進口的加農砲之外，德川家康還使用堺的鐵砲鍛冶師．芝辻理右衛門所製造的大砲攻擊大坂城。據說朝天守閣發射的大砲威力讓淀夫人感到相當恐懼，因而與德川家康達成協議。

而在關原之戰中大砲也有登場，石田三成使用大砲讓東軍吃盡苦頭。

然而大砲卻沒有成為戰國時代戰場上的明星，最主要的原因在於生產相當困難。以當時日本國內的技術，根本無法製造出耐用的大砲。在應用上，也因為風險相當高而令人不安。此外，在地勢起伏激烈的日本搬運大砲相當困難，這也是大砲未受重用的原因之一。

焙烙火矢

石火矢

為室町時代末期自西洋傳來的青銅製大砲，與火繩槍幾乎在同一時期傳入。其發射彈丸的母砲與裝填火藥的子砲是分開的，因此使用時，每射完一發就要取出子砲，然後再裝填下一發子砲。母砲大多是青銅製，子砲則是鐵製。只要事先多準備一些裝填好彈藥與彈丸的預備子砲，使用時就可以迅速發射第二發、甚至第三發。然而石火矢也時常發生走火意外，因此在操作時必須謹慎小心。

進行攻城戰時，石火矢可用來破壞城櫓及石垣等，但相對地，有攜帶不便、機動性低等缺點。此外，石火矢對人命中率低，攻擊力不及小槍，殺傷力也不大。

據說石火矢與火繩槍於同一時期傳入日本，而根據記載，大友宗麟與薩摩進行合戰時也有使用石火矢。

佛郎機

口徑9.7公分，全長287.1公分。又名「國崩」。

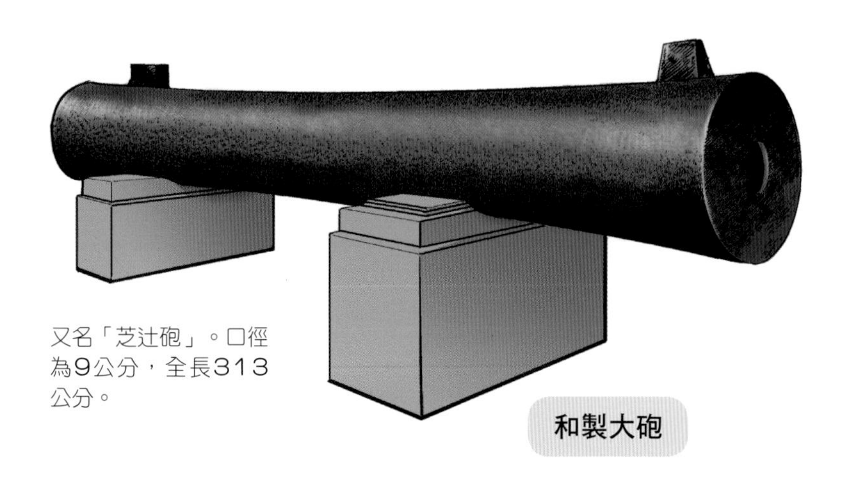

又名「芝辻砲」。口徑為9公分，全長313公分。

和製大砲

和製大砲

如前所述，鐵砲傳入日本後，其性能備受肯定而急速普及，在戰場上也積極採用；相較之下，大砲的普及率低，在戰場上也鮮少使用。不過在豐臣秀吉發動文祿・慶長之役後，卻開始積極製造大砲。日本軍在嚐到明軍及朝鮮軍的大砲威力、吃盡苦頭後，才體認到大砲的重要性，開始著手生產大砲。

和製大砲的彈丸採用前裝式，圖片中的大砲其有效射程距離約為四〇〇～五〇〇公尺。

上圖的大砲即所謂的「芝辻砲」，是為了證明採用與既有鐵砲相同的鍛造法也能製造大砲的實驗性作品。經超音波以及X光等調查後，研究結果發現，砲管內出現變形，不堪實用。而在大坂之役大顯身手的稻富流大鐵砲，口徑為三十三公釐，彈丸重量為五〇匁，砲身約二公尺左右，據說瞄準射擊可達一六〇〇公尺。

棒火矢

在戰國時代末期，開始使用綁有火藥的火矢。起初是在鏃綁上火藥，採用點火後拉弓射擊的方式，之後便開發出使用大砲射箭的棒火矢。棒火矢的發射方法可分成二種，一種是如同大筒般放在地面進行發射，另一種是手持槍筒發射。不過棒火矢在威力、命中率及射程距離等方面出現不少問題，實際上其效能並沒有想像中的好。

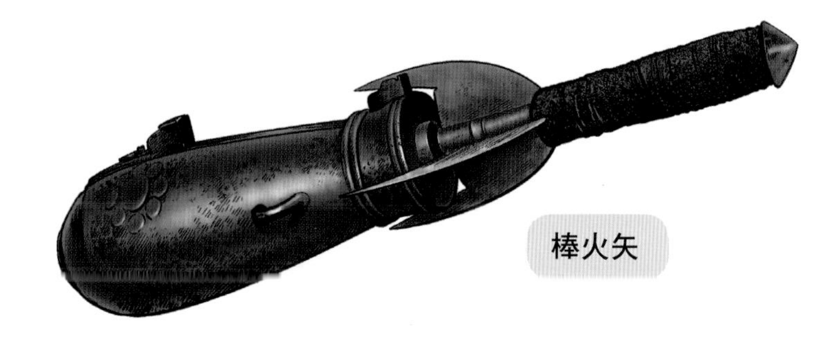

大砲操作相當困難，也經常發生走火。
發射大砲時並非由一個人操作，而是由數人負責操作。

抱大砲

大口徑的抱大砲擁有與大砲相同的機能，發射時並非安裝在砲台上、固定位置後才能進行發射，而是由一個人雙手持槍身進行發射。大小方面，抱大砲是指口徑超過五〇目玉（口徑三一．八公釐）以上大口徑的大砲，其他尚有百目玉、二百目玉，口徑最大為一貫目玉（口徑八六．六公釐）。重量則介於十五公斤～一百公斤，只限力氣大的人才能使用。

抱大砲的發射方式與一般鐵砲一樣，可挾在腋窩射擊，或是將槍身舉至臉部高度，使槍身靠在

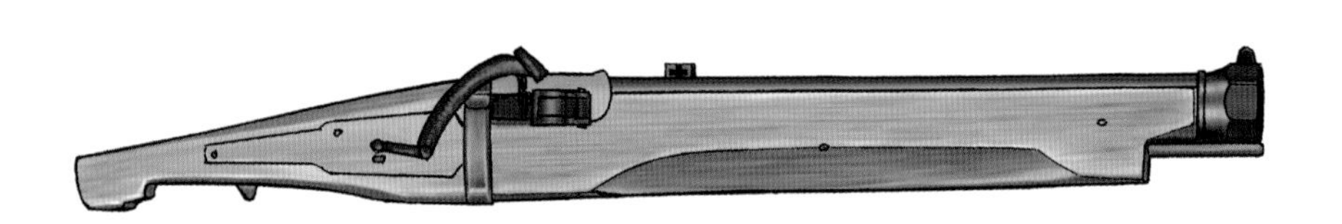

握法

發射大筒時須由數人分工進行操作，像是有人負責固定大筒、有人負責照明、有人負責點火等。

臉頰進行射擊。

抱大砲比大砲輕，適合攜帶，因此常用於攻城戰及船戰。

大砲的威力與破壞力絕非鐵砲所能比擬，但從實用性來看，搬運大砲時必須放到推車上，耗費不少人力進行搬運。再加上砲彈為鉛製，不僅沉重，發射方向也很固定，儘管威力強大命中率卻很低。

基於上述原因，據說一台大筒的效果還不及一〇挺小槍。

此外，發射大砲時最重要的一點，在於測量射程距離。這是因為大筒不同於小槍，無法隨機應變且不易操作，一旦固定位置後就無法輕易移動。因此為了測量大筒射程距離及發射角度，必須經過不斷的訓練。

鐵砲改變了合戰──長篠之戰

眾所皆知，織田信長以鐵砲三段射擊戰法驅散了武田勝賴的騎兵隊。這個戰法，是將鐵砲隊排成三列，當最外側的隊伍一齊射擊之後便撤退到最後列，準備下一次的發射，接著由第二列隊伍一齊射擊。只要不斷重複上述步驟，就能克服火繩槍的缺點。

火繩槍的弱點之一就是發射作業費時。先從槍口裝填火藥與鉛彈並用長條細棒夯實，接著裝入導火藥，再用火挾夾住點火的火繩，為安全起見，要掀開火蓋後才能扣下扳機。這個操作方法即便是熟練操作的人，射擊間隔也得費時十八～二〇秒。比起一分鐘可發射十支箭以上的弓箭，火繩槍的射擊間隔之長成了致命傷。而織田信長的「三段射擊」戰法成功地彌補了火繩槍的這項弱點，受到眾人的矚目。

然而在最近的研究，認為「三段射擊」並非史實的看法蔚為主流。這個戰法似乎原出於江戶時代的小說，而明治政府的陸軍將小說的描述當成史實，寫進教科書中，再加上黑澤明導演的電影《影武者》當中有描述這個戰法的場面，因此廣為全世界所知。

諷刺的是，其實最先體會到鐵砲威力的就是織田信長。織田信長在與石山本願寺作戰時，雜賀眾讓他吃盡苦頭。雜賀眾是擁有數千挺鐵砲、槍擊技術高超的傭兵部隊。每位槍手擁有數挺火繩槍以及助手協助，好讓裝填完彈藥的火繩槍接連不斷地遞給槍手，藉此來彌補火繩槍的缺點。當時，織田信長自身也受傷了。由於那次痛苦的經驗，才讓他改變戰術，開始重視鐵砲。

織田信長連在築城之際也顧慮到鐵砲。實際調查江戶城址，也就是現在的東京皇居，其護城河的寬度達五〇公尺左右，這個距離正是從開在城牆上的三角形銃眼以及鐵砲狹間射殺敵兵的最佳距離。

專欄 9

戰國合戰

讓淀夫人嚇得發抖的大筒

在某場合戰中，一發砲彈決定了戰局的勝負，那就是大坂冬之陣。關原之戰戰敗後，豐臣勢力率領一〇萬兵力固守大坂城，另一方面，德川家康則率領二〇萬兵力包圍大坂城。可是德川家康面對的可是難以攻陷的大坂城，為了攻陷大坂城，他從很久以前便準備好新兵器，那就是大筒（大砲）。

大筒是在鐵砲傳入日本的隔年，於一五四四年同樣由葡萄牙人傳入後進行國產化，但卻鮮少在實戰中使用。大筒的射程距離很長，介於一～二公里至五～六公里，但當時所用的砲彈並非現代大砲所使用的爆發式，而是發射金屬彈丸攻擊目標，偶然擊中目標就會對人造成殺傷力、或是破壞建築物。加上操作也相當困難，有時還會引發砲身爆炸事故。

儘管如此，德川家康仍然配備大砲，有一說是配備三〇〇門大砲。德川軍在距離大坂城約六～七〇〇〇公尺處建立陣地，距離足以發射砲擊。德川家康除了採用國產大筒外，還從英國及荷蘭輸入大砲。他究竟是如何使用這種非實戰性武器攻陷大坂城的呢？

其實，德川家康不分晝夜，一整天都在持續發射砲擊。換句話說，他完全不讓敵方有闔眼的機會，持續製造砲彈不知何時就會擊中自己的恐懼，根據留下的紀錄表示，砲火聲甚至傳到了京都。這種作戰方式，就連猛將也甘拜下風。換言之，德川家康巧妙地運用大筒打心理戰。

到了決定命運的十二月十六日，一發砲彈偶然直接命中大坂城的本丸。淀夫人親眼目睹了殘忍的一幕，那顆砲彈直接打死她的侍女。雖然豐臣陣營的總大將是豐臣秀賴，但身為豐臣秀吉的側室，同時也是秀賴母親的淀夫人擁有極大的發言權。這次事件讓淀夫人感到非常恐慌，頓時喪失戰意，最終才決定與德川家康談和。

讓織田信長飽嘗苦頭的素燒陶器

藉由火及火藥的力量來發揮威力的武器種類繁多。首先來介紹火箭，火箭原是在箭的尖端夾著易燃的油紙，點火後發射的武器，後來也出現了將火藥捲起來並加上導火線，使其威力更強大的火箭。

另外，還有一種武器是在焙烙等素燒陶器中裝入重達一貫（約三．七五公斤）的火藥，接著用布、繩子及皮革層層包覆，然後在上面塗漆使之硬化，最後再加上導火線，稱之為焙烙玉。焙烙玉可用手投擲，或是綁上繩子後旋轉揮動，利用離心力擲向遠方。巨大的焙烙玉甚至可以塞進大砲發射出去。爆發後，內部的焙烙會炸得四處散落、碎片飛散，可殺傷敵兵。

使用上述武器讓織田信長大吃敗仗的，是在第一次木津川口之戰（一五七六年）中表現活躍的瀨戶內海水軍（毛利、村上、小早川水軍）。與石山本願寺敵對的織田信長將他們唯一的補給線，也就是木津川給封鎖住。擁護本願寺的毛利軍為了突破織田軍的封鎖，於是率領三百艘戰鬥船以及六百艘兵糧輸送船向木津川口挺進。織田信長則率領三百艘水軍迎擊毛利軍，以弓箭及鐵砲進行攻擊，對此，毛利軍則用火箭及焙烙玉應戰。由於織田水軍的船隻全是木造的，遭到攻擊後便紛紛起火燒毀。

然而織田信長卻沒有因此膽怯，「給我製造絕對不會燃燒的船！」在織田信長的一聲令下，終於完成了裝有厚達三公釐鐵板的鐵甲船。根據葡萄牙傳教士路易斯．弗洛伊斯（Luis Frois）的紀錄，據聞織田軍的鐵甲船上加裝了三門大砲以及無數挺大鐵砲，全長約二十二～二十三公尺，寬約十二．七公尺。織田信長製造了六艘鐵甲船後，再度率兵攻打六百艘毛利水軍（一五七八年）。這支鐵甲船隊絲毫不讓毛利軍逼近一步，最後這場戰爭以織田信長的壓倒性勝利劃下句點。只是，這段描述並沒有確切的證據，因此真相如何並不清楚。

第五章

忍具

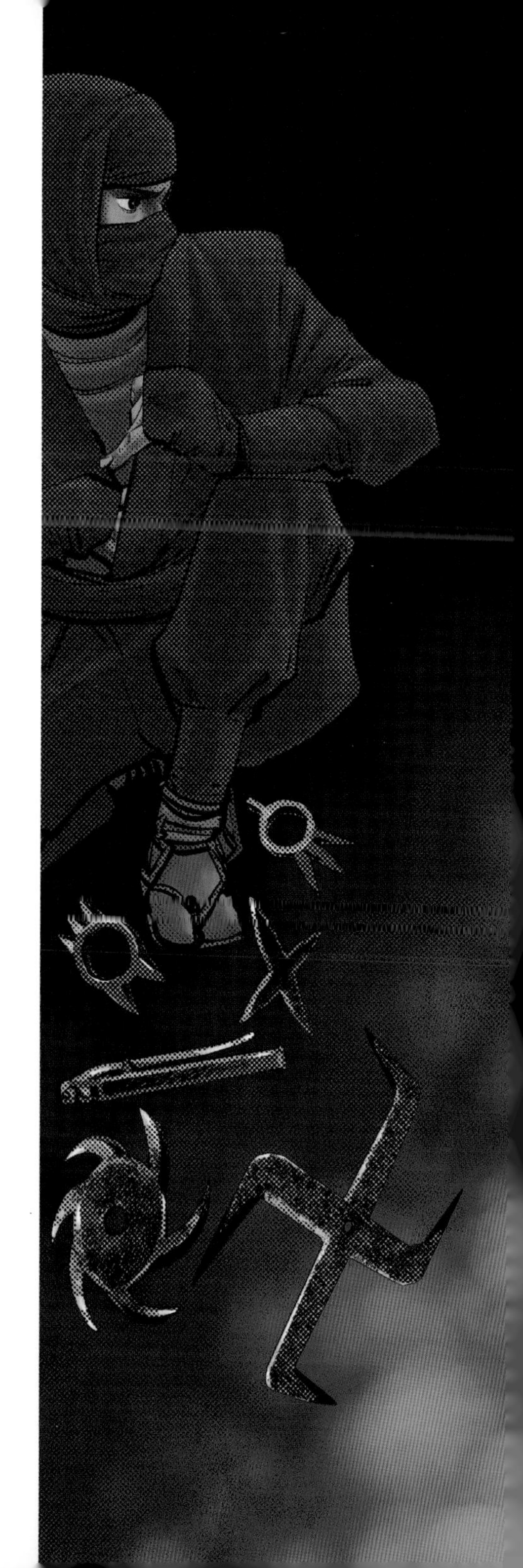

忍具

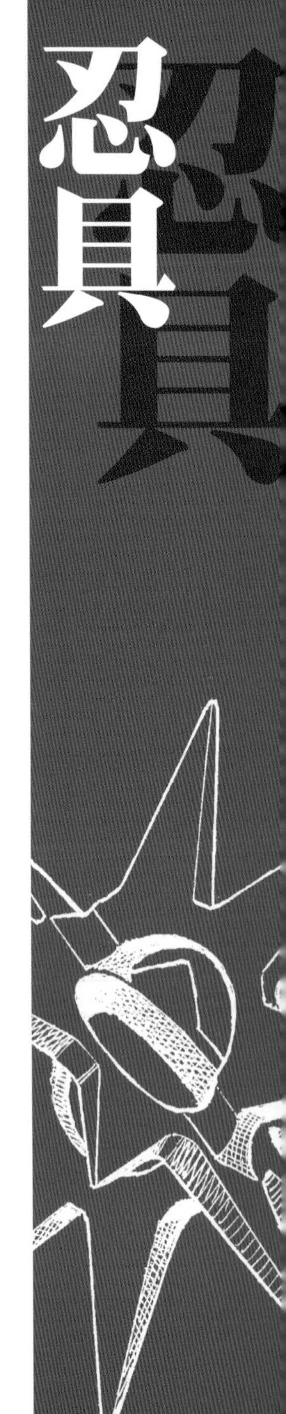

❖ 情報蒐集、暗殺、謀殺的專家

根據日本最古老的忍者相關記述指出，聖德太子稱大伴細人等人為「志能備」或「志能便」[30]，派他們進行諜報活動，不過一般大眾印象中忍者最活躍的時代，果然還是戰國時代。

戰國時代，日本各地都有擅長諜報活動及游擊戰的忍者集團。忍者又稱作「忍」、「透波[31]（為日文「揭露」一詞的語源）」、「斥候」等，武田信玄旗下的忍者集團叫做「亂波」；羽柴秀吉手下的忍者集團叫做「木陰眾」；上杉謙信旗下的忍者集團則叫「軒轅」。他們的任務是蒐集情報、傳遞密函、暗殺及謀略。

忍者的流派除了知名的伊賀及甲賀之外，其他尚有根來流、雜賀流、戶隱流等四十九個流派，平常存在於日本全國各地。忍者常變裝打扮成虛無僧[32]、山伏[33]、行商、大道藝人[34]、手品師[35]等，潛入敵方領地，有時也會潛入城中。遇到高聳的圍牆，則使用繩索尖端附有掛鉤的鉤繩翻過去；護城河則使用名叫水蜘蛛的浮輪道具渡河；遇到石垣，可在手上裝備一種叫做手甲鉤的鉤爪攀登上去；如被發現，可以撒下撒菱或是投擲火藥球來逃離敵方的追擊。忍者通常極力避免戰鬥，但有時也會使用長度比一般刀短的忍刀或苦無（用來挖洞或在牆上鑽洞的道具。苦無原本就是一種工具，因此帶在身上也不足為奇）來應戰，或是丟手裏劍擊倒敵人。

人稱「飛鳶加藤」的加藤段藏是戰國時代最著名的忍者。據說加藤段藏曾奉上杉謙信之命奪取敵對大名的名劍，然而他不僅成功奪取名劍，還活捉了侍奉該大名的幼女，因而遭到上杉謙信警戒，下令取其性命，之後成了武田信玄的家臣。

據聞伊賀的伊賀崎道順侍在六角氏旗下時，曾潛入發動叛變的百百氏居城放火，讓城內陷入一片大混亂，最後淪陷。

以驅使猿猴忍術聞名的下柘植木猿・小猿父子，為猿飛佐助的原型。伊賀的服部正成（第二代服部半藏）以武將身份仟職於德川家康麾下，由於他出身伊賀，因此奉命統率伊賀忍者。本能寺之變爆發時，服部正成與甲賀忍者協力合作護送無處可逃的德川家康抵達安全的場所，也因此後來伊賀及甲賀的地侍便以同心[36]的身份任職於德川家。

伊賀與甲賀在虛構小說中常被描寫成敵對關係，事實上，伊賀與甲賀是只隔一座山的鄰居，經常互相幫忙。

忍裝束

忍裝束最重要的是輕便且不顯眼。一身漆黑、內穿鎖子甲是一般大眾對忍裝束的普遍印象，但其實在夜晚月光等的照射下黑色反而會凸顯輪廓，因此一般忍裝束多採用柿染的深褐色或藏藍色。基本上，忍裝束的機能以逃跑為優先，戰鬥是其次。

此外，忍者會使出一種叫做「七方出」的變裝術。為了完成任務，忍者會裝扮成虛無僧、山伏、商人、放下師[37]、猿樂[38]師、出家僧以及常形（變裝為武士或農民的模樣，是最不易遭到起疑的打扮）等不同的身分以便行動，根據不同的時間與場合做最適合的裝扮。

忍者武器①

髮簪

乍看之下一點也不像武器的髮簪，對忍者而言卻是最方便的武器。

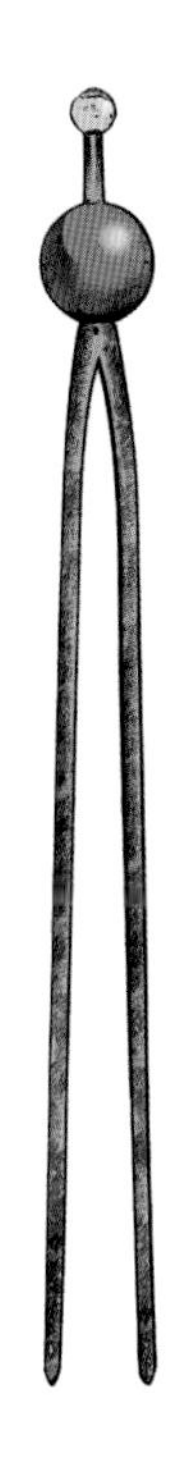

苦無

忍刀

刀身長度約為50公分，比起一般刀的刀長稍微短了點。

撒菱

其語源為撒菱角[39]。

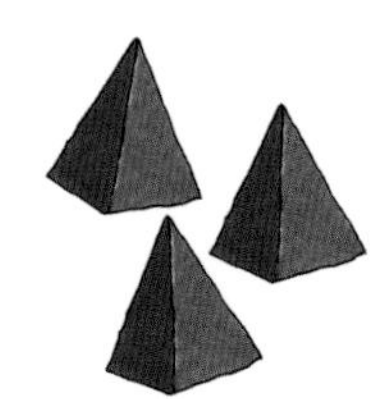

手裏劍

平型手裏劍

手裏劍的形狀大致可分成二種，一種是平型手裏劍，即一般大眾所熟悉的手裏劍，形狀有十字型、卍字型、五角、七角等。

另一種是棒狀手裏劍，即手裏劍的其中一端或是兩端均為削尖的棒狀。相較於平型手裏劍，更需要高超的投擲技巧。

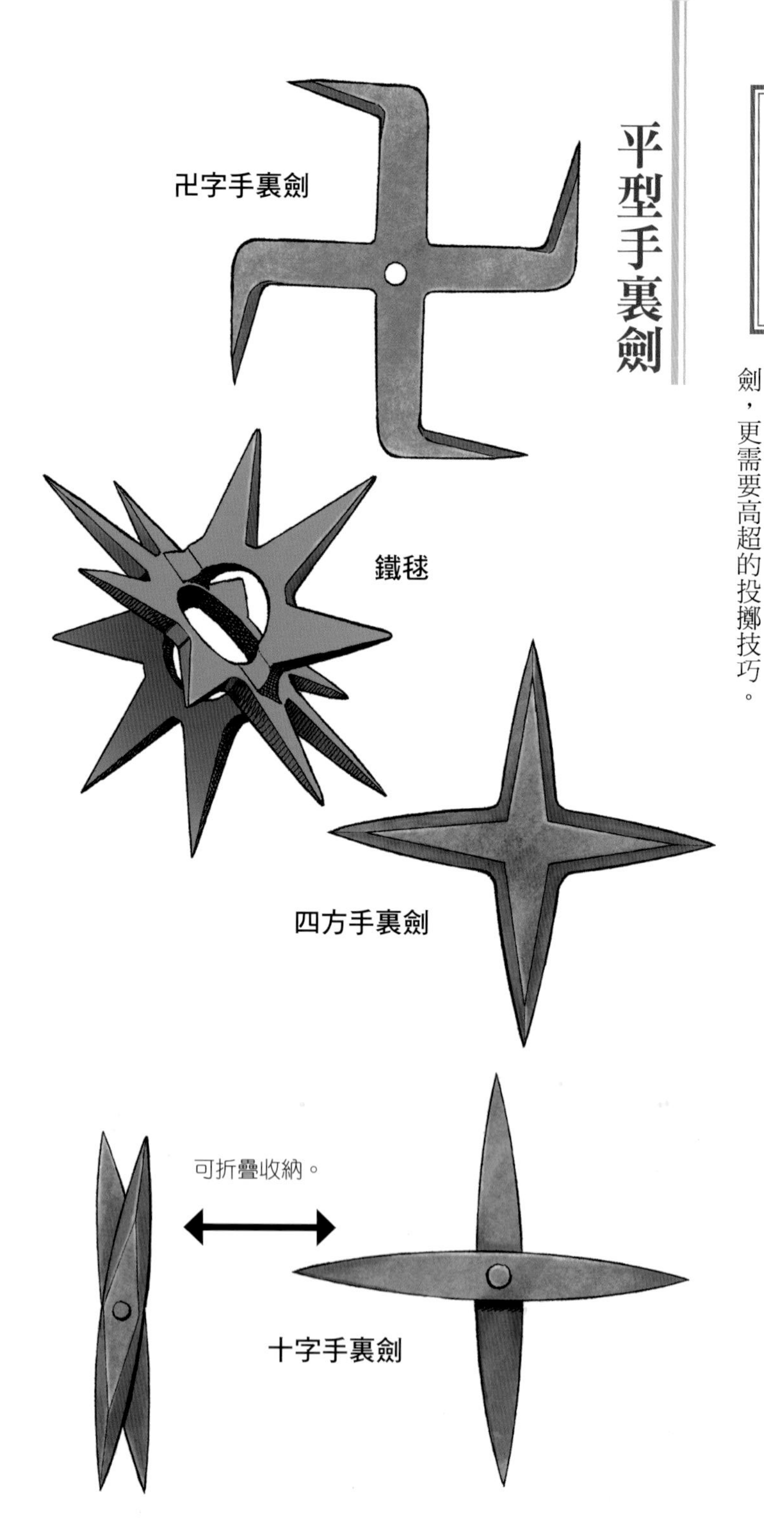

棒狀手裏劍

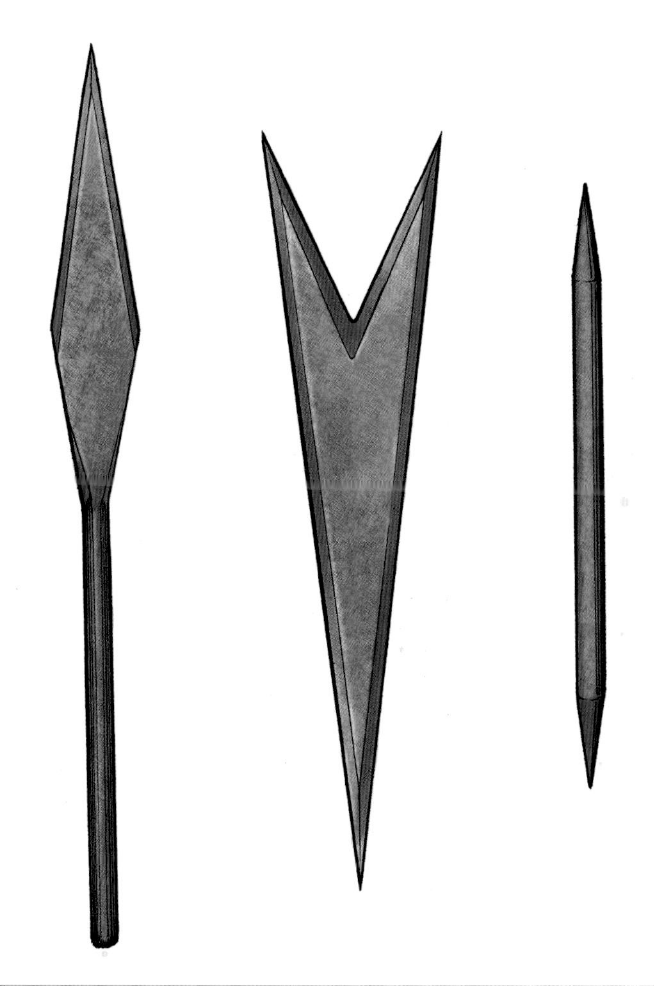

也可以在手裏劍裝上火藥點火投擲。

手裏劍的擲法

手的握法

迴轉打法的握法

直打法的握法

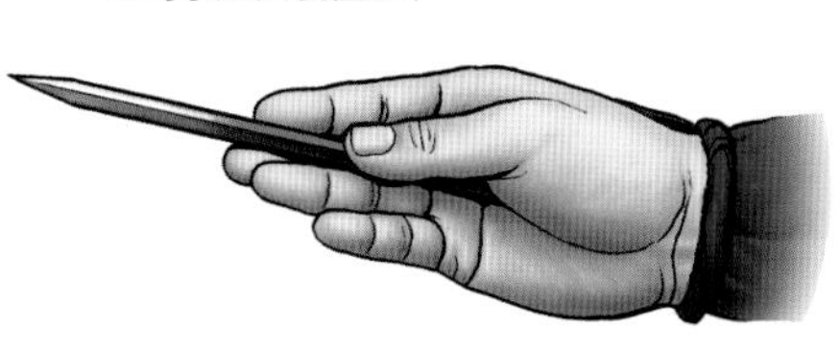

平型手裏劍的握法

手裏劍與其說是投擲，倒不如說是擊射更為貼切。

手裏劍的擲法可分成三種。

直打法

握住手裏劍使尖端朝上，這種擲法可讓手裏劍在射出後，尖端筆直地飛向標靶。手裏劍在射出時並非呈一直線，而是呈一道弧線。不過不論技術再怎麼高超，想筆直地射向標靶也有極限，有效範圍僅限於六公尺以內。

反轉打法

這種擲法能讓尖端倒握的手裏劍在射出的瞬間反轉劍身，如同直打法般射出。雖然是反轉射出手裏劍，但並非讓手裏劍旋轉。

迴轉打法

讓手裏劍迴轉刺向標靶的擲法。常見於平型手裏劍及西洋小刀，投擲時必須讓劍身迴轉。

這種擲法與直打法正好相反，必須與標靶相隔一定程度的距離才能讓手裏劍迴轉，因此一定要與標靶拉開三公尺的距離才行。

忍者道具

忍者武器②

一般會認為手裏劍及苦無等是忍者主要的武器，其實他們平時為避免引起懷疑，也會使用農具等當作武器，例如鐮刀、手棒、火箸[40]以及萬刀[41]等。由於手裏劍很重，因此平常會以五吋釘或針等來代替。

此外，忍者所使用的刀與武士平常使用的刀不同，大小約介於中等長度，刀反弧度不大，屬於直刃刀。而刀鞘上也會加工塗上一層去光用的黑漆，以避免光線反射。

除此之外，忍者也會使用煙幕等從敵人眼前隱藏蹤影。

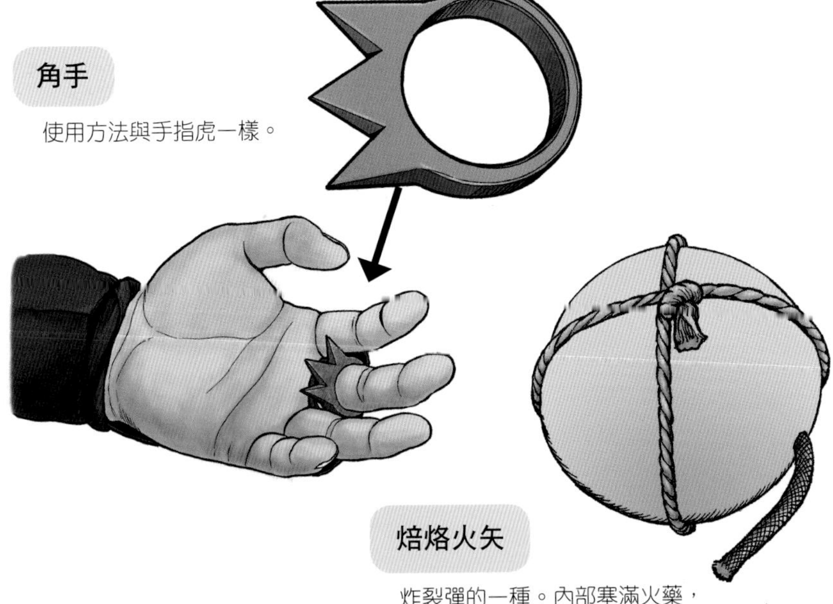

角手

使用方法與手指虎一樣。

焙烙火矢

炸裂彈的一種。內部塞滿火藥，點燃導火線後投擲。

火箭

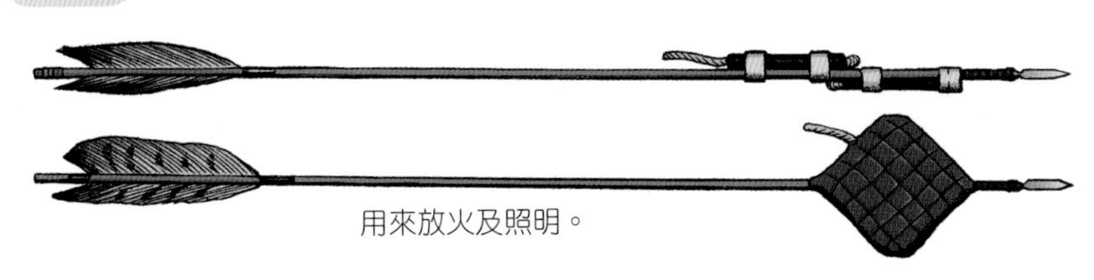

用來放火及照明。

忍者六大法寶

忍者六大法寶是指編笠、鉤繩、石筆、印籠（藥）、三尺手巾、打竹（火種），可因應狀況使用上述六種道具。

印籠

裡面可放入跌打損傷藥、驅蟲劑以及毒藥等隨身攜帶。

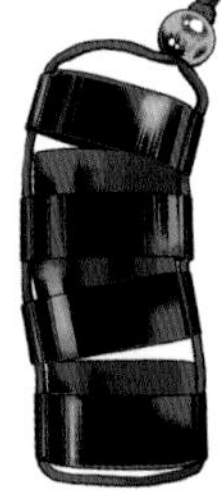

石筆

如同粉筆般的道具，可在各種場所寫字且容易擦拭。

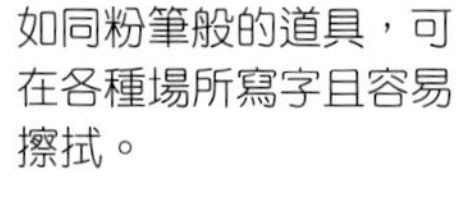

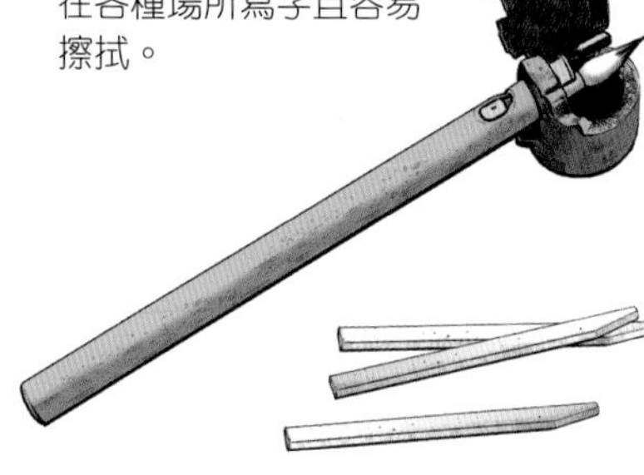

鉤繩

用來攀爬圍牆及渡過河川。

三尺手巾

可作為蒙面以及綁帶之用。

編笠

可遮住臉部，或是在編笠內側張貼密函。

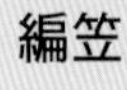

打竹

用來收納火種的竹筒。

機關武器

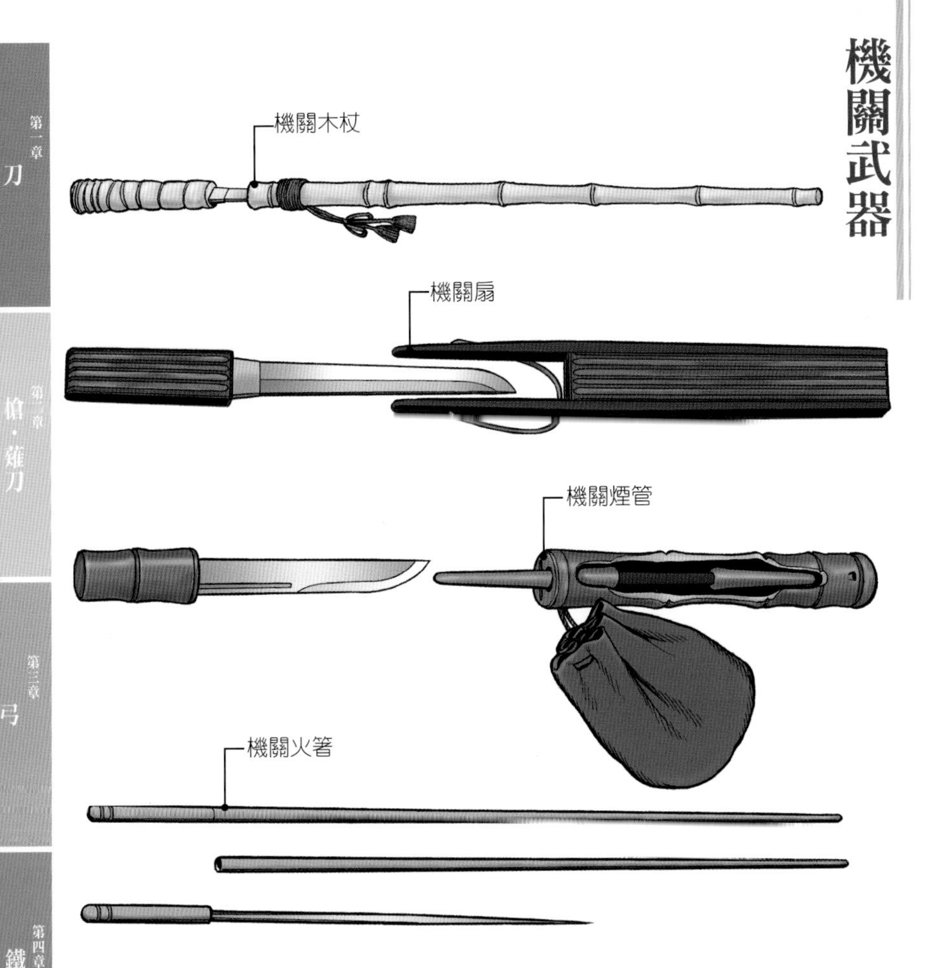

忍者會隨身攜帶內藏暗刀的拐杖或木棒，稱之為機關刀，這是將刀的外型偽裝成其他用具，以便執行暗殺或作為護身之用。

機關刀的刀身多為直刃刀，大多內藏於拐杖、煙管及扇子等物品當中。

忍者的體重最重不可超過六〇公斤。這是因為平時忍者會舉米袋進行訓練，而一袋米重達六〇公斤，能夠舉起米袋就等於能舉起與自己體重相當的物品，也就表示能夠貼在天花板上。

此外，女忍者稱作「くのいち（Kunoichi）」，其實際工作內容與忍者不同，主要是裝扮成女傭等的模樣刺探敵情，而女性的行李不易引人懷疑，適於搬運或是隱藏重要物品。

捕物道具

❖ 活捉罪犯需要緝捕技術

所謂捕物道具，指的是戰國時代到江戶時代用來逮捕罪犯的道具。一旦罪犯死了就無法讓一切真相大白，導致案件無疾而終，所以必須活捉罪犯，因而設計出各種道具。

扣掉用刀斬殺、以鐵砲射擊等可能會殺死罪犯的道具之外，捕物道具的攻擊方法相當多樣化，包括投擲、綁縛、壓、鉤等。

這裡簡單介紹一下江戶幕府的警察組織：負責掌管市內行政及司法的官職叫做町奉行，其中直轄於幕府的江戶町奉行，相當於現在的東京都知事或警視總監；而在町奉行之下設有與力一職，其任務為負責輔佐町奉行；與力相當於現在的部、課長階級的管理職。

不僅如此，與力之下還設有同心一職，同心的主要任務為巡視市內及執行警察事務等，相當於現代巡察階級的警察官。

此外，同心之下尚有未經官方認可、負責蒐集情報及實際行動的線人，稱作岡引或目明。

十手

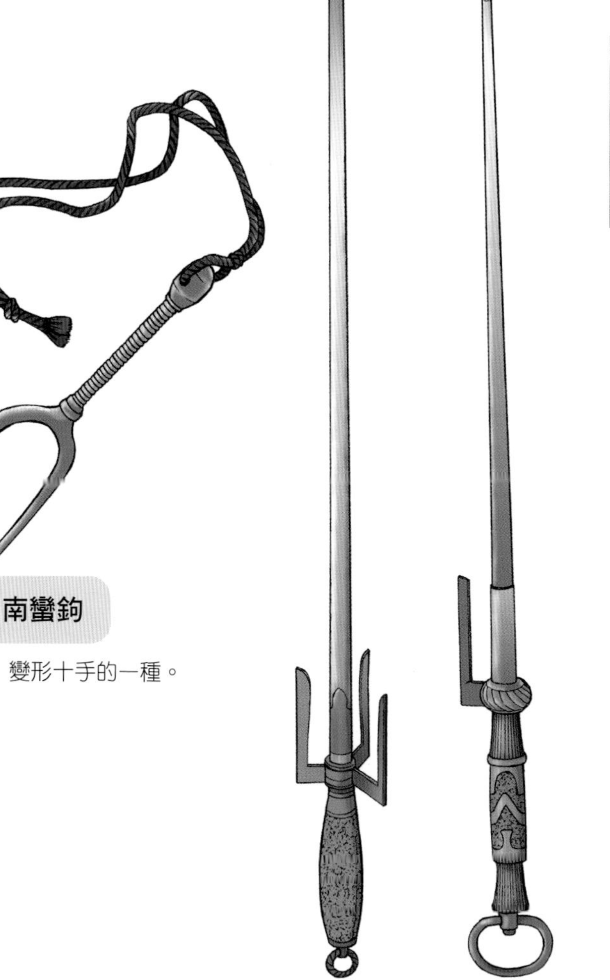

自室町時代中期，十手就用作警用防具，而戰國時代所使用的大型十手稱作「打払十手」。

南蠻鉤

變形十手的一種。

十手的長度約三〇～六〇公分，大多為木製、鐵製及黃銅製等，其棒芯筆直，斷面形狀則有圓形、四角形、六角形及八角形等。十手的構造相當特殊，握柄前端附有一根鐵鉤。

江戶町奉行所的與力以及同心均持有十手，但與力並沒有實際參與逮捕犯人和廝打，大多使用十手進行指揮。此外，依照規定岡引不可佩帶十手，只有在必要時候才能借用。

十手的握法是將鐵鉤朝下，握住距離鐵鉤約二指寬度的位置。這麼一來，就算對方持刀砍過來，也能以鐵鉤進行防禦。然後趁隙朝對方懷裡撞過去，或是施以柔術予以逮捕。

兜割

用來代替刀，長度約40～60公分。

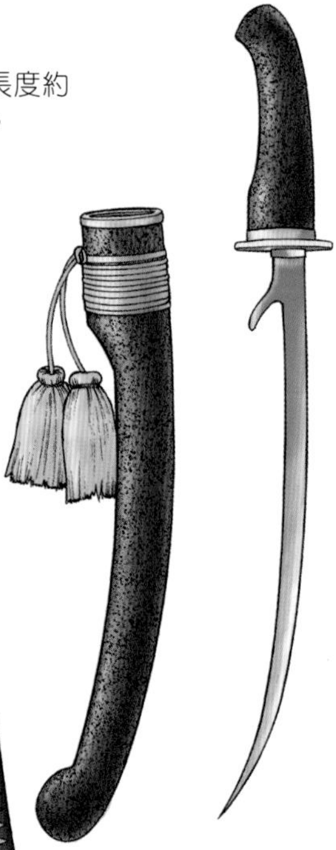

鐵刀

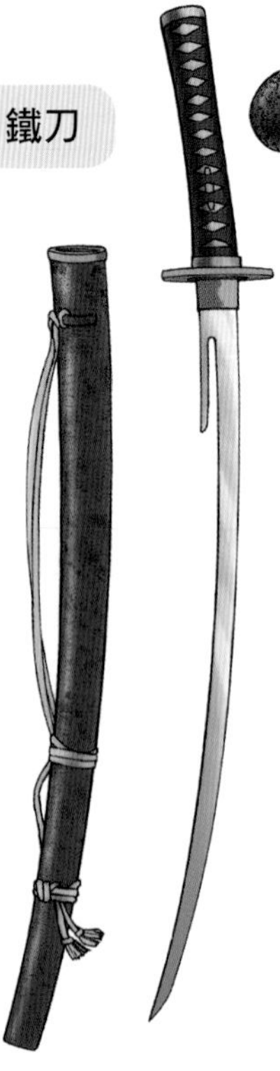

突棒、袖搦以及刺又被稱為捕物三道具。但實際上只有在江戶時代初期才經常使用，在那之後則成為奉行所的擺飾，以示威嚴。

突棒

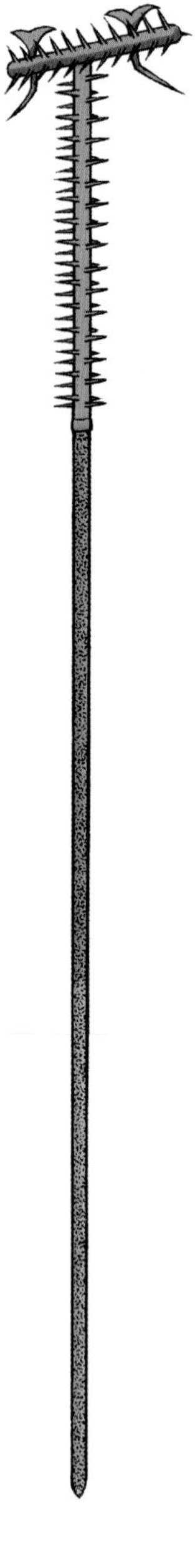

在長棒的尖端裝有T字形的鐵棒，鐵柄部分全都佈滿針狀的鐵刺，而尖端的橫枝部分上下左右全都佈滿如同薙刀刀身般的鐵刺。使用時，可用T字形尖端鉤住對方的腳、肩膀或衣服的下擺撂倒對方，或是將對方壓制在牆邊封鎖其行動。

刺又

這種道具是在長棒的尖端裝上雁股狀的金屬配件，可用其向外擴張的尖端對著犯人的喉嚨，就能封鎖對方的行動。但為避免殺死對方，因此沒有刀刃構造，不過在長柄的前端裝有帶刺的鐵板，可防止犯人握住長柄進行抵抗。

袖搦

這種道具是在長棒的尖端上下裝有數個鉤子，可用來鉤住對方的衣袖或衣襟等。一旦鉤住對方後，可直接將對方扭壓在地或是壓制對方。

其他捕物道具

其他特殊武器

機關鐮

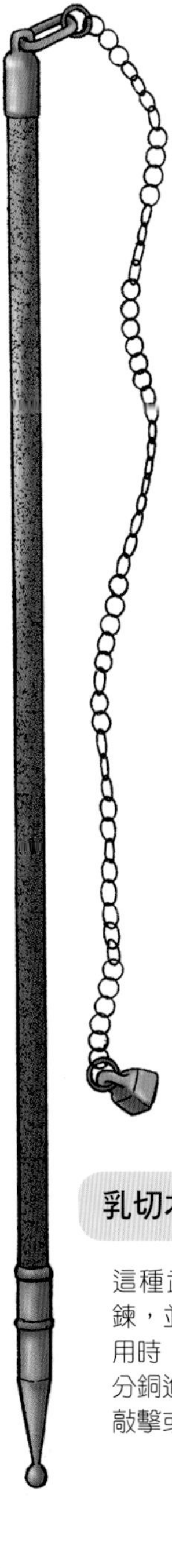

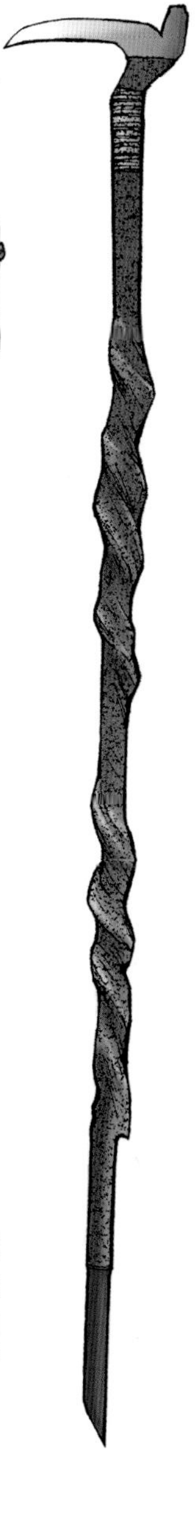

乳切木

這種武器是在木棒的尖端裝上鎖鍊，並在鎖鏈末梢加裝分銅[42]。使用時，可以用鎖鏈纏住對手或是用分銅進行攻擊，亦可以用木棒進行敲擊或刺擊。

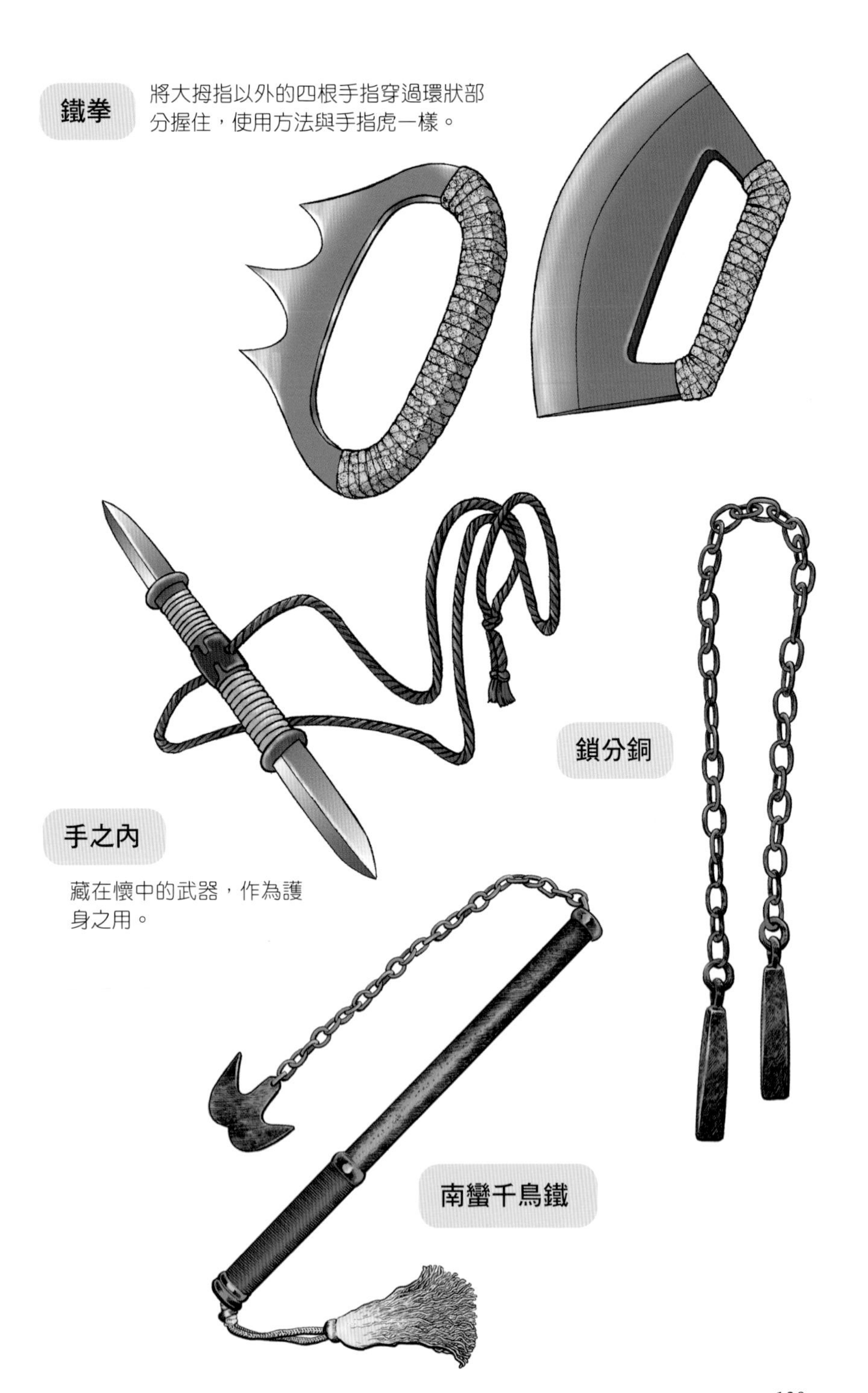
鐵拳
將大拇指以外的四根手指穿過環狀部分握住，使用方法與手指虎一樣。
鎖分銅
手之內
藏在懷中的武器，作為護身之用。
南蠻千鳥鐵

農民武器

❖徵募足輕

大多數戰國大名並非常態性擁有足輕，只有在戰時才需要召集足輕。自家領地的農村就是最大的足輕來源。

戰國大名採用發生合戰時徵募農民，戰後讓農民回歸原本生活的機制。然而農民也必須每天農耕，因此讓寶貴的勞力參加戰爭，也會對農作造成重大損失。

基於上述原因，身為雇主的大名會免除該村莊的徵稅或是給予賞賜等報酬，藉此召集人手。

至於足輕的具足方面，大名會提供「御貸具足」出借。所謂御貸具足是指租用的成套具足，包括胴、籠手、臑當及陣笠。胴及陣笠上大多會印有大名的家紋，當作辨識己方的合印。另外在戰國時代前期，由於有不少足輕無法自備刀與槍，因此也有農民攜帶鐵鍬及鐮刀等農具參與戰爭。

另一方面，自發生應仁之亂開始進入戰國時代後，居無定所又失業者也成為足輕，開始大顯身手。這些人相當於所謂的「傭兵」，他們為了獲得賞賜自願成為足輕。其後，職業足輕也能擁有姓氏，其地位相當於武士。

未參與戰爭的農民則過著一如往常的生活，一旦他們所在的村莊及農田附近即將成為戰場時，就會立刻逃到附近的山裡或是領主的城池避難。然而當農民的村莊即將遭到破壞時，他們也會用農具作為武器，親手守護自己的村莊。

漁民使用的道具

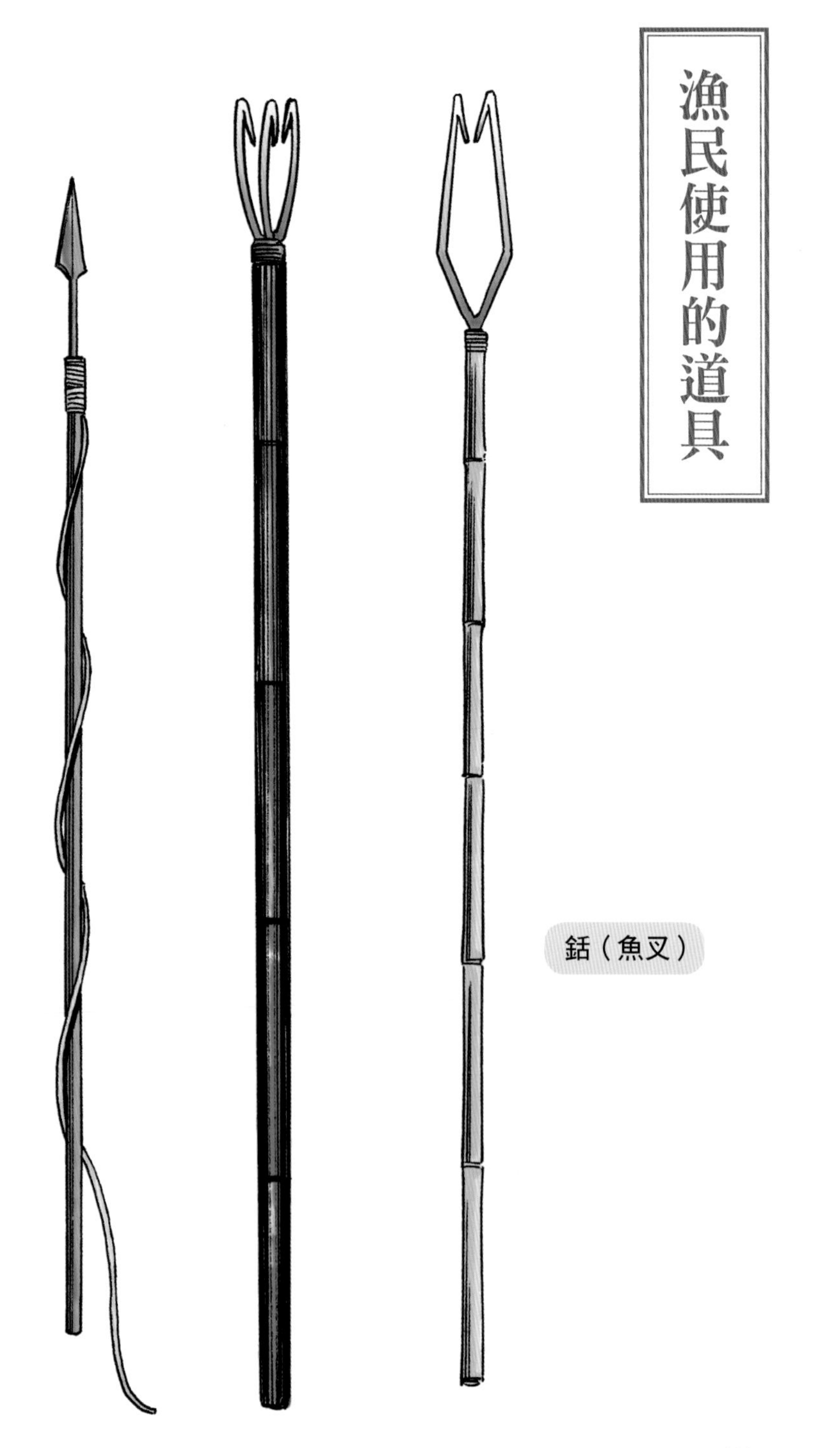

農民使用的道具

斧

鍬

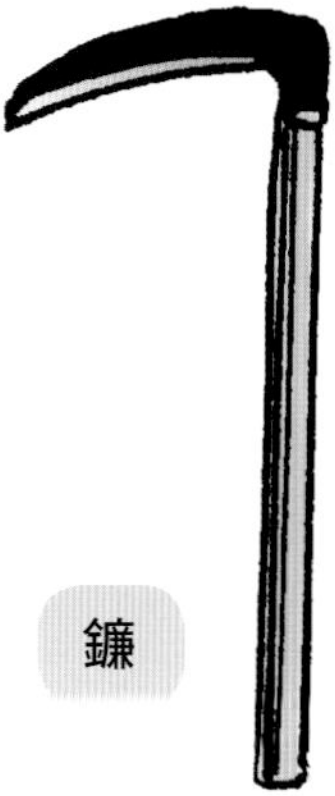

鐮

大鋸

經試膽所獲得的天下名刀——大典太光世

加賀前田家的寶刀「大典太光世」是與「童子切安綱」、「鬼丸國綱」、「三日月宗近」、「數珠丸恒次」並稱「天下五劍」的名刀，作者是活躍在平安時代後期的筑後刀匠——典（傳）太光世。

典太光世是居住在筑後三池的名刀匠，因而又稱作三池典太光世。大典太光世現在被指定為日本國寶，其刃長二尺一寸八分（約六十六．一公分），比一般太刀稍短一點，刀反弧度極大且刀身寬，形狀相當獨特，就平安時代的刀而言是相當罕見的穩重作品。

據說這把風格奇異的刀，自室町幕府初代將軍足利尊氏以來，一直都是足利家代代相傳的家寶，不過關於大典太光世傳到加賀前田家的過程卻眾說紛紜。有一說是大典太光世於第十三代將軍足利義輝遭到討伐時流失，歷經織田信長之後，再傳到豐臣秀吉的手上；也有一說是室町幕府最後的將軍足利義昭將此刀賞賜給信長，或者是賞賜給秀吉的。

為什麼被豐臣秀吉當作祕傳寶刀妥善保管的大典太光世，後來會傳到前田家？根據某一派說法，據說這把刀是前田利家在京都伏見城所舉辦的「試膽大會」中贏得的。

聚集在伏見城的重臣們，正在談論近來正在謠傳的離奇事件。據說，深夜時分在千疊敷間的走廊上走動時，背後就會出現不明人士抓住刀鞘，讓人動彈不得。重臣們紛紛認為這一定是鬼魂在作怪，前田利家聽到後便對眾人大喝一聲：「你們都是膽小鬼嗎？真沒用。」說完，他借用加藤清正的軍扇，並向眾人宣示要將這把軍扇放在走廊的盡頭。

豐臣秀吉耳聞前田利家要挑戰試膽後十分欣喜，將他的秘藏寶刀大典太光世借給前田利家。這是因為，當時傳說典太光世的刀能夠降妖除魔之故。到了夜晚，前田利家走過謠傳中的那條走廊卻什麼事也沒發生，平安無事地回來。加藤清正等眾武將相當佩服前田利家的膽識，於是豐臣秀吉便將大典太光世賞賜給前田利家。

此外還有其他的說法，前田利家的四女豪姬被豐臣秀吉收做養女，據說為了治療被狐狸附身的豪姬，豐臣秀吉便將大典太光世送給前田利家。另外根據前田家的相關記錄中記載，為了治療前田利常之女的疾病，因此德川家便將豐臣秀吉所賞賜的大典太光世送給前田家。

關於大典太光世的來歷諸說紛紜，這也可說是名劍的特色。而大典太光世也是把相當鋒利的刀，據說在江戶時代試刀時，大典太光世不僅斬斷了堆起來的兩具屍體，還插進第三具屍體的脊椎。

解說 戰國時代的武將們

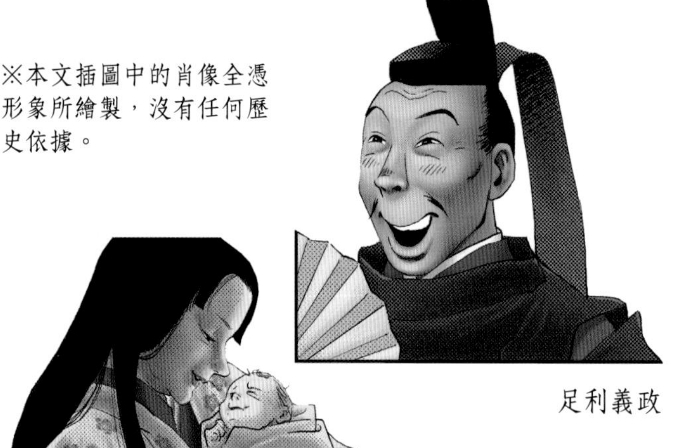

※本文插圖中的肖像全憑形象所繪製，沒有任何歷史依據。

足利義政

日野富子

一 戰國時代的開端

一三三八年，就任征夷大將軍的足利尊氏在京都開設室町幕府，**到了第八代將軍足利義政在位時，幕府政權開始大幅動搖**。

足利義政年僅十四歲就擔任將軍，然而他的政治實權卻遭到管領（將軍的輔佐官）、有力的守護大名及其正室日野富子所剝奪，對政治也就變得漠不關心。從寬政大饑饉（一四六一年）爆發後，足利義政對賀茂川盡是餓死者屍體一事毫不在意，甚至還耗費龐大的資金改建將軍家的宅邸「花之御所」。

足利義政二十九歲時，興起了隱居之意，於是冊立其弟足利義視為繼承人，可是沒多久富子產下一子，名為義尚。在富子的強行說服下，足利義政遂將繼承人更改為義尚。

以此一事件為契機，**支持足利義視的管領細川勝元與支持足利義尚的山名宗全[43]形成對立**。細川陣營的本營位於京都東方，是為東軍；而山名陣營的本營則位在京都西方，是為西軍。**此即應仁之亂（一四六七～一四七七年）**。東軍擁兵十六萬，西軍則集結十一萬軍力，聚集了來自全國各地的軍隊。

出身農民及浪人的足輕階層，在這場戰爭中開始嶄露頭角。他們並非在第

山名宗全

細川勝元

一線戰場堂堂正正地戰鬥，而是在游擊戰場表現出色。他們能毫不遲疑地進行掠奪放火，遇到戰況不利時也不惜倒戈。

就這樣，京都變成一片焦土。戰亂持續十一年卻未能分出勝負，這段期間幕府的權威墜地，進入群雄割據、以下剋上的戰國時代。

附帶一提，「戰國時代」這個稱呼，是始於當時的公家[44]仿照中國的「春秋戰國時代」稱此時代為「戰國之世」而來。

二 北条早雲與毛利元就

在武力就是正義的戰國時代，出現了消滅守護大名奪位、進而擴大領地的戰國大名。這些戰國大名，他們大多是家臣推翻主公，或以一介浪人或商人之身嶄露頭角，躋身戰國大名。

統治關東地方的是北条早雲。一四九三年，北条早雲突然襲擊統治伊豆國的足利茶茶丸（室町幕府第十一代將軍足利義澄的哥哥）。他算準足利茶茶丸將旗下兵力分派到其他戰爭上，趁其兵力薄弱之時，僅帶領五百名士兵及十艘船，從西伊豆登陸後便一口氣放火燒毀足利茶茶丸的御所，立刻奪取伊豆國。此即「伊豆征討」。

陶晴賢

一四九五年，北条早雲以討伐足利茶茶丸為名攻陷小田原城，獲得相模國（神奈川縣）。據《北条記》[45]記載，北条早雲在上千頭牛的牛角上綁火把，對小田原城發動夜襲，讓對手誤以為有數萬大軍來襲，因此爭先恐後地逃跑。

而在**日本中國地方，毛利元就成為統治十國的戰國大名**。值得一提的是在「嚴島之戰」，毛利元就僅率領旗下四千人馬對抗率領三萬以上大軍的陶晴賢。

毛利元就

若是在寬廣的場所作戰，想以寡擊眾根本沒有勝算。因此，毛利元就為了擊破陶晴賢的大軍，決定引誘陶軍來到狹窄的嚴島。可是對方也很清楚他的用意，不可能輕易上鉤。

於是毛利元就便在嚴島築城，並下令最近才剛背叛陶晴賢的二名武將守城，同時在領地內散佈謠言：「毛利元就在嚴島築城後感到萬分後悔，正在考慮是否該撤兵。」陶晴賢派出的間諜得知後信以為真，立刻向他回報。不僅如此，毛利元就還命令其重臣寄一封假書信，內容是「背叛元就，效忠晴賢」。陶晴賢認為這是嚴懲叛徒的好機會，便率軍攻打嚴島，將城重重包圍。

在某個暴風雨的夜晚，毛利元就率領船隊登陸嚴島。就在陶軍認為對方「不可能在暴風雨的夜晚攻打過來」，疏忽大意時，遭到毛利軍從背後突襲，一敗塗地。由於所有船隻全遭到毛利元就扣押，無後路可退的陶晴賢便自刃而死。就這樣，毛利元就平定了中國地方。

三 武田信玄與上杉謙信

武田信玄以甲斐（山梨縣）與信濃（長野縣）為版圖，勢力延伸至中部地方及關東地區，目標統一天下。而曾與武田信玄多次上演生死鬥的，則是**越後（新潟縣）的上杉謙信。**上杉謙信以恢復舊有秩序為目標，他受領地遭武田信玄奪走的信濃眾領主所託，才因此向武田信玄挑戰。

武田信玄與上杉謙信曾在川中島五度交鋒，其中以第四次戰況最為激烈。

一五六一年，上杉謙信率領一萬三千兵力進入武田的領地，在妻女山佈陣。另一方面，武田信玄率領二萬人馬到茶臼山，採用山本勘助[46]的「啄木鳥戰法」應戰。「啄木鳥戰法」是將己方軍隊兵分兩路，先派本隊八千名士兵於平野佈陣，接著派別働隊一萬二千士兵襲擊妻女山，計畫夾擊下山的上杉軍。這項戰術的名稱，是從啄木鳥會以喙啄木逼出蟲子而來。

然而，察覺到武田信玄動向的上杉謙信為了迴避決戰，在撤退時出人意表地經過武田本營的前方。當濃霧散去，武田信玄看到令人難以置信的光景，上杉軍的「毘」字旗竟在他面前飄舞著。這時，上杉謙信單槍匹馬地殺進武田軍的本營，與武田信玄單挑。武田信玄以軍配團扇接下上杉謙信揮下的刀，此即廣為世人所知的「三太刀七太刀」[47]傳說。

這場戰爭中，上杉軍與武田軍分別犧牲了三千人與四千人，但最後仍然沒能分出勝負。

《川中島之戰》武田軍・上杉軍的戰術

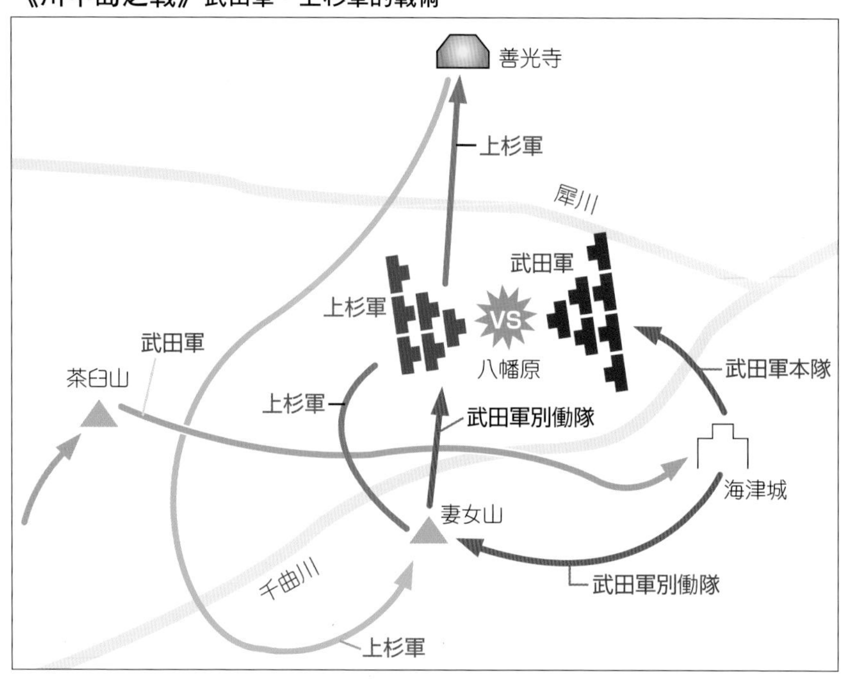

一五七三年，武田信玄在「三方原之戰」率領二萬七千軍隊，與德川家康的八千人及織田信長的三千人聯軍對戰。血氣方剛的德川家康發動野戰，卻大吃敗仗。不僅死了二千人，眾多重臣也戰死沙場，就連德川家康自身也嚇得在馬上脫糞，好不容易才保住性命得以脫逃。據說，他命人將這時候的自己畫成肖像畫，終生引以為戒。

勢如破竹的武田信玄趁勢進攻三河，但卻在途中病倒。武田信玄留下遺言給兒子勝賴，一是將他的死訊隱瞞三年，一是有困難時可以投靠上杉謙信。由此可見，武田信玄相當賞識勁敵上杉謙信。

據聞，上杉謙信在用餐時得知武田信玄的訃聞後，筷子噹啷落地，潸然淚下。

四　君臨地方的戰國大名

東北地方方面，伊達政宗正在擴張領土。伊達政宗於十五歲時首次出陣，在戰勝相馬氏後，緊接著攻打敵對的大內定綱。伊達軍始終屈於劣勢，最後連本營也遭到突破。伊達政宗的兜不僅被箭射中，還中了五發槍彈，好不容易才撐下去。接著在郡山之戰，伊達政宗與蘆名氏、相馬氏聯軍對戰獲得勝利，因此威名遠播。

九州則是由三位守護大名所統治，分別是：少貳氏統治筑前、肥前、豐前（福岡西部、佐賀、長崎、大分北部）；大友氏統治筑後、肥後、豐後（福岡大部分、熊本、大分南部）；至於島津氏則統治薩摩、大隈及日向（鹿兒島、宮崎）。然而勢力竄起的龍造寺氏卻以下剋上，滅掉少貳氏。一五七八年，向來保護基督教，透過南蠻貿易養精蓄銳的大友氏，針對日向與島津氏開戰。

戰爭初期，大友氏雖然在軍勢上佔優勢，卻因追擊島津氏拉長了陣形，反遭到攻擊而潰逃。大友氏原本打算渡過耳川逃亡，沒想到逢大雨水位上漲，導致河川氾濫，多數士兵因無法渡河而溺斃。據說，大友軍的戰死者多達三千人。

由於大友軍撤退，龍造寺氏打算壓制與島津氏結盟的島原半島有馬氏，於是率領大軍（一萬八千～六萬大軍，諸說紛紜）攻打總計八千兵力的有馬氏、島津氏聯軍。島津軍在寡不敵眾下節節敗退，但其實這是島津軍設下的陷阱。島津軍故意一邊後退，一邊將龍造寺軍引誘到狹窄濕地小徑後，躲在小徑左右兩側的伏兵遂一同發動弓箭及鐵砲攻擊。結果龍造寺軍全線崩潰，總大將龍造寺隆信也戰死沙場，慘吞敗仗。這就是島津氏最擅長的戰法──「釣野伏」。**經過上述戰爭後，島津氏幾乎拿下整個九州**。

一五七五年，一条兼定在四國的土佐（高知縣）召集三五〇〇名士兵舉兵發難。戰國大名長宗我部氏為了鎮壓一条軍，僅費時三日便召集了七千士兵迎戰。能如此迅速俐落地召集眾多士兵，是因為長宗我部氏採用半農半兵的一領具足制度。一領具足眾平時務農，各自擁有一套武器及鎧甲，即使在農耕時也會將槍與鎧甲放在身旁，只要一聲令下，他們就會立刻趕到。基於此因，戰爭不到半天就結束了，一条兼定勉強保住一命逃跑。史稱「四萬十川之戰」。

在四國，與織田信長的對戰消耗了三好氏不少精力，因此到了**一五八五年，長宗我部氏幾乎統一了整個四國**。

五 織田信長登場

織田信長生於一五三四年，為尾張國（愛知縣西部）戰國大名織田信秀的嫡長子。其實，德川家康在六歲到八歲期間曾在織田家當人質。（八～十九歲期間則為今川義元的人質）雖無從得知家康與大他八歲的信長有何交流，但兩人在日後締結了堅定的同盟關係。

其父織田信秀欲攻打美濃（岐阜縣南部）齋藤道三的居城稻葉山城，不料夜晚在回營時竟遭突襲，損失五千兵力瀕臨潰滅。進退兩難的**織田信秀於是讓信長與齋藤道三之女濃姬結婚，企圖和解**。

起初織田信長前去拜會齋藤道三時，齋藤道三躲在民家裡偷看織田信長一行人的隊伍，因為他聽說織田信長是「尾張的大傻瓜（大うつけ）」。據說，騎在馬上的織田信長不僅衣服皺巴巴的，髮髻也散亂不堪，腰間還懸掛著多達七、八個葫蘆，模樣相當奇特。

可是在會見席上，織田信長卻一身正裝，威風凜凜，還一口氣乾掉大杯酒，堂堂正正地與齋藤道三分庭抗禮。當時，織田信長年僅十八歲。據聞，齋藤道三聽到家臣說：「果然如傳聞所述，真的是大傻瓜啊。」他便回道：「真是遺憾。我的子孫將會成為那個大傻瓜的家臣。」可見他相當賞識織田信長的器量。

六 桶狹間之戰

織田信長

一五六〇年，以駿河國（靜岡縣中部）為中心擴張勢力的今川義元，為了建立在尾張東半部的支配權，於是率領二萬五千（有一說法為五萬）軍隊出征。

織田信長被迫做出決斷，究竟該出城應戰還是選擇籠城，或是尋找和解之道，讓他感到相當苦惱。可是在會議中，織田信長卻說「好睏，我要去睡覺了。」便離開了。半夜醒來後，織田信長開始跳起能樂「敦盛」，頌唱「人生僅五十年，一度得生者豈有不死者乎？」這即後，隨即穿上甲冑，迅速吃完湯泡飯後立刻騎上馬。家臣們聽到信長大喊「出陣！」後，連忙跟隨在後。

今川義元

《桶狹間之戰》織田軍・今川軍的進軍路線

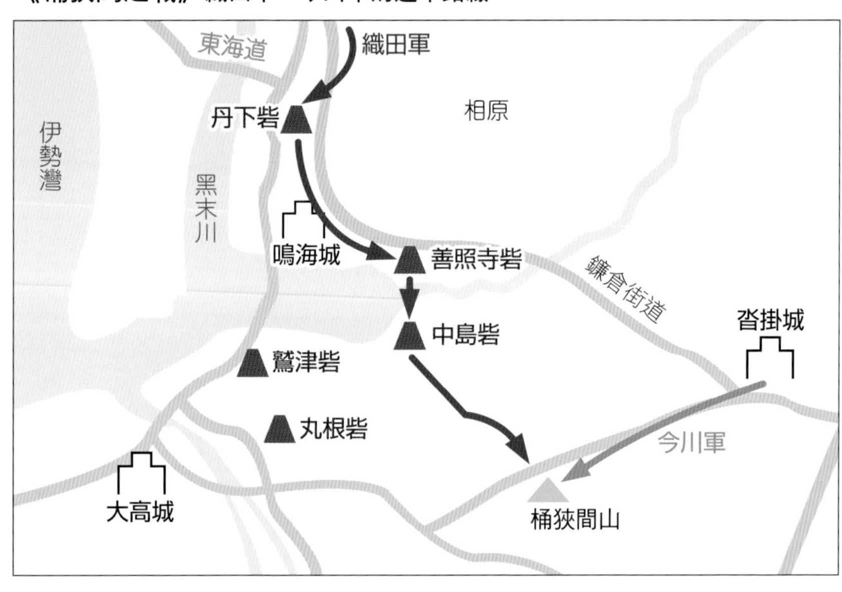

可是，織田信長收到僅召集到二千士兵的報告。織田軍的砦及城池對今川大軍束手無策，接二連三地遭到攻陷。

當時，簗田政綱帶來情報。今川軍正好是午餐休息時間，請附近的居民替他們準備食物，其他地域都是幫士兵準備一個飯糰及飲水，唯獨田樂狹間（戰名為桶狹間，但關於特定地名則眾說紛紜）地域還提供地酒及生魚片。織田信長聽到這項情報後，確信今川義元就在那裡。

今川軍遭織田軍突襲後，軍心動搖。服部小平太用槍刺殺今川義元，卻反被其用刀砍傷膝蓋。毛利新介也趁勢加入，將今川義元按倒在地後殺死。「今川義元大人的首級，由我毛利新介拿下了！」聽到這陣叫聲後，今川軍全軍潰散。

就這樣，**織田信長大破今川大軍**。在贏得勝仗後的論功行賞上，任誰都認為擔任一番槍的服部小平太或是殺死今川義元的毛利新助功勞最大，沒想到功勞最大的卻屬簗田政綱。時至今日，雖然這段軼事已成為民間傳說，卻能從中窺知織田信長相當重視情報。

《姉川之戰》佈陣圖

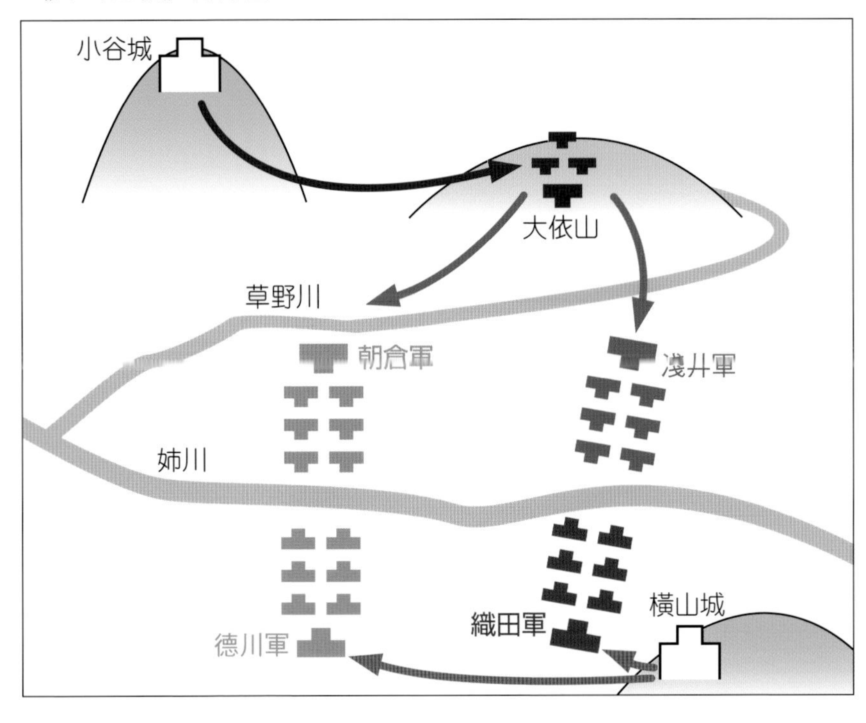

七 姉川之戰與長篠之戰

織田信長在桶狹間之戰贏得勝利後，首先攻打美濃。治理美濃的是齋藤道三之子齋藤義龍，齋藤義龍與父親爭奪家督之位，最後弒父。之後齋藤義龍也突然病逝，齋藤家變成一盤散沙。**織田信長遂趁機進攻，將美濃國佔為己有。**

織田信長的下一個目標是越前國（福井縣的一部分）的朝倉義景。德川家康在織田信長的影響下出兵，織田・德川聯軍一同攻打朝倉氏，戰況也一直處於優勢，沒想到原是盟友的近江國（滋賀縣）淺井長政卻突然倒戈，使織田軍遭到夾擊。織田信長可是將自己的妹妹阿市許配給了淺井長政。

織田信長陷入走投無路的窘境，這時多虧了麾下的羽柴秀吉。為了讓織田信長脫逃，羽柴秀吉擔任殿軍，奮不顧身地戰鬥。織田信長僅帶著約十名隨從，費時三十日終於逃回京都（金崎之戰）。

一五七〇年，織田信長與德川家康的二萬八千名聯軍與朝倉・淺井的一萬八千名聯軍再度交戰，兩軍隔著流入琵琶湖的姉川對峙。織田軍對上淺井軍，家康則與朝倉軍交戰。淺井軍的精銳部隊向織田軍進攻。織田軍佈下十三道備（軍團）加強防備，淺井軍卻接二連三地突破了前十一道，直逼信長本隊。不過德川軍在使槍高手本多忠勝等人的奮戰下，正面突破朝倉軍，從側面對淺井軍發動攻擊。結果**朝倉・淺井聯軍敗逃**。據說河川上戰死者的屍骸累累，河水也被血染紅。

此後，姉川一帶便被稱作「血川」。日後甚至留下織田信長擊敗朝倉義景與淺井長政後，拿兩人的頭蓋骨當作酒杯飲酒的軼事，此後人所杜撰，不過在《信長公記》[48]當中記載，織田信長將兩人的頭蓋骨貼上金箔後，向眾人展示。

織田信長擁立足利義昭成為第十五代將軍，原本打算將他當成傀儡，可是足利義昭對此不滿，因而舉兵反抗。沒想到卻**遭信長擊敗，逐出京都**。**室町幕府就此滅亡**。

不僅如此，織田信長在長篠之戰與甲斐的武田勝賴交戰，他善用鐵砲擊潰武田軍。之後在第二次木津川口之戰，織田信長擊敗毛利水軍，將勢力延伸至中國地方，**統一天下近在眼前**。

八 秀吉統一天下

然而，**織田信長的野心卻在本能寺化作泡影**。一切發生在一五二八年，織田信長與一百名左右的家臣投宿本能寺。六月二日早晨，由於外面一陣騷動，織田信長派人出去看看，才發現本能寺已被桔梗紋旗包圍起來，那是本應出兵支援羽柴秀吉對抗毛利軍的明智光秀的軍隊。織田信長以弓箭應戰，弓弦斷了就改用槍作戰，但手卻負傷，「看來已經到此為止了」一語畢，他讓女眷們去避難，並命令小姓森蘭丸放火燃燒全寺，然後自刃而死。得知織田信長的死訊後，羽柴秀吉立刻有所行動。他與交戰中的毛利氏達成和解後，隨即前往京都。羽柴秀吉在一路上得到諸多軍隊的擁護，六月十三日他率領四萬軍隊與明智光秀對戰，並擊敗明智光秀（山崎之戰）。最後，明智光秀遭到落難武士殺害而死。**羽柴秀吉就此取代織田信長開始統一天下**。附帶一提，羽柴秀吉比織田信長小三歲，而德川家康比羽柴秀吉小五歲。

《小田原城攻防戰》佈陣圖

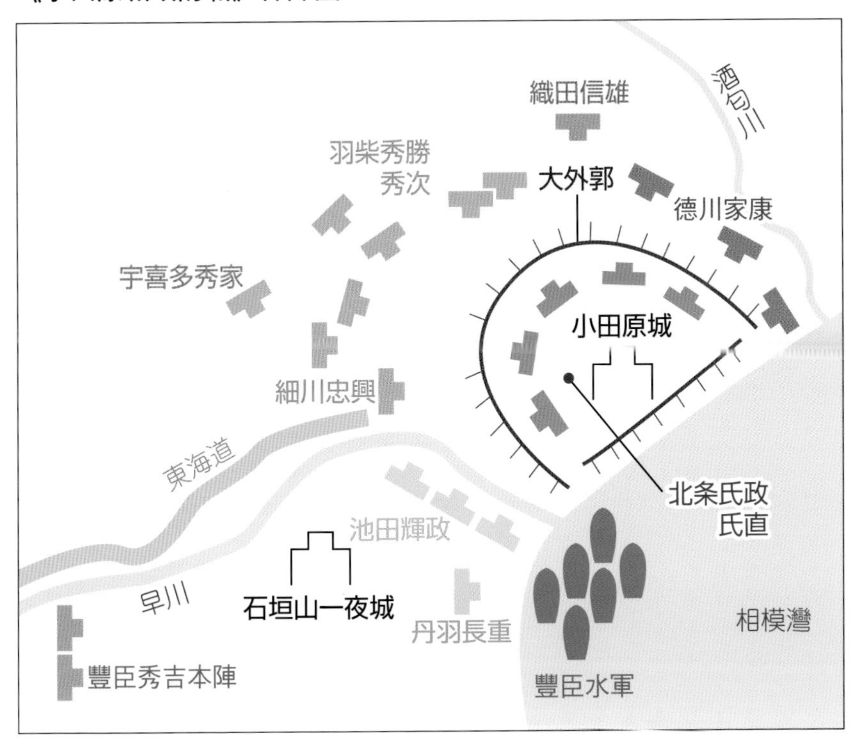

一五八四年，信長的次子織田信雄對羽柴秀吉不滿，遂與德川家康聯手對抗羽柴秀吉。此即「小牧．長手之戰」。由於戰爭打了半年以上仍未分勝負，最後織田信雄與羽柴秀吉談和，德川家康也因喪失繼續奮戰的名目而撤兵。

一五八五年，羽柴秀吉派出十萬大軍平定四國的長宗我部元親。長宗我部氏最後在保留土佐一國的條件下，對羽柴秀吉臣服。一五八七年，羽柴秀吉親自率領二〇萬大軍與九州的島津氏對戰，最後島津氏臣服。

一五九〇年，羽柴秀吉費時三個月包圍並攻陷素有難攻不落之稱的小田原城，滅掉北条氏。諸如伊達氏等其他有力的戰國大名也跟著臣服羽柴秀吉，**羽柴秀吉就這樣完成統一天下的大業**，並改姓豐臣。

九 關原之戰

一五九八年豐臣秀吉病死後，以德川家康為

首、具備豐富實戰經驗的五大老與優秀的官僚五奉行，代替年僅五歲就繼承家督之位的豐臣秀賴執政，再加上豐臣秀吉出兵攻打朝鮮一事，導致豐臣政權內部開始分裂。當會津（福島縣西部）的上杉景勝正在修復城池，並召集浪人及武器的情報外洩時，德川家康以上杉家有謀反嫌疑為由，率領五萬五千名士兵出大坂城，討伐上杉家。

五奉行之一的石田三成認為這是摺倒德川家康的好機會，於是舉兵討伐。然而，這其實也是德川家康的策略。只要他一離開大坂，石田三成必定會舉兵討伐。德川家康心想：只要除掉他，天下就是我的了。不出所料，石田三成果然舉兵發難，**率領一〇萬軍隊的石田軍（西軍）以及人數上居劣勢、率領七萬五千軍隊的德川軍（東軍），一同在關原佈陣**。

其實，德川家康命次男秀忠（日後的德川第二代將軍）率領三萬八千名士兵前往關原，沒想到路上卻遭遇真田昌幸．信繁（幸村）父子，他們僅以二千兵力對抗秀忠軍，在上田城進行籠城戰。德川秀忠陷入苦戰，最後放棄攻打上田城，但也因此趕不上參加關原之戰，讓德川家康相當憤怒。

德川家康在戰況不利的情況下不得不進行決戰，但其實他還留有　手，那就是小早川秀秋等數名武將已經答應倒戈。可是，小早川秀秋卻絲毫不見要倒戈的跡象，那是因為他直到最後都還沒下定決心。石田軍已經點燃狼煙，暗示他「快進攻」。正當小早川秀秋慵懶地起身之時，德川軍突然開砲威嚇，這時他才決定倒戈，襲擊石田軍。就這樣形勢逆轉，德川家康才能大獲勝利。

大坂之役

一六〇〇年，**德川家康就任征夷大將軍**，並將後顧之憂豐臣秀賴貶為一介大名，領有攝津、河內、和泉三國（大阪府及兵庫縣的一部分）及六十五萬七千石俸祿。可是德川家康仍然感到不放心，因為豐臣秀賴擁有難以攻陷的大坂城、豐富的軍事資金，而且仍然受到眾多大名的擁戴。

因此德川家康先削弱豐臣家的財力，藉口為豐臣秀吉祈求冥福，強迫豐臣秀賴出資建造、修復諸多寺廟神社。此外，他還對方廣寺大佛殿大佛鐘的鐘銘「國家安康，君臣豐樂」雞蛋裡挑骨頭，主張該鐘銘以「國安」二字將「家康」的名諱分離，有詛咒德川家康之意。而「君臣豐樂」一句，則帶有期盼豐臣氏成為主君之意。於是，**大坂冬之陣就此爆發**。

豐臣軍以一〇萬兵力進行守備，而德川軍則率領二〇萬兵力進攻。豐臣陣營的真田幸村認為不能指望援軍，一味地採取籠城作戰對我方不利，因而提出請豐臣秀賴親自出征、積極出擊的建議。然而豐臣家的近臣們卻態度樂觀，認為「只要耐心等待，一定會出現向豐臣家倒戈的大名」、「秀吉所修建的大坂城根本不可能被攻陷」，決定採取籠城作戰。

德川陣營則採用最新型大砲，不分晝夜，連日發動砲擊。碰巧有一發砲彈擊中豐臣秀賴生母淀夫人的起居間，引發數名侍女遭砲擊而死的事件，讓淀夫人深感恐懼，於是與德川家康進行和談。雙方和談的條件原本僅答應填平大坂城的外堀[49]，待填平工程開始，德川軍不僅填平外堀，連內堀[50]也一併填平，甚至破壞二之丸及三之丸，讓大坂城變成裸城。

豐臣軍又再度召集各地浪人，德川家康提出「驅逐所有浪人」及「豐臣氏轉封伊勢或大和」選項，逼豐臣軍二選一。**豐臣陣營一概拒絕，大坂夏之陣就此開打**。

德川家康與德川秀忠一同率領十五萬五千軍隊逼近敵陣。另一方面，豐臣軍以五萬浪人為主力軍隊。可是大坂城早已呈赤裸狀態，喪失防禦機能。豐臣軍在無可奈何下，轉與家康進行野戰。這時，真田幸村等人再三懇請秀賴出征，以振奮士氣與期待援兵相助，然而在淀夫人的反對下沒能實現。真田幸村曾一度衝進德川家康的本營，將他逼到抱著必死的覺悟，卻遭到德川援軍的阻撓，結果真田幸村戰死於此役。

豐臣陣營讓豐臣秀賴之妻，即德川家康的孫女千姬逃出城外，請她向德川家康求饒放過豐臣秀賴與淀夫人一命，但卻遭到無視。最後在五月八日，淀夫人與豐臣秀賴在變成一片火海的大坂城中自盡，大坂夏之陣就此閉幕。

自應仁之亂起綿延不斷的戰亂時代就此告終，**進入德川氏的天下**，揭開為期二五〇年太平時代的序幕。

一四六七年	爆發應仁之亂。
一四七三年	細川勝元與山名宗全相繼病死。
一四七七年	應仁之亂終結。
一四九三年	北条早雲突襲足利茶茶丸，平定伊豆。
一四九五年	北条早雲攻陷小田原城，平定相模國。
一五四三年	鐵砲自葡萄牙傳入。
一五五五年	毛利元就在「嚴島之戰」大破陶晴賢。
一五六〇年	織田信長在「桶狹間之戰」大破今川義元。
一五六一年	武田信玄與上杉謙信在川中島之戰（第四次）展開激戰。

一五七〇年	信長・家康聯軍在「姉川之戰」大破朝倉・淺井氏聯軍。
一五七三年	武田信玄在「三方原之戰」大破德川家康・織田信長聯軍。武田信玄病死。
一五七五年	織田信長在「長篠之戰」大破武田勝賴。
一五七八年	織田信長在「第二次木津川口之戰」戰勝毛利水軍，勢力延伸至中國地方。
一五八二年	織田信長在「本能寺之變」遭明智光秀襲擊而自盡。豐臣秀吉在「山崎之戰」討伐明智光秀。
一五八三年	豐臣秀吉在賤岳之戰大破織田信長家臣柴田勝家。
一五八四年	豐臣秀吉迎戰織田信雄・德川家康聯軍，最終分不出高下進行和談（小牧長久手之戰）。 島津軍在沖田畷之戰大破龍造寺軍，成為九州最大勢力。
一五八五年	長宗我部氏幾乎統治整個四國。豐臣秀吉大破長宗我部氏，平定四國。
一五八七年	豐臣秀吉與九州島津氏對戰，使之臣服。
一五九〇年	豐臣秀吉攻陷小田原城，消滅北条氏。
一五九二年	文祿之役（第一次出兵朝鮮）
一五九七年	慶長之役（第二次出兵朝鮮）
一五九八年	豐臣秀吉病死。
一六〇〇年	德川家康在「關原之戰」大破石田三成。
一六〇三年	德川家康就任征夷大將軍。
一六一四年	德川家康在「大坂冬之陣」大破豐臣軍。
一六一五年	德川家康在「大坂夏之陣」大破豐臣軍，豐臣家滅亡。

第二幕
甲冑

～甲冑篇～

隨著火繩槍的普及，甲冑也被迫轉變。室町時代以來一直沿用的腹卷無法防禦槍彈，胴丸的耐彈性也不高，關於這一點，武士用的當世具足也是一樣。

因此，戰國時代開始採用南蠻船所運來的歐洲製甲冑。具備耐彈性的鋼鐵製甲冑雖然比當世具足來得重，但只要保持一定距離就能夠防禦槍彈。於是乎，將西洋甲冑與當事具足的袖及草摺加以組合，就誕生出「南蠻胴」。

其後，日本國內也開始製造和製南蠻胴，但由於沉重且行動不便，加上價格昂貴，因此愛用者幾乎清一色都是大名與武將階級。

此外在關原之戰，德川家康在桃配山坐鎮指揮時，身上穿的就是南蠻胴。

根據記載，德川家康為了測試這套南蠻胴的耐彈性，便以火繩槍試射來確認是否防彈，因而留下彈痕。

另外，德川家康的南蠻胴只有使用西洋甲冑胴的部分。考慮到德川家康體長腿短的體型，也就不難理解了。

高貫布士

一九五六年生於神奈川縣。學生時代，曾在軍事評論家小山內宏、航空評論家青木日出夫等人所創設的「軍事學研究會」學習軍事學。過去任職於出版社，現身兼軍事分析家與作家二職，相當活躍。

第一章

甲冑的變遷

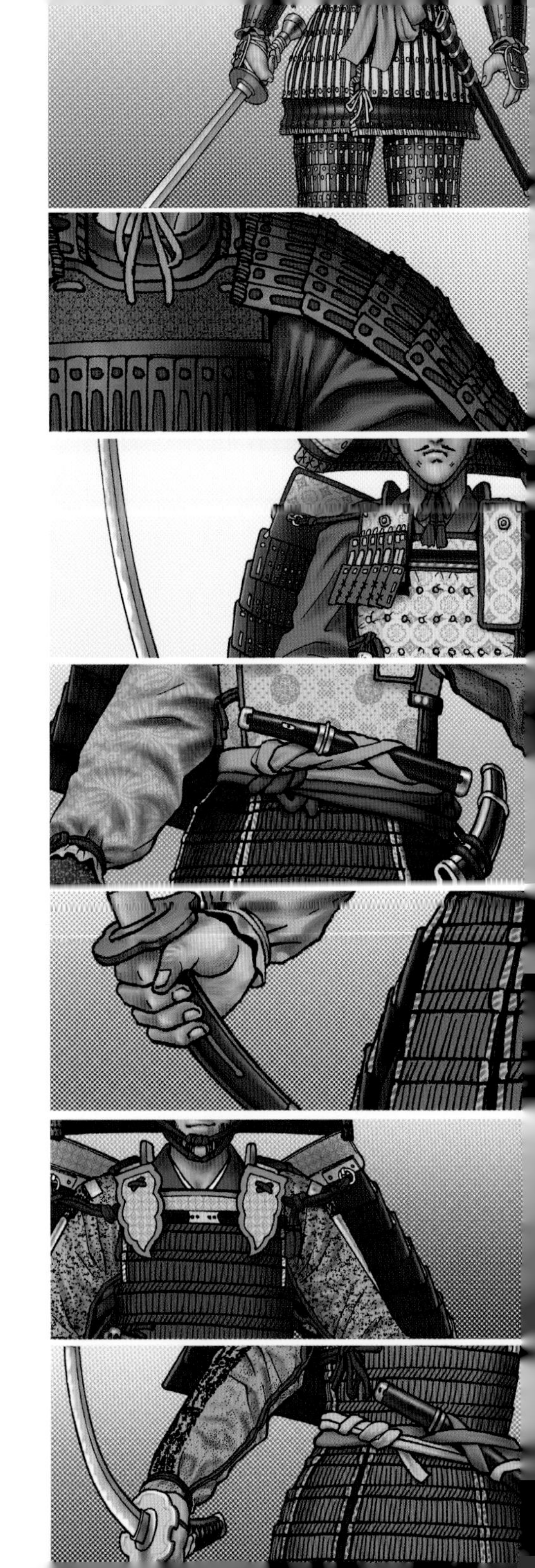

甲冑的變遷

❖序言

所謂甲冑，是穿戴在身上的武裝防具，用來防護身體受到弓、刀槍、鐵砲等武器的攻擊，在日文中，穿在軀幹上的叫做「よろい（YOROI，鎧、甲）」，而戴在頭上的則被稱為「かぶと（KABUTO，兜、冑）」。

日本的甲冑原本深受中國等東洋文化的影響，隨著製造技術的發展，其設計及技法也因應日本特有的武器、戰鬥方式與戰術的變化，發展出一套獨特的樣式。

擁有上述特徵的日本甲冑變遷過程，根據主要型態上的變化，大致可分成三期。

第一期始自上古時代，歷經飛鳥、奈良時代，直到平安時代前期為止，這時期使用的是短甲與衝角付冑、挂甲與眉庇付冑，以及綿襖冑，是為模仿中國系甲冑時代。此時尚未製造出日本特有的防具。

第二期為平安時代中期到室町時代末期為止，在這段漫長期間，日本製造並發展出大鎧與星兜、胴丸鎧、胴丸、腹卷這四類在地化的純日本甲冑。

第三期為室町時代末期到江戶時代末期為止，即所謂當世具足盛行時期。日本的甲冑技術在此時期達到最高水準，但由於江戶時代沒有合戰，使得這項技術逐漸衰退。

所謂鎧甲，是以胴為主體，由兜、袖及小具足所構成。而日本中世的甲冑根據樣式的不同，又可分為大鎧、胴丸、腹卷，以及腹當等。

古墳時代（前面）

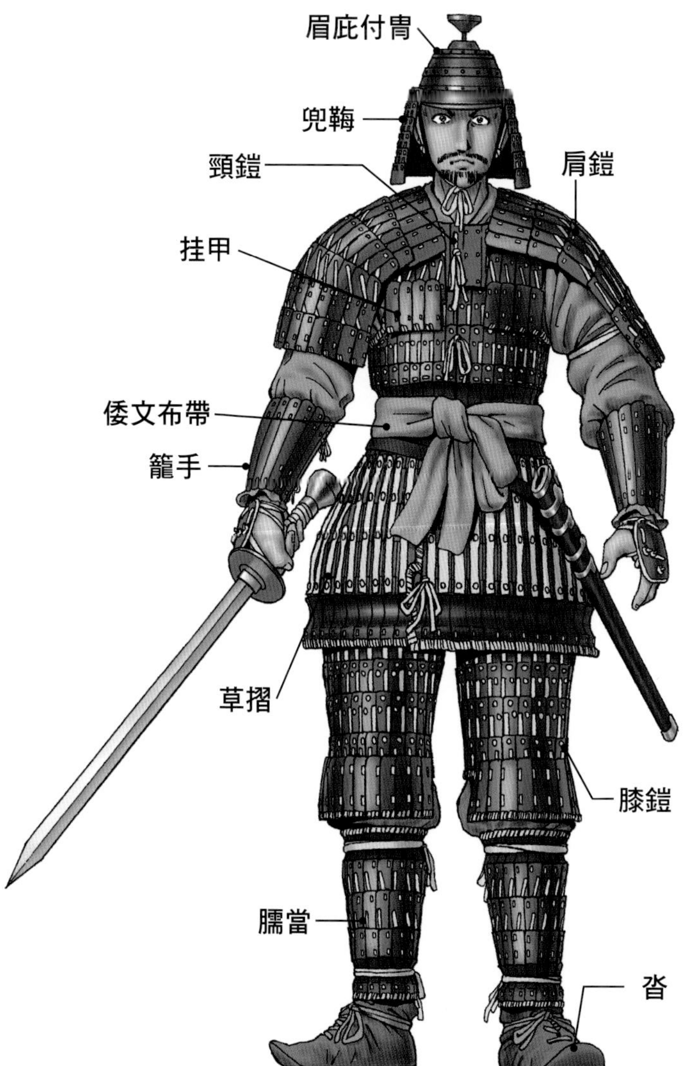

古墳時代的甲冑當中，並沒有留下用皮革及其他有機材料所製成的遺物，現在已出土的只有鐵及青銅鍍金製品。

短甲

短甲是將鐵板金接在一塊，以鉚釘固定或用皮繩連綴製成的鎧甲，主要覆蓋胸腹部與背部。質地堅固，適用於徒步戰鬥。

短甲的開合都設在正面，可分成左右任一側裝有蝶番[1]的正面半開合型、左右兩側均裝有蝶番的正面左右開合型，以及正面分開，由左右兩側與背部接在一塊的一體型等。穿戴時，短甲的右腋側裝有蝶番，先將右腋到胴前中央的甲片往右打開，套在身體上後再合起甲片，使右側甲片在上，從正面固定好後即可。

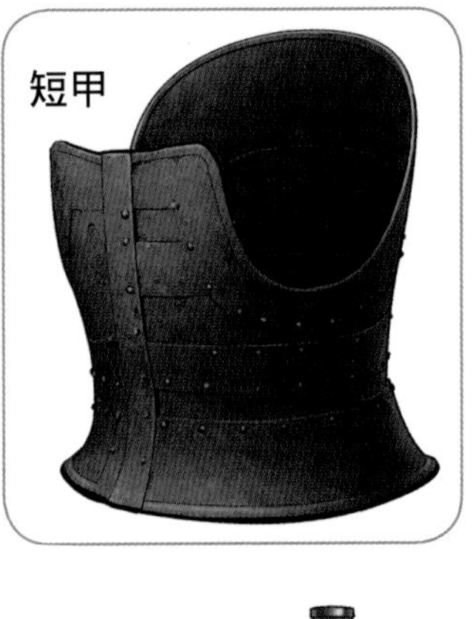

挂甲

挂甲是將名為小札[2]的短冊形練革或鐵片，用細繩連綴製成的札鎧。古墳時代的鎧甲中，相較於日本式的短甲，挂甲明顯深受中國文化的影響。穿戴時使甲片在身體的正中央重疊，右側甲片在上。挂甲的長度較長，可覆蓋大腿部分，適用於騎馬戰鬥。

現存形狀完整的挂甲遺物幾乎不存在，但可透過身披挂甲的埴輪[3]來認識挂甲。

古墳時代（後面）

奈良時代

遺憾的是，現存的奈良時代遺物相當少，不過卻能從這些遺物窺知奈良時代的挂甲長度比古墳時代的稍長，作工也比較精細。

由於奈良時代實行的是律令政治[4]，故武具與防具一律由官員進行管理。因此，武具與防具的設計並不會依照使用者的喜好而異，而是採用統一的款式，缺乏裝飾性。

另外，鎧甲的基本形式原是以傳統的短甲與挂甲為主，但隨著遣唐使的派遣等與唐朝的交流日益興盛，鎧甲形式也開始反映出唐朝文化，製造出下級士兵專用的綿襖冑（綿甲冑）。綿襖冑是用二片布料包住棉絮，再放入鐵片所製成的鎧甲。

平安前期　大鎧(前)

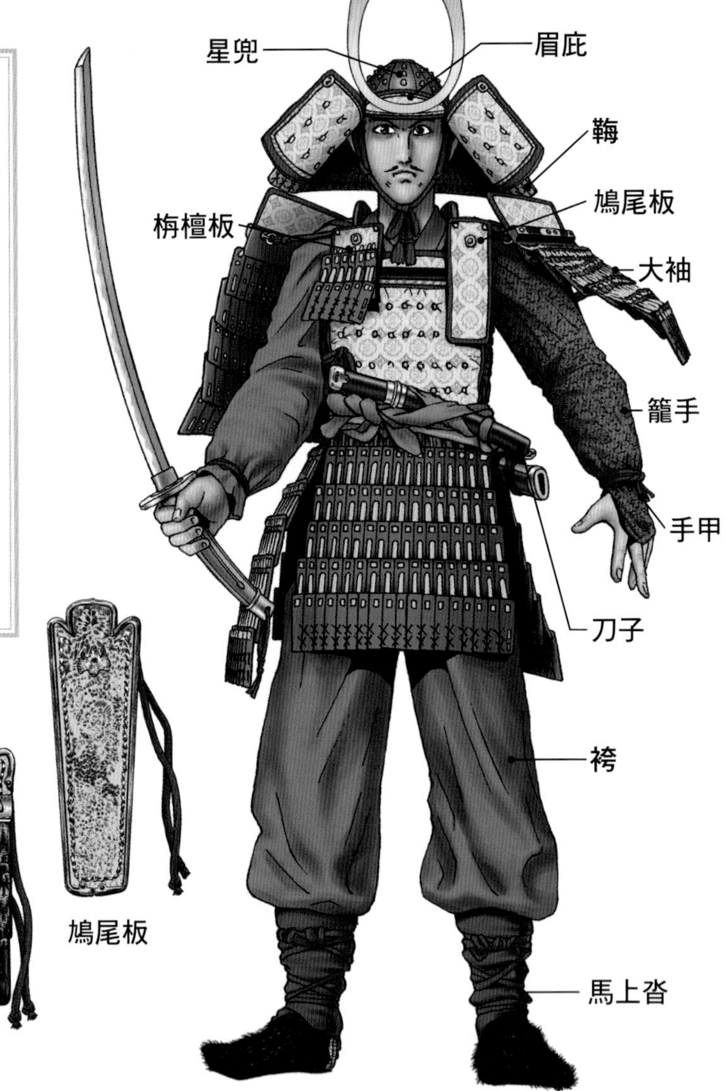

而在平安時代，既有的軍團士兵手持官方提供的武器與武具，從事邊境防備；新興武士則手持私造武具，引發地方豪族間的鬥爭。

此外，隨著戰術從徒步戰轉變為馬上騎射為主，甲冑也隨之應變增加防禦性。

樣式與製造方式有別於以往的日本特有甲冑就此出現，即大鎧與星兜、腹當、胴丸及腹卷。

大鎧

大鎧屬於大型甲冑，後世稱為「式正鎧」，亦有「著背長」的美稱。其特徵是在騎射戰的前提下，能在馬上自由地活動身體。代表

平安前期　大鎧（後）

星兜

「星」是指固定鐵板的鉚釘釘頭。

射箭時身體可自由屈伸，在攻守方面均有出色的表現。

一套大鎧包括兜、脇楯、胴、袖、籠手（僅左腕部分）、臑當以及鎧櫃。

大鎧是用牛革、鹿革、漆、絲線、細繩、黃銅、銅、金銀等昂貴素材製成，為最高級武將專用的鎧甲。

日本的鎧甲除了重視攻擊性外，尚有下列特徵：

・小札製甲冑適合在馬上進行騎射戰。

・其構造由小札、威毛[5]、金具廻[6]、革所[7]、緒所、金物[8]等等所構成。

・兜以星兜為主，並以大袖取代楯的作用。

源平時代　大鎧（前）

大鎧的空隙雖多，卻方便身體靈活行動。為了能讓雙手持武器攻擊，以大袖代替楯作為防護手段。

關於大鎧的空隙多這點，是指戴上兜雖然能夠遮蓋頭部與額頭，但臉部卻呈開放狀態。而用來拉弦的右手也沒有穿戴籠手。

除此之外，大鎧還加寬了胴的下擺部分，就算敵方的箭矢貫穿過來也不會刺中身體。

不同於戰國時代的具足，穿戴大鎧時，須先用腰帶或布條綁緊身體後再穿上胴，以免鎧甲緊貼身體。亦為基於可動性所作的安排。

位於鎧甲胸口上方的左右兩側，用來連繫胴前與背部鎧甲的繩子，稱作高紐，而在右胸及左胸上各裝有名為栴檀板及鳩尾板的小型楯，能夠保護高紐，防止敵軍的箭矢射中腋窩及喉嚨下方。為了方便拉弓射箭，大鎧的小型楯不僅盡可能地減少了妨礙手臂活動的鎧甲，對於毫無防備的胸口，也有強化防備的功用。栴檀板是使用小札製成，可隨意伸縮；相反地，鳩尾板則是以鐵為材料製成，假使改用小札製的話，可能會卡住弓弦。

另外，形狀細長、用來連結胴前與背部甲片的部位，稱作肩上；而垂直豎立在肩上、以皮革包覆的屏風狀鐵板，稱作障子板，用於保護頸部不受敵箭所傷。

源平時代　大鎧（後）

〈大鎧的穿戴順序〉

基本上，大鎧的穿戴順序為從下往上，由左到右。

①繫緊下帶[9]。
②穿鎧甲前先穿上小袖。
③繫緊小袖的中帶[10]。
④穿上小袖後再穿上短袴。
⑤戴上引立烏帽子[11]。
⑥頭上繫好鉢卷[12]。
⑦戴上韘（先從右手）。
⑧穿上鎧直垂。
⑨繫脛巾[13]。
⑩穿上臑當。
⑪穿上貫。
⑫套上籠手。
⑬穿上脇楯、胴鎧。
⑭裝上大袖。
⑮戴上兜。

脇楯是以皮革包覆鍛鐵板所製成的堅固防具，鐵板下端以皮革懸掛草摺。草摺除了前面、右側及後面三片之外，再加上掛在脇楯下的，總計四片，用來保護胴下方的大腿部分。而將草摺掛上脇楯的皮革部分，稱作蝙蝠付。

穿戴大鎧時，首先不要有多餘的步驟，其次是避免因長時間穿戴或戰鬥時的激烈動作，造成盔甲鬆脫或解體，這點很重要。另外，穿戴的舒適也很重要。

此外，如果落入水中或海裡時，一定要迅速脫掉盔甲。因此，大鎧採用方便解開的單蝴蝶結。

武士的戰鬥以騎馬武者的騎射戰為主，而其他武士的隨從（郎黨）則進行徒步戰，手持太刀或刀等武器戰鬥。有鑑於此，遂發展出適合騎馬武者的大鎧，以及適合徒步戰的腹當與腹卷。

不久，防具開始加入武士個人偏好要素，歷經承平．天慶之亂、前九年之戰、後三年之戰以及邊境叛亂等戰役後，防具也逐漸改良發展。

腹當

鎧甲中構造最單純的防具。

腹當主要是用來保護部分胸部與腹部的防具，因此只使用半圓形甲片包住軀幹正面與腋窩，穿戴時，先將左右兩腋的革板在背後交叉，再往前扣住位於腹當的胸板上方左右兩端的繩扣。

由於腹當的製作費用低廉，重量輕且穿戴簡單，因此主要用來當作下級士兵的防具。

關於先後順序，一般認為先有腹當，其後才逐漸發展出腹卷。

胴丸

繼大鎧後改良的胴鎧。甲片從右腋往前繞，接著包住左腋與背部，最後在右腋稍微重疊。

一般胴丸懸掛著七間[14]或八間的草摺。胴丸誕生初期，原是中、下級武士所穿戴的防具，以名為杏葉的巴掌大鐵板取代袖[15]作為防護之用，也沒有兜。隨著時代變遷，上級武士也開始穿戴胴丸。不久，他們開始在胴丸上加裝袖，與兜、小具足配成一套。

胴丸盛行於南北朝時代，後來逐漸轉變為具足樣式。

至於徒步戰的腹卷沒有兜與袖，而是在肩上加裝杏葉保護肩

平安時代 胴丸（前）

在紀錄上雖記載為「腹卷」，形式上卻是胴丸。

平安時代 胴丸（後）

膀。構造簡單、重量輕為其特徵。

文永・弘安之役[16]、南北朝的內亂，以及武士團為爭奪領地所進行的戰鬥，大大助長了武具甲冑的發展。

源平時代　胴丸

到了這個時代，戰爭大多圍繞著城池進行，而戰鬥方式也從騎射戰轉變為徒步戰，使用太刀、長卷[17]、長刀等的刀具戰也漸增。

隨著手持弓箭的下級士兵逐漸增多，甲冑也因應時勢，必須強化防禦力以適用於徒步戰。因此，甲冑開始出現滴水不漏、完全覆蓋身體的傾向，連帶影響了日後小具足的發展。

大鎧式微後，由胴丸取而代之。胴丸的特徵是以胴為主的輕便鎧甲，再穿上兜、大袖及小具足等就能提高防禦力。至於兜，則由筋兜取代星兜成為主流。

南北朝　胴丸（前）

南北朝　胴丸（後）

室町時代　胴丸（前）
筋兜
室町時代　胴丸（後）

此外，比胴丸更加輕便的腹卷也在室町時代蔚為流行。

腹卷原本只有胴的部分，為雜兵進行徒步刀具戰時專用的防具。之後，上級武士也開始使用腹卷，到了室町時代後期，腹卷比胴丸更加普及。上級武士在穿戴腹卷時，會搭配筋兜與大袖或是壺袖一起穿戴。而鎧甲中最簡易也最輕便的腹當，亦於室町時代開始製造。

南北朝的對立引發一連串戰爭，提高了甲冑的需求。在此背景下，誕生出經簡化的小札，即為伊予札，用來製作立舉、長側以及草摺的上層部分。此外亦可用來製作胴丸、腹卷以及腹當。

小具足與輕量化的甲冑正好相反，種類相當豐富，可滴水不漏地完全覆蓋全身。

隨著半首的衰退，開始製造喉輪與面頰，筒籠手與篠籠手也很發達，而佩楯也相當盛行。至於臑當，也偏好立舉較大的樣式。

背板俗稱臆病板。另外，臑當的後側原本沒有背板，而拿來充當的鐵板，也稱作臆病板。

除了開始製造覆蓋臑當背面的臆病板與保護腳背的甲懸之外，由於貫並不適用於徒步戰，因此也開始使用足半與草鞋了。

日本自應仁之亂後進入戰國亂世，隨著各地戰亂頻發，武裝的重要性也隨之攀升。並開始製造覆蓋腹卷背面用的臆病板。

腹卷

大鎧為適用於騎射戰的防具，防禦力高、成本也高，不適合大量生產，因此不適用於徒步戰。

能夠滿足製作成本低廉、方便騎馬與徒步使用、重量輕且穿戴容易等條件的，就是腹卷。

腹卷的構成材料幾乎與大鎧相同，不過札的形狀比大鎧稍微小一點。腹卷沒有脇楯等構造，採用甲片包住軀幹、背部中央分開的形式。腹卷出現初期是只能保護軀幹的防具，沒有裝備兜、袖及小具足，後來才加裝杏葉取代袖作為防具。隨著時代變遷，開始裝備兜、袖與小具足。

腹卷的優點在於不挑體型。隨時代推移，上級武士也開始使用腹卷，並使用名為背板的小札製細長形板及草摺一間來填補空隙，加強背部防禦。

南北朝（後）

腹巻

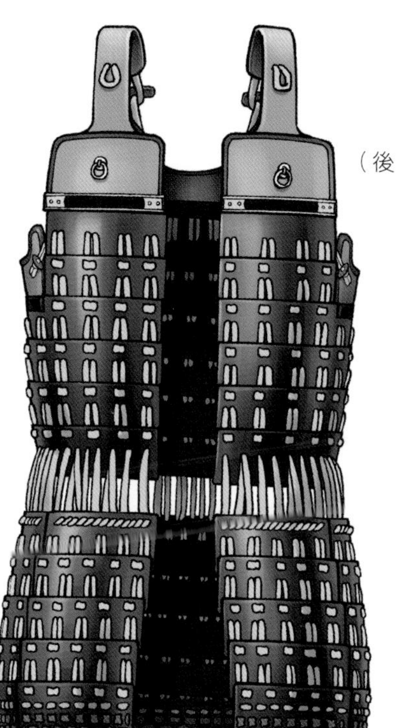
（後）

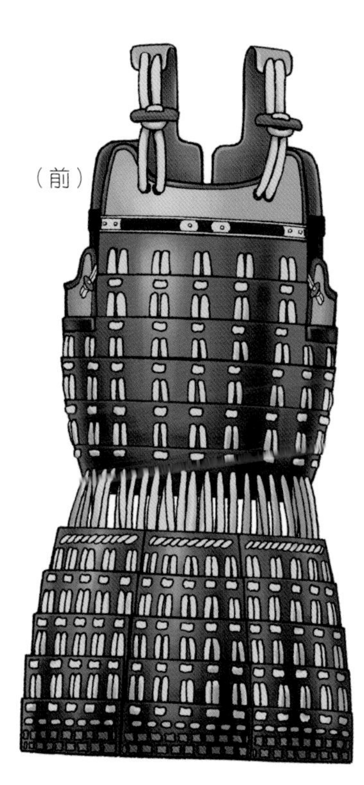
（前）

臆病板
（背面）

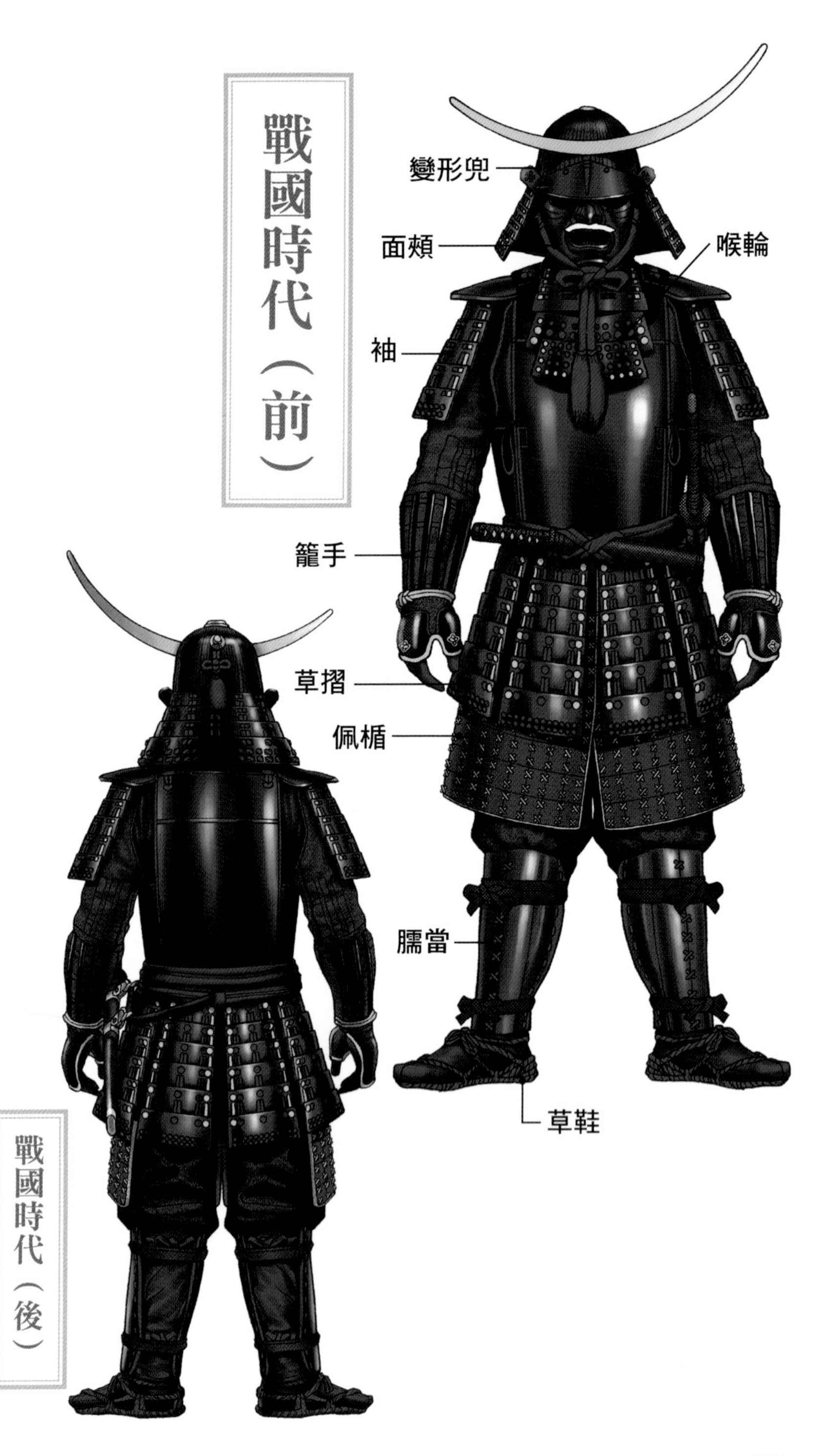
戰國時代（前）
變形兜
面頬
喉輪
袖
籠手
草摺
佩楯
臑當
草鞋
戰國時代（後）

在戰國時代的近身戰中，槍的威力大增，成為戰場的主力武器。此外隨著鐵砲的傳入，促使甲冑也開始重視對鐵砲的防禦。

以大鎧為基礎的鎧甲形式已經不符合戰爭的需求，故開始重新評估新的鎧甲構造。

因此自室町時代後半到戰國時代這段期間，開始製作新型甲冑。就這樣，完成了所謂的當世具足。一般提到具足，指的就是當世具足。

具足這一詞，原本就帶有「一應俱全」之意，在大鎧當中皆具，也就是全套裝備齊全者，稱之為具足。而胴丸或腹卷等與兜、袖、小具足湊成一套，也統稱為具足。

所謂「當世」即「現代」之意，因此當世具足就意味著「現代的甲冑」。其特徵是用胴及小具足滴水不漏地覆蓋全身，使防禦性更上一層樓。當世具足是武家社會甲冑發展的最終階段。

當世具足並沒有採用背面會出現空隙的腹卷，至於胴丸的右引合[18]樣式特色，則受到當世具足的胴鎧採用並繼承。

此外，中世的大鎧、胴丸及腹卷等基本上具備一定的形狀與機能，相較之下，當世具足的樣式相當多樣化，其形狀與機能也各有千秋。

特別是能夠抵擋槍、鐵砲等強力武器，受到南蠻具足的影響，當世具足也偏好堅固的鎧甲。

相對地，受到南蠻具足的影響以及對刀具戰造成妨礙，使得袖逐漸遭到淘汰。

不僅如此，為了在戰場上彰顯自我以及提昇士氣，在兜、立物以及指物[19]上開始講究個人風格，而胴的背面也裝有合當理與待受，可裝上受筒，用來插指物。

而兜也與以往截然不同，不僅在形狀上煞費心思，甚至可在兜缽的正面、側面或後面等隨心所欲地裝上立物，充斥著特立獨行的設計，稱之為變形兜。

到了江戶時代，在大坂之戰豐臣氏滅亡後，隨著德川幕府統一天下減少了合戰，甲冑的需求自然也跟著減少。

不過相對地，隨著有識故實[20]研究的進展，加深了對中世大鎧的興趣及重新認識。因此，在江戶時代便以中世甲冑為基礎，開始製造復古風格的甲冑。

然而，實際製造出來的甲冑卻是裝飾性大過機能性，幾乎都是不合乎實用。

戊辰戰爭之際，有一部分的部隊採用近世甲冑，但卻無法與西式槍彈匹敵，日本甲冑的實用功能就此告終。

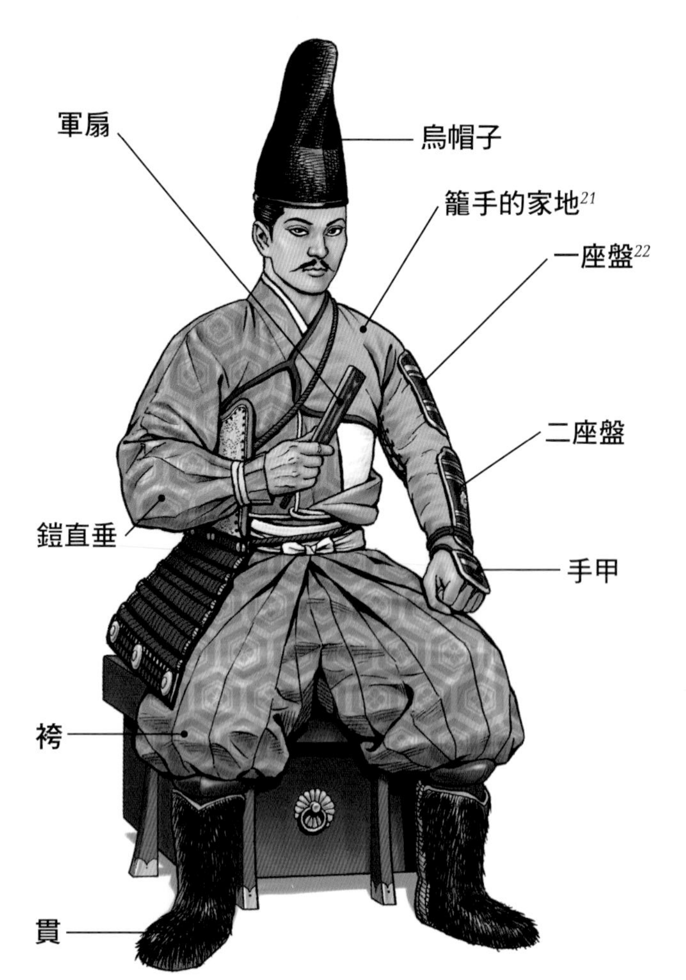

身穿鎧直垂，作輕武裝裝束的武士

江戸時代 大鎧（前）

江戸時代 大鎧（後）

足輕（前）

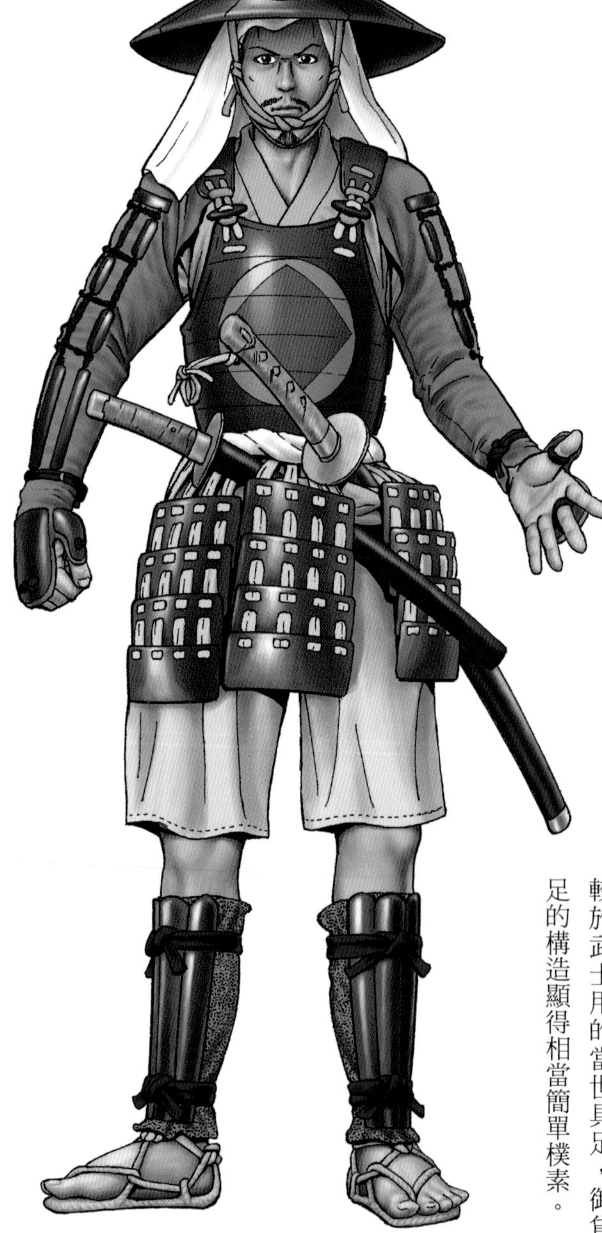

如前所述，在戰國時代，說戰爭的勝敗全取決於足輕的兵力一點也不為過，而這些足輕都是從各大名領地內的農村徵募而來。他們並非平時就做好戰鬥準備，所以身上大多沒有具足及刀。因此，大名們就會提供具足出借給足輕，稱之為「御貸具足」。

一套御貸具足包括胴鎧、籠手、臑當以及陣笠。基本上，相較於武士用的當世具足，御貸具足的構造顯得相當簡單樸素。

這是因為，除了必須準備大量的具足之外，由於足輕以步行為主，重視機動力，因此鎧甲也以輕量為佳。

此外，為了能夠立刻辨識敵我，在陣笠及胴上大多印有合印。

至於刀與具足一樣，也是御貸刀，大小刀各一。不過戰國時代的主力武器為槍，因此大多數足輕都是屬於長柄足輕[23]。

專欄 ⑫
戰國合戰

秀吉與槍

關於豐臣秀吉，流傳著這樣一則軼事。織田信長在購買新槍之際，曾詢問眾家臣：「該買長槍還是短槍好？」在織田家負責指導槍術的上島主水，以「短槍輕便易操作」為由支持購買短槍。其他家臣也跟著附和，紛紛贊成購買短槍。

然而唯獨一人唱反調，那就是豐臣秀吉。他主張：「長槍可進行遠距離攻擊，比較有利。」素有使槍名人美譽的上島主水，聽到出身卑微的豐臣秀吉竟敢對自己提出意見，讓他大為光火，大發雷霆地吼道：「有本事就站出來！讓你瞧瞧究竟是誰比較厲害！」但豐臣秀吉卻語氣冷靜地說：「這是在合戰中使用的槍，一對一單挑一點意義也沒有。」織田信長覺得相當有趣，說道：「那麼我就各派足輕五〇人交給你們二人。四天後舉行比試，就以比試的勝敗做決定吧。」上島主水賭上自己的面子，說什麼也不能輸，因此連日進行猛烈特訓。相對地，豐臣秀吉卻召集足輕，連日舉辦酒池肉林的大宴會，根本沒教給足輕任何持槍技巧。眼看隔天就要進行比試，足輕們也開始感到不安，豐臣秀吉卻笑道：「光靠短一、二天的訓練，不可能讓槍術突飛猛進。不過，我有必勝法門。」也就是將全體足輕分成二隊，採取下列作戰法：一隊持槍從上往下劈擊，另一隊則瞄準對方的腳槍橫掃。「被長槍從上往下劈擊，腳下又被長槍橫掃，只能進行刺擊的短槍根本毫無勝算。」足輕們對豐臣秀吉的作戰方式相當佩服，為了報答豐臣秀吉的連日款待，他們發誓要團結一致作戰。最後，比試獲勝的當然是豐臣秀吉。

槍的長度原為二公尺左右，主要作為突刺武器之用，隨著足輕的集團戰術日益發達，槍的長度也跟著加長為四～五公尺，甚至發展出長達九公尺的長柄槍，因而轉變為從上方進行劈擊的武器。然而，在豐臣秀吉以前的時代長柄槍早已存在，因此這則軼事實為江戶時代所捏造的傳聞，但卻充分顯示長柄槍戰術的實態。

第二章

胴

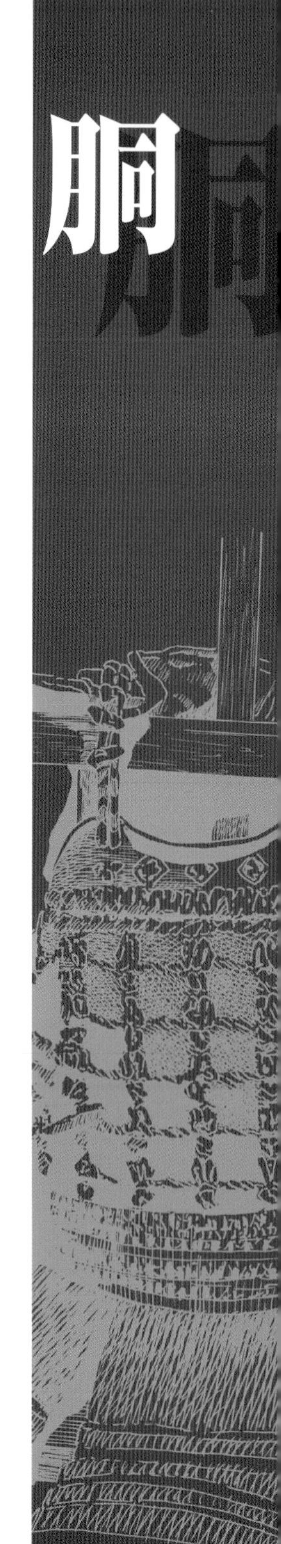

胴

甲冑當中最重要的防具

相對於平安時代開始製造的笨重大鎧，到了南北朝時代及室町時代，開始製造胴丸及腹卷等輕量且高機能性的鎧甲。

而在戰國時代，伴隨著戰事頻發，開始製造更重視機能性的鎧甲，此外，鐵砲的傳入也促使甲冑必須提昇防禦性。在這樣的背景下，所設計、製造出來的就是當世具足。

基本上，當世具足的胴乃是繼承中世胴丸的形式製成，其後又根據各武將的偏好及重視的機能，發展出各種形式及設計。

此外，引合也統一設在右側，並廢除室町時代的背部引合形式。廢除原因有二，其一是腹卷的背部會產生空隙，防禦力令人擔憂；其二是穿戴胴時，右引合設計較利於獨自穿戴。

胴的形式也分成各種不同的種類。本章將著眼於胴的製造方式與札板種類的構造，對胴進行分類、介紹。

胴（前面）

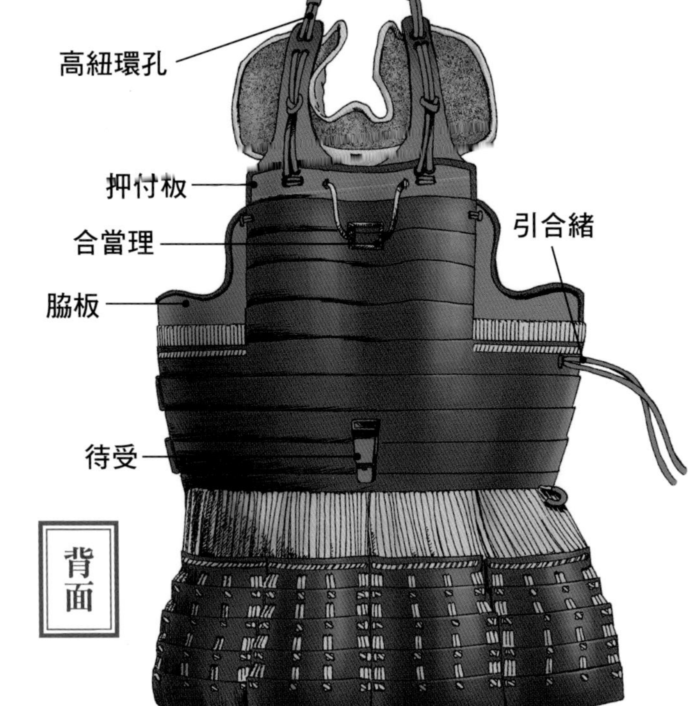

小札

小札是指平安時代到南北朝時代的胴丸等所使用的鐵製或牛革製小板。尺寸介於數公分到一〇公分（約小拇指～名片大小），相當多樣，鐵製的厚度約為一公釐。進入中世後，小札隨時間推移變得輕薄短小。小札形狀為上方有小缺口的長方形，上面鑽有許多小孔，可用繩子穿過小孔將小札連綴起來。

繩子穿過小札稱為「威（おどす，odosu）」，其語源來自「穿繩（緒通す，o-tosu）」。而穿過小孔，將小札上下連綴起來的繩子，稱作「威毛」。威毛的素材有三種，即組紐[24]、鹿韋繩，以及以麻布為芯，並以綾織物[25]包覆所製的繩子，分別稱作糸威、韋威及綾威。此外，將威毛如同蕾絲般緽密排列的連綴方式，稱為「毛引威」；而稀疏排列的簡略連綴方式，則稱為「素懸威」。

甲冑製作的步驟如下：先將小札橫向並排，接著用繩子穿過小札上的孔穴，將小札連綴成板狀。再將上下段的小札板交疊，用繩子連綴起來。重複這個步驟使小札板上下擴大，裝上胸板及脇板等金具廻的部分，最後裝上肩上和緒所就大功告成了。以中世甲冑為例，製作一片胴甲需要用上約數百～三千片的小札，因此製作一套甲冑相當費工夫。

此外，為提昇甲冑的防禦性及補強，大多會在甲冑上塗漆，其中又以黑漆最為常用。

有一種名叫三目札的小札，相

較於一般小札開有二排縱列的孔穴，三目札則開有三排縱列的孔穴，藉由讓每片小札板與前一片重疊三分之二，做出更堅固厚實的甲片。這種手法在平安時代相當常用，但由於相當費工夫且會增加甲冑重量，因而衰微。

相反地，伊予札與既有的小札一樣開有二排孔穴，相較於一般小札與前一片重疊二分之一，伊予札的每片小札與前一片只重疊邊緣部分。換句話說，原本需用到二片小札的地方，只要一片就能湊合。這種連綴方式雖然降低了防禦性，卻能大幅節省製作時間及材料費。

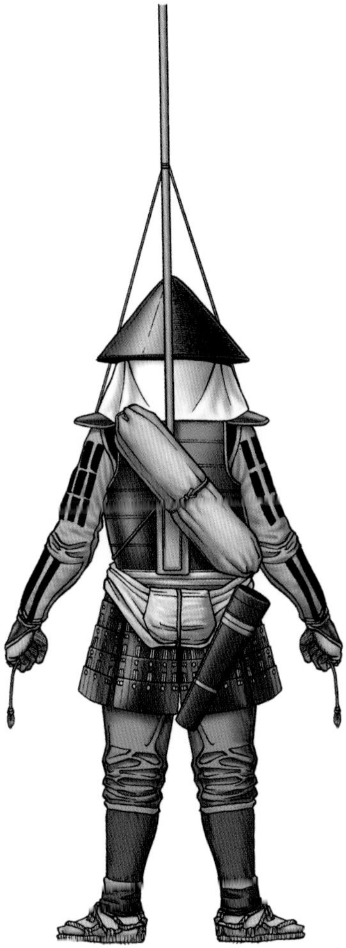

板札

相較於平安時代與鎌倉時代，當世具足更重視生產效率，因而構思出費用低廉且能省時的製造方法。亦即使用一種名為板札的板片，將板片連綴起來。然而使用板片製作的胴，有別於小札製胴，既缺乏柔軟性且活動不便，於是將胴拆解成數片甲片，並使用蝶番來連接。從一枚胴到六枚胴，種類相當多樣，基本上以二枚胴及五枚胴最為常見。

合當理

在胴的背面裝有合當理、受筒及待受，用來插上旗指物及母衣[26]。合當理是指裝在胴的背部中央，可安裝受筒的圓形或四角形環狀部分，其左右兩端以蝶番固定在胴上。

在戰國時代，戰鬥時大多會在背上插上旗指物以區分敵我，因此諸如合當理等配件大多在甲冑完成時就已經安裝好了。

丸胴[27]

通常為本小札胴[28]或伊予札縫延[29]革包胴，將長板連綴成一片甲片，引合則是將後胴甲片疊在前胴上，然後綁緊。

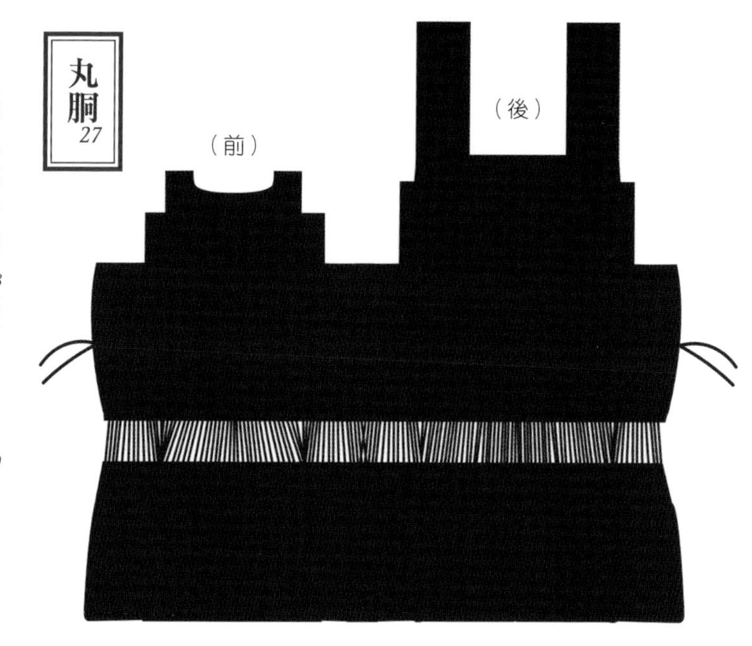

前引合胴

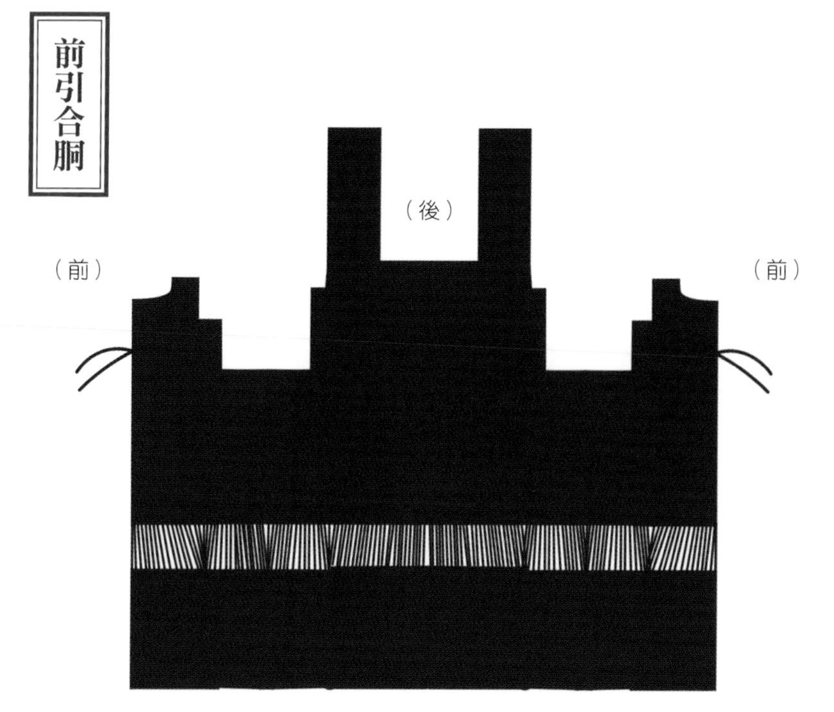

二枚胴

為前胴與後胴分開型，也是最普遍的形式。

由於分成前胴與後胴二片甲片，左腋側裝有蝶番可方便開合，因此就算體格稍微不合也沒問題。不論體型胖瘦都能穿戴。而前胴與後胴各自獨立的樣式，稱作兩引合胴。

（前）（後）

二枚引合（兩引合胴）

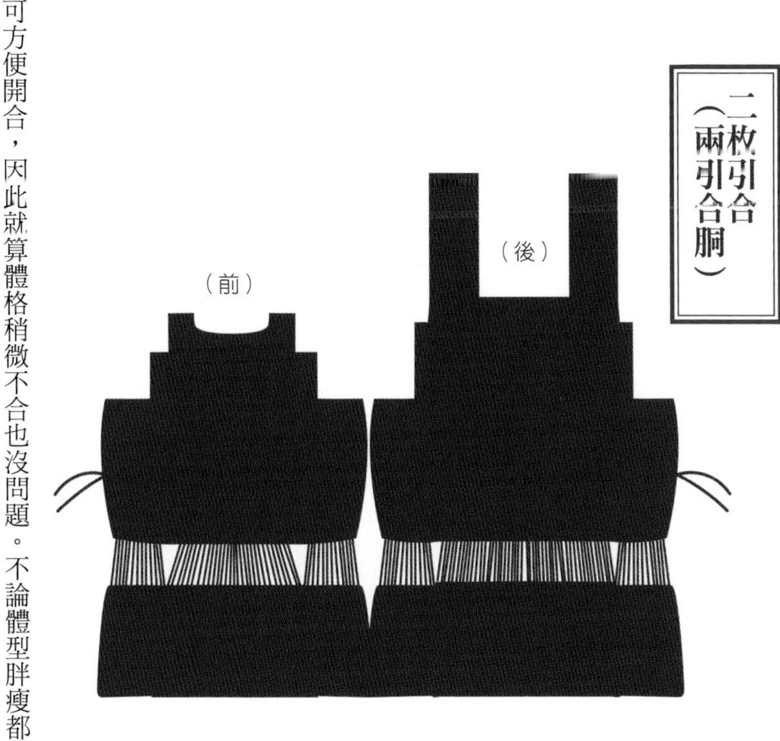

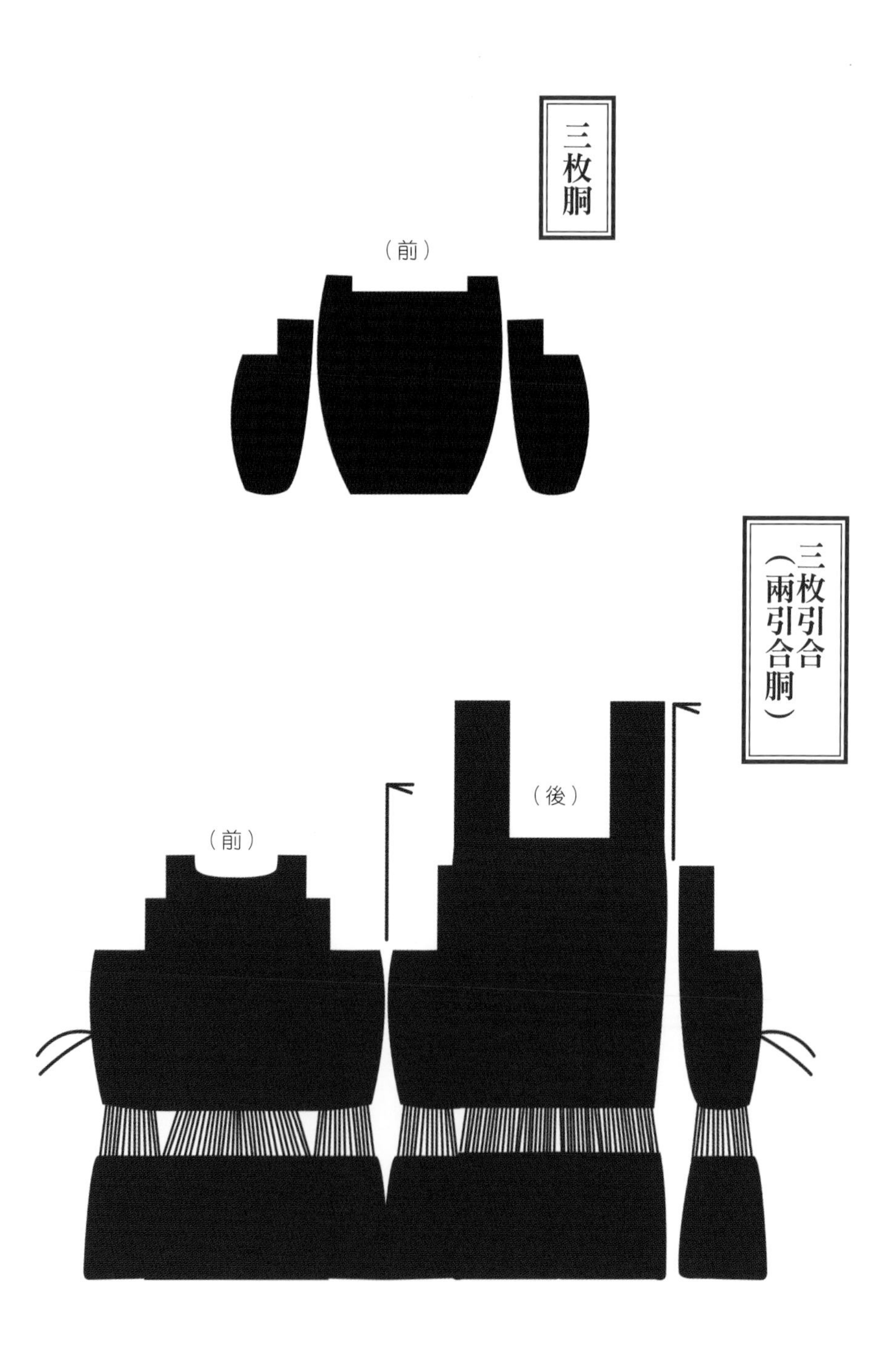
三枚胴
（前）
三枚引合（兩引合胴）
（後）
（前）

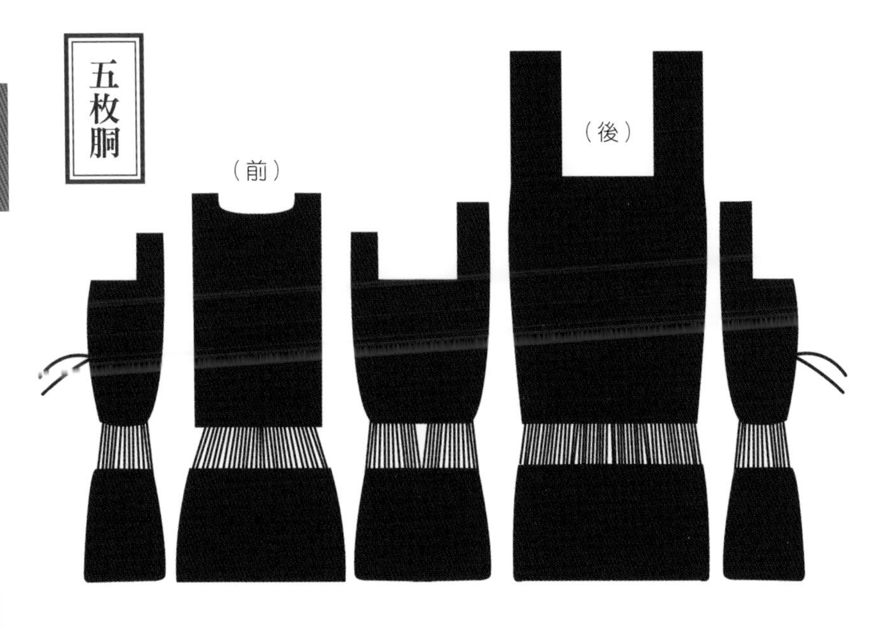
五枚胴
（前）
（後）

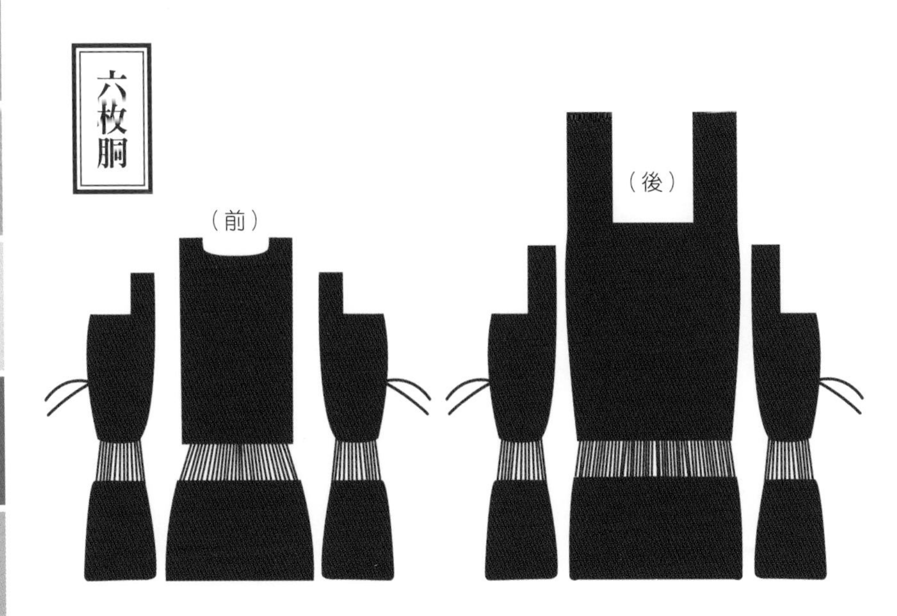
六枚胴
（前）
（後）

橫矧胴

（前）

為桶側胴的一種。所謂桶側胴，與將小札橫向並排、縱向連綴製成的小札鎧不同，是將札板連綴後橫向接合製成的胴。在戰國時代，由於製作簡單，因此從室町時代後期起急速普及。

圖中為橫向接合的橫矧胴，另外也有縱向接合的縱矧胴。

（後）

南蠻胴

南蠻貿易除了帶來不少交易品之外，也將西洋甲冑傳入日本。而利用西洋甲冑的鉢與胴，結合日式的小具足與草摺等，就稱作南蠻胴。前胴與後胴的引合，則是採用裝在左腋側的形式。

在歐洲，漫長的十字軍東征終於結束，廢棄的西洋甲冑正適合用來抵擋火繩槍的子彈及槍的突刺。南蠻胴正是以此為基礎，用鐵板做出光滑的表面，並在胸前正面加上一道高高的鎬[30]作為防禦。

西洋甲冑的胴，是用皮帶來連接前胴與後胴。另外，由於西洋甲冑的胴下方沒有懸掛草摺，因此在日本又加裝肩上與草摺來使用。

佛胴

與前述的南蠻胴一樣，將胴的表面磨得光滑，以閃避敵方的槍與弓箭的突刺，防止槍彈貫穿。

胴的表面上繪有合印或圖案，繪有蒔繪的佛胴也不少。

仁王胴

為佛胴的一種，從鐵板內側敲打出肋骨形狀作為胴的裝飾。

主要用來威嚇敵人，流行於戰國時代。

最上胴

以經過鞣製的皮革或鐵板取代小札板所製成。比小札製更具合理性，防禦力也很高。屬於古老形式的當世具足，製造費用相當低廉。

疊具足

疊具足是種可折疊的具足，因而得名。使用鐵製的骨牌札或龜甲札，以鎖鏈連綴後，縫上襯在內裡的布料或家地所製成。

海老胴

別名叫做足搔胴。為了改良胴的四周活動不方便的缺點，因此將鉚釘孔改成縱向長孔，使鉚釘能夠上下滑動，讓胴伸縮自如。

琉璃齋胴

琉璃齋胴為胸前裝有一扇左開式小門的具足。由於小門開在胸前，不僅通風良好，還能夠取放道具。此乃江戶時代的軍學者所構思的胴甲。

第三章 小具足

小具足

密不透風地保護身體

所謂小具足，是泛指穿戴甲冑時的配件統稱。以籠手、佩楯、臑當這三種為主，另外還包括面頰、喉輪及頰當等。

除了胴鎧、兜、袖以外的防具都屬於小具足，在本章中，將針對從具足下著到履物等小具足做個別介紹。

相較於以往的大鎧，當世具足藉由穿戴密不透風的防具，大幅提昇了作為防具的機能。因此不僅增加了胴以外的防具，同時也加強防具的個別機能，使得當世具足達到完全型防具的境界。而就甲冑整體而言，當世具足如同「具足」一詞字面所述（具備補足），完成了各種獨具特色的具足形式。

具足的各部位名稱

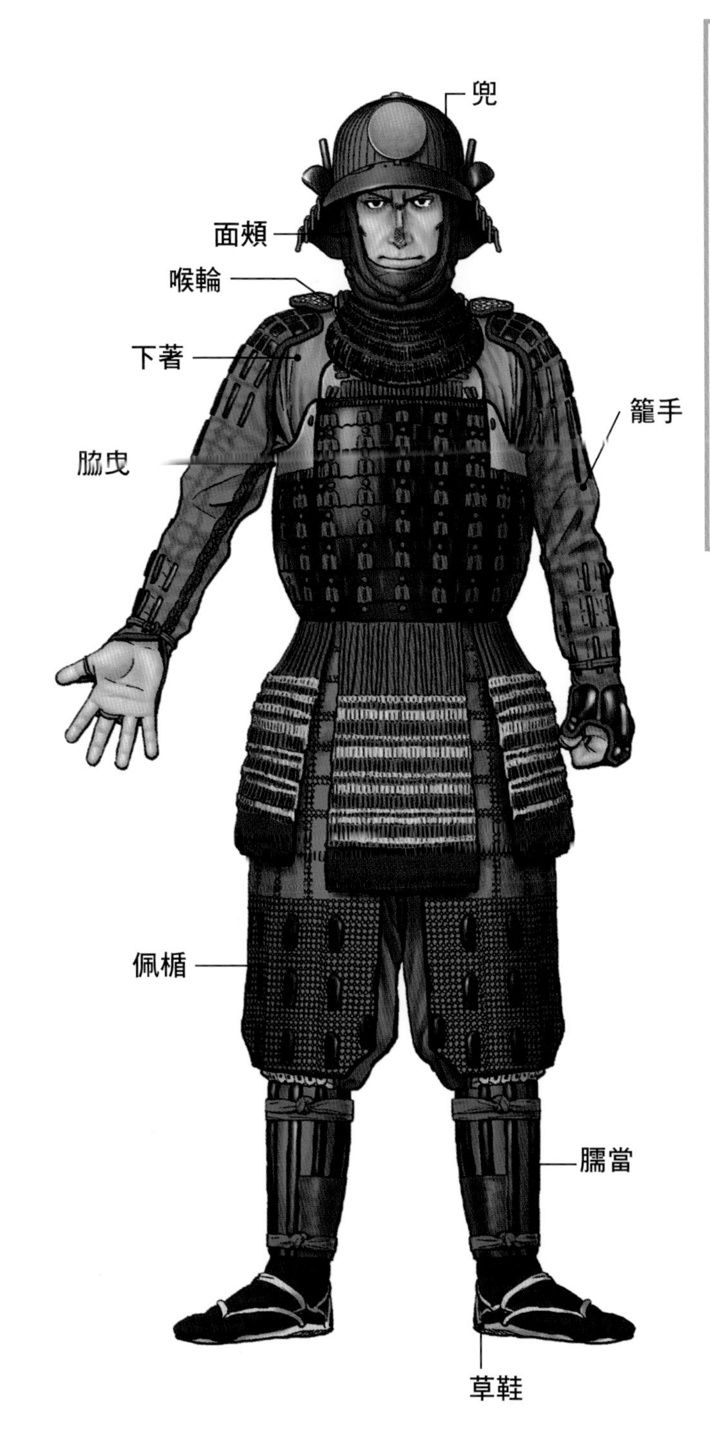

下著

❖隨時代推移著重實用性

平安～鎌倉時代盛行大鎧之時，是以武士平時穿的直垂當作下著，不久便改穿名為「鎧直垂」的衣服。鎧直垂在細節上下了不少功夫，不僅將直垂的袖幅縮小一圈，同時在袖口穿有綁繩，可束緊袖口，使得穿上鎧甲時能夠活動自如。

到了當世具足的時代，為提高下著的機能性，便改用成套的上衣、袴[31]、腳絆[32]取代鎧直垂當作下著。夏季用下著使用透氣性佳的素材製成；而冬季用下著則使用防寒性佳、附內裡的素材。

袴則採用如小袴般下擺較窄的設計，可避免穿戴佩楯及臑當時膝蓋上方的布料鼓起。過去以騎射戰為主的大鎧時代，就算布料鼓起也不會造成太大影響，但在徒步戰時，就會造成行動不便。

此外，合戰時所徵募的雜兵沒有自己的甲冑，用的是借來的御貸具足，不過御貸具足並沒有提供下著等，因此他們大多以平時穿的衣服為下著，再穿戴具足。

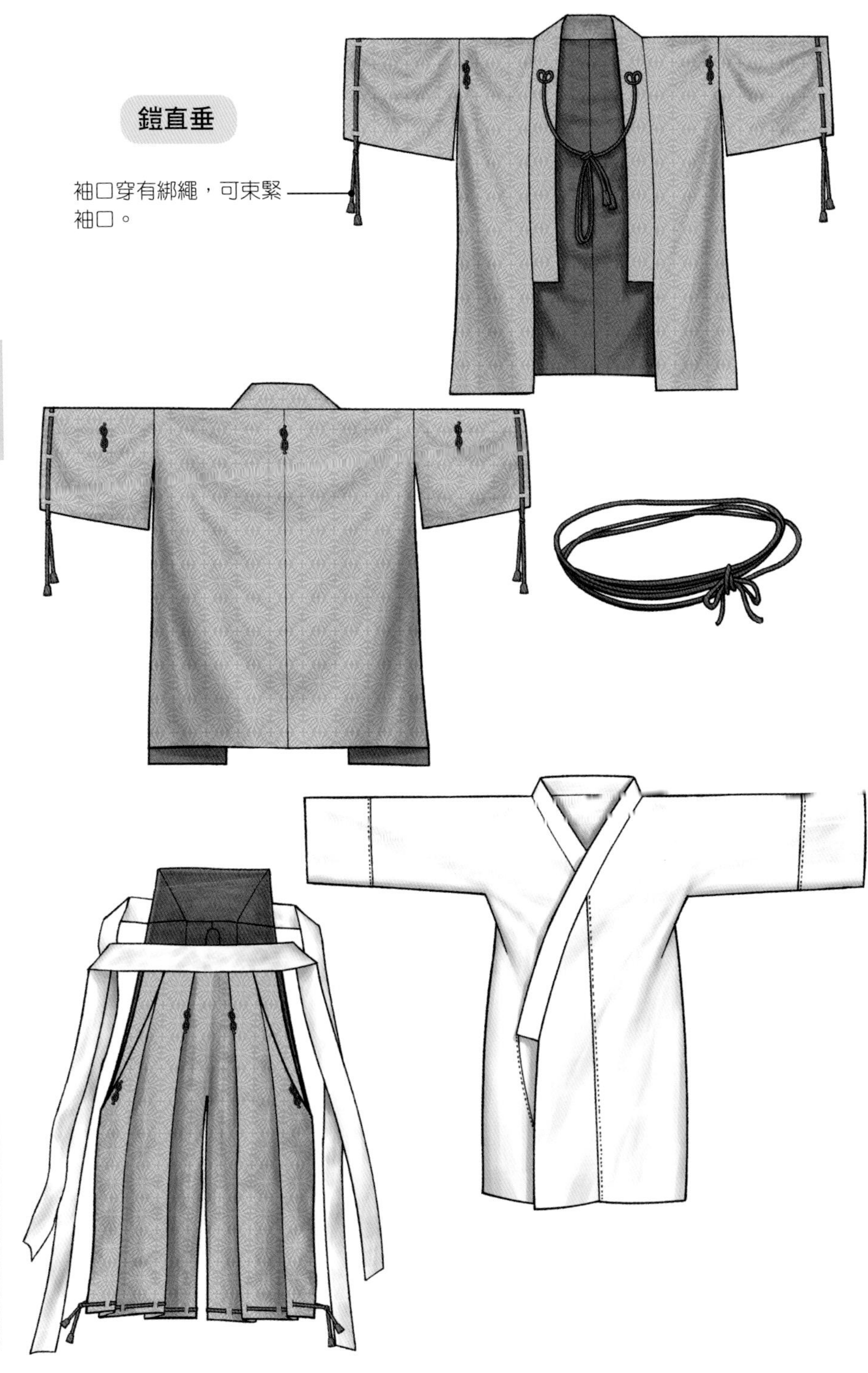
鎧直垂
袖口穿有綁繩，可束緊袖口。

穿著方法

依照上衣、袴、腳絆的順序穿戴。由於穿上甲冑後就無法輕易穿脫，因此衣服的繩結一定要綁緊，以免繩結歪掉或鬆脫。

另外，穿上甲冑後就不能任意如廁，因此也開始使用正中央有開口的袴。

隨著時代變遷，改穿更方便活動的鎧下著。

與上衣一樣，袴管穿有繩子，可束緊袴管。

穿上袴後，與上衣一樣要綁緊繩結。袴的形狀可分成二種，一種是如上圖般的綁繩袴，另一種是如右圖般的短袴。這二種袴都是考慮到穿戴具足時能活動自如，不會妨礙行動所製。

籠手

❖戰國時代籠手相當普遍

籠手是覆蓋上臂到手背部分的防具，而在古墳時代的短甲及挂甲時代就已開始穿戴籠手。在筒袖狀的籠手加裝手甲是最基本的形式，其後逐漸演變成以鎖鏈連結座盤，或是裝上冠板的形式。到了當世具足時代，籠手的種類及材質也變得更豐富多樣。

古墳時代所使用的是篠籠手，這是將縫在家地上的鐵板，也就是座盤排列成篠狀製成，鎌倉時代後仍然存在，但隨時代推移，篠也變得愈來愈細。改用如同魚板般中央鼓起且纖細的短冊狀鐵板，並以細鎖鏈連結製成。魚板型鐵板可將受到的衝擊分散到兩側，緩衝對身體造成的傷害，是篠籠手當中最常使用的形式。

將三片、五片、甚至七片鐵板或皮革板連綴成半筒狀的，稱作筒籠手，主要使用煉革或鍛鐵等材質。由於鐵板的面積比篠寬，方便加上金屬、裝飾及圖樣，重量雖重卻具有極高的防禦力。另外，也有使用金屬或細鎖鏈製成，可覆蓋上膊的長形籠手。

籠手的種類

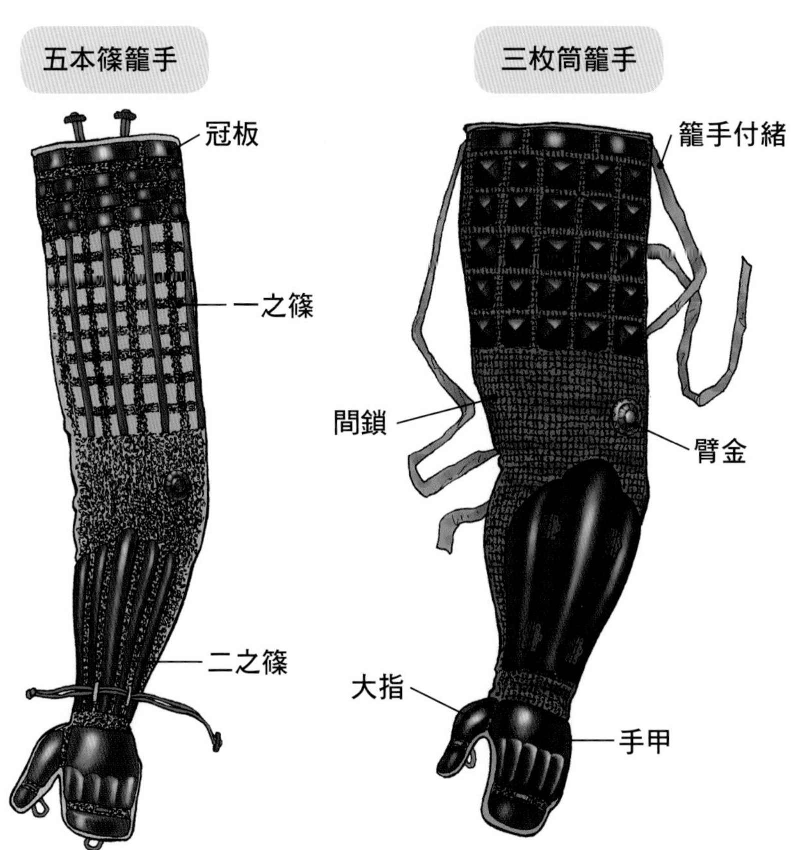

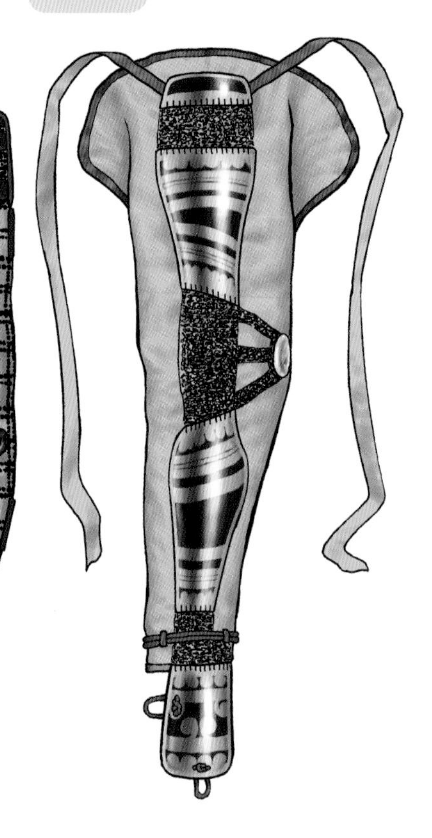

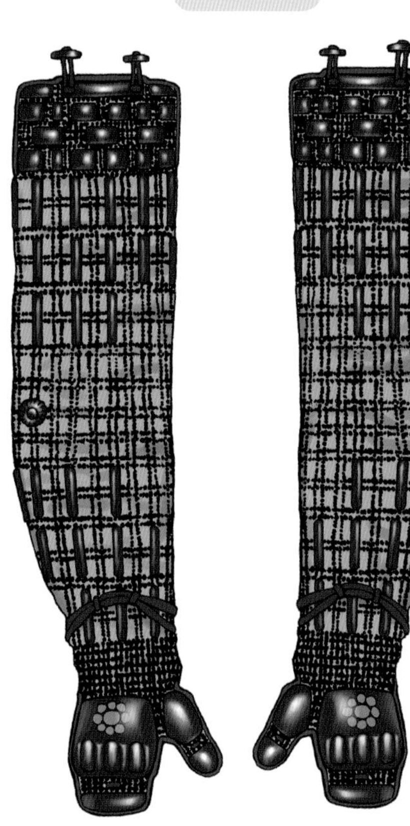

其他尚有室町時代以後開始製造的瓢簞型籠手，由於其形狀很像葫蘆，故得其名。

另外，也有單用鎖鏈製成的籠手。這是因為隨著鎖鏈製造技術發達，不須使用篠或座盤也具有足夠的強度，至於鎖鏈粗細也各有不同，甚至還有可包覆指尖的籠手。

基本上，籠手原是左右分開製作與穿戴，到了戰國時代，開始製作左右手連在一塊的籠手。

這種籠手為背部一體成形，不僅穿戴方便，同時也具有不易脫落的優點，因適用於實戰而受到歡迎，稱作「指貫籠手」。滿智羅（詳見二一〇頁）與指貫籠手搭配成套，就稱作富永指貫籠手。籠手搭配滿智羅一起穿戴，不僅在防禦上更萬無一失，穿戴也變得相當方便。

指貫籠手的穿著範例

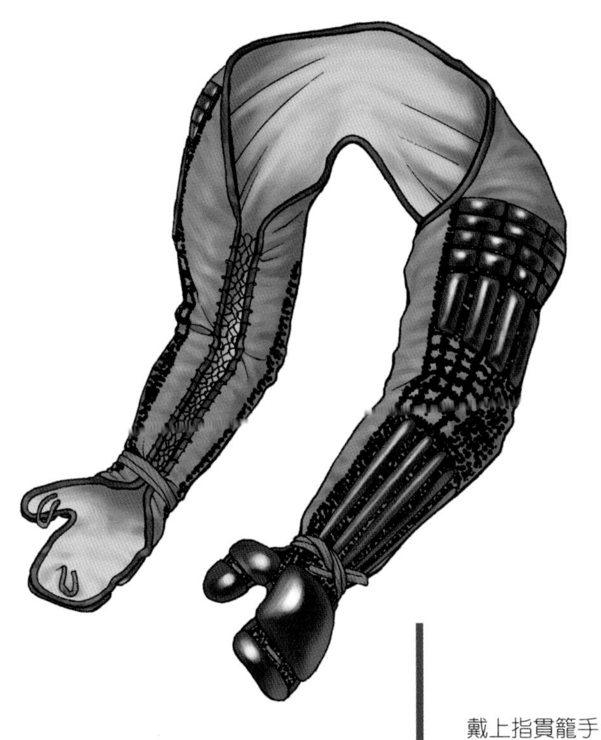

戴上指貫籠手

臑當

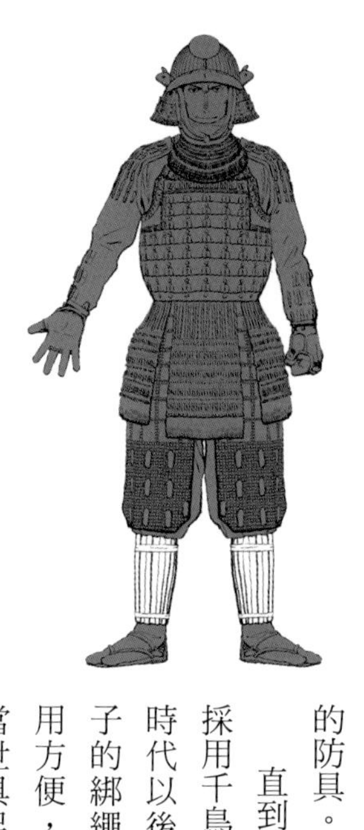

❖附有立舉的臑當成為主流

臑[34]當是保護膝蓋到腳踝部分的防具。

直到鎌倉時代為止，臑當都是採用千鳥掛[35]綁法固定，而在鎌倉時代以後，改採用上、下二條繩子的綁繩式固定，由於綁繩式使用方便，以後便蔚為主流。到了當世具足的時代，儘管臑當的種類與形狀增加了不少，但基本上仍採用與籠手相同的材質製作。

此外，近世臑當的內側下段部分省略了鐵板，改貼上皮革。這是為了避免在騎馬時，因臑當碰到馬鐙造成人馬受傷，或是避免在行走時小腿被臑當內側的篠卡住，才會貼上皮革。

臑當的種類

越中臑當

沒有家地，僅用鎖鏈連繫篠而製成，即使溼掉了也很快乾，相當實用。由於重視可動性，因此未附有立舉。

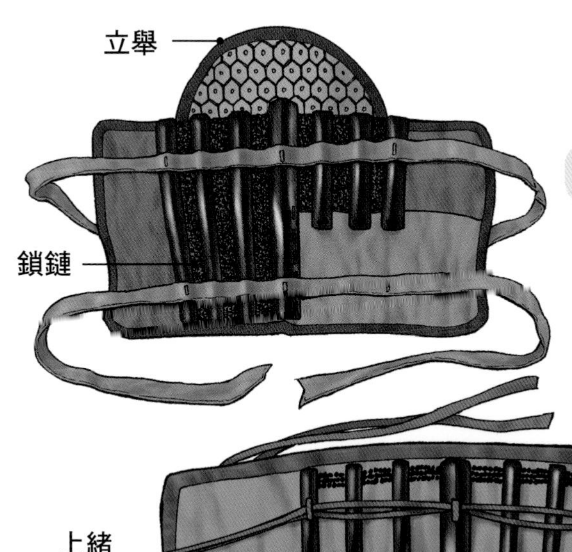

七本篠臑當

篠臑當不僅重量輕且使用方便，適用於徒步戰。篠的根數以五根、七根、九根等居多。

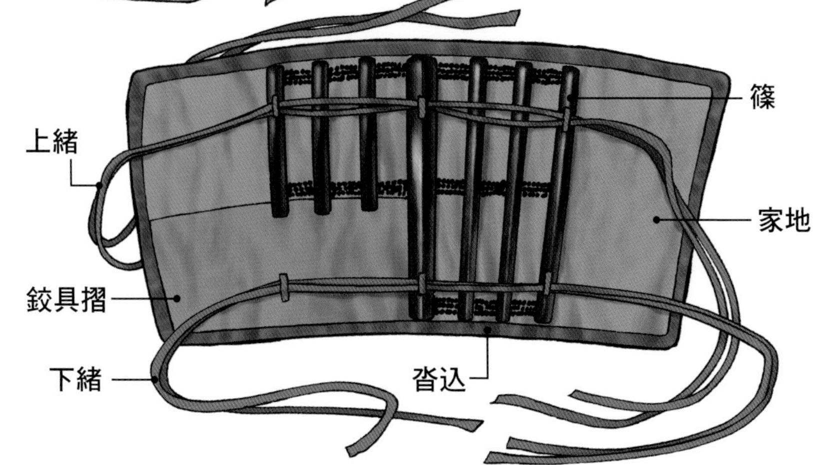

筒臑當

配合小腿形狀用鐵敲出形狀，
或是用皮革板連綴成筒狀。

緒便鉚釘

立舉

動金

（表面）

引通力金

（內側）

隨著臑當開始加裝立舉後，除了越中臑當以外，所有的臑當都附有立舉。初期階段，原是使用蝶番來固定臑當與立舉，之後愈來愈重視可動性，也就不再使用蝶番，改用鎖鏈或繩子來連綴。

（側面）

（正面）

（穿戴圖）

臆病板

基本上臑當是用來保護小腿的正面與側面，小腿後方並沒有任何防具。因此，才會出現與臑當一起穿戴的背板，可遮蓋膝蓋內側到腳踝部分。

這個背板稱作「臆病板」。穿上腹卷時，遮蓋背部的背板也稱作「臆病板」，這是因為不在敵人面前露出背部是武士的原則，因而得其名。

立舉

❖保護膝蓋與大腿間的空隙

在古墳時代，可看到用二片鐵片圍成筒狀或是札狀的配件，而在南北朝時代，則是在臑當的上層加裝鐵片來保護膝蓋，這樣的裝備稱為立舉，其中尺寸大的稱作大立舉。這是因為，膝蓋正好位於大腿及臑當的正中間，容易遭到敵人瞄準，所以才加裝立舉來保護膝蓋。為了方便膝蓋活動，立舉與臑當之間以鎖鏈或是威等方式稍加固定。

立舉大致可分成三種類型，分別是共立舉、龜甲立舉以及鎖立舉。似乎是根據臑當的形式，選用最適合的立舉。

立舉的種類

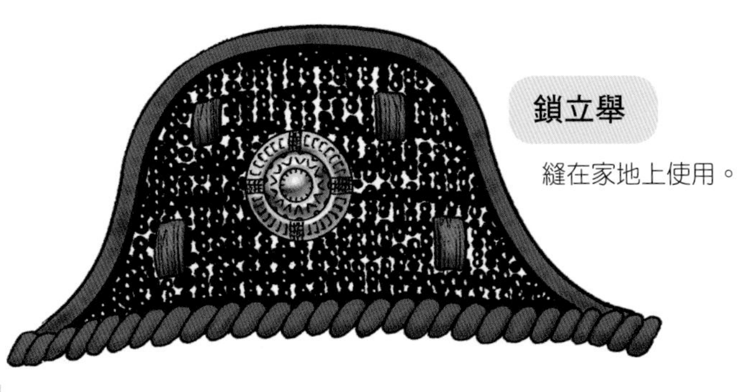

鎖立舉

縫在家地上使用。

龜甲立舉

為近世最常見的形式。可分成一體成形型及一分為三型二種。（圖片為一分為三型，亦稱作十王頭。）

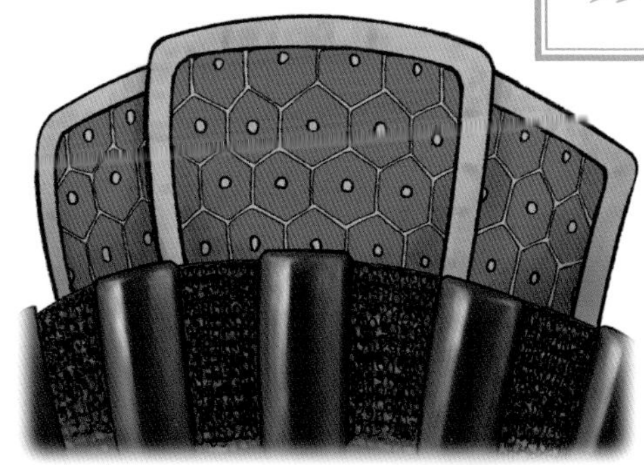

共立舉

使用與臑當相同的素材所製成，大多用於筒臑當。

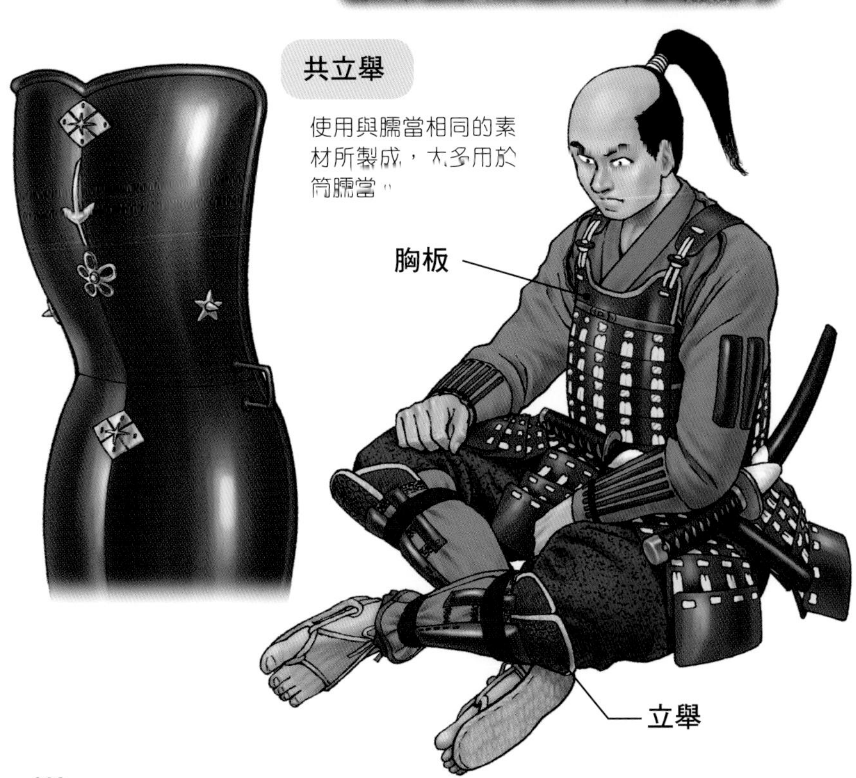

脇曳

❖保護腋下

穿上胴鎧時，腋下會出現空隙，而脇曳就是用來保護腋下的防具。

在當世具足的時代，脇曳的形狀及材料也變得相當多樣化，像是皮革製、鎖鍊製、毛引威等。室町時代的脇曳大多裝在脇板上，其後為避免垂下來，改掛在肩上。至於當世具足的情況，基本上是將脇曳掛在肩膀上，也有用繩子將左右兩側的脇曳連繫成一組的形式。

此外，脇曳的用途是保護腋下，而為了保護肩膀、頸部及胸前周圍，會穿上一種名為滿智羅的防具。這是自當世具足時代起才開始使用，亦寫作滿知羅、滿散或是滿乳羅等。穿著順序為先穿滿智羅，再穿上胴。

脇曳

袖

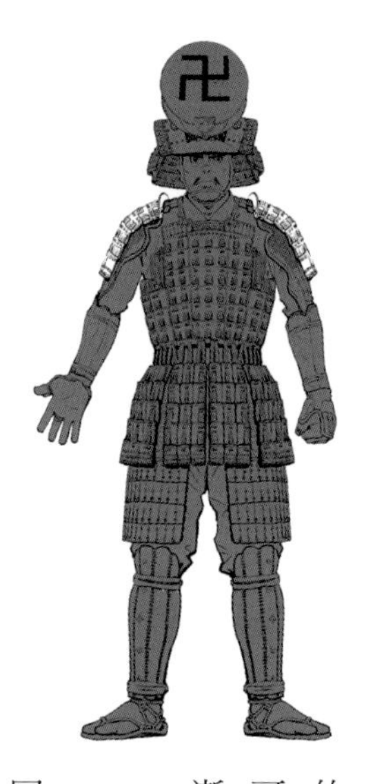

❖代替楯保護肩膀

袖是戴在肩膀到上臂部分的防具，亦稱作肩鎧。

從古墳時代的遺物可以確認袖的存在，起初袖的長度較長，亦可當作頸鎧。但後來，頸鎧與袖漸漸開始分開製作。

基本上，袖使用的材質與胴相同，並在上層裝有一種名為冠板的構造。

袖的形狀基本上為長方形，比基本尺寸大一圈的稱作大袖，下擺部分較寬的稱作廣袖。此外，室町時代以後開始製造下擺較窄的袖，稱作壺袖。而在當世具足時代所製造的袖，稱為當世袖，不但尺寸較小，製作方式也與其他種類的袖截然不同。

到了江戶時代，由於生產的全都是外觀華麗具裝飾性、不適用於實戰的當世具足，因此袖也配合此風潮變化出各種形式。開始製造長方形以外的形狀，像是圓形、瓢箪型等。

袖的種類

上層較寬，下層漸窄。

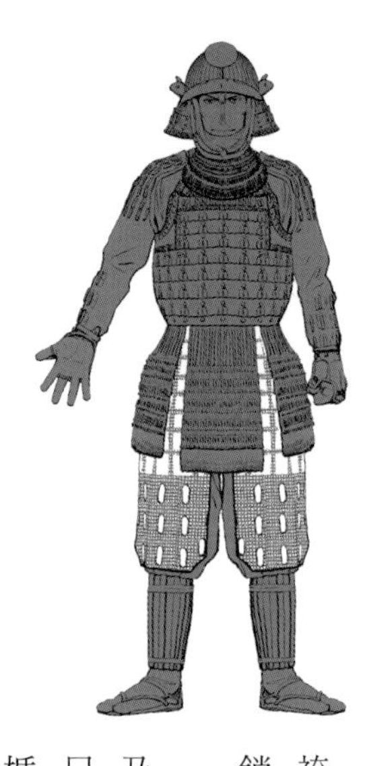

❖保護大腿到膝蓋以上部分

佩楯即所謂的膝鎧。

室町時代，盛行在形式如同小袴般的佩楯上縫上鎖鏈，稱之為鎖袴或小田佩楯。

佩楯的基本形狀可分成小袴型及前掛型。有些佩楯附有踏込，只要將腳穿過踏込就能固定住佩楯，不會脫落。

最常使用的是板佩楯，其次是最上佩楯，接著是輕量且小型的越中佩楯等。

佩楯的種類

板佩楯

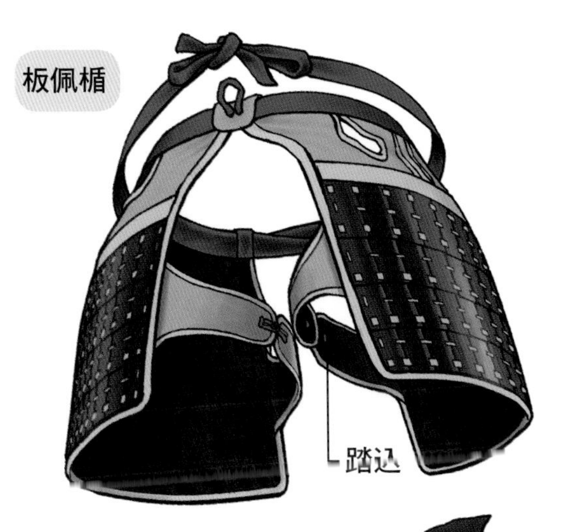

伊予佩楯

將皮革製的伊予札連綴起來，縫在家地上所製成。其形式自中世以來未嘗改變。

將篠排成一列後（七根、十根、十三根等），再用鎖鏈連結起來。

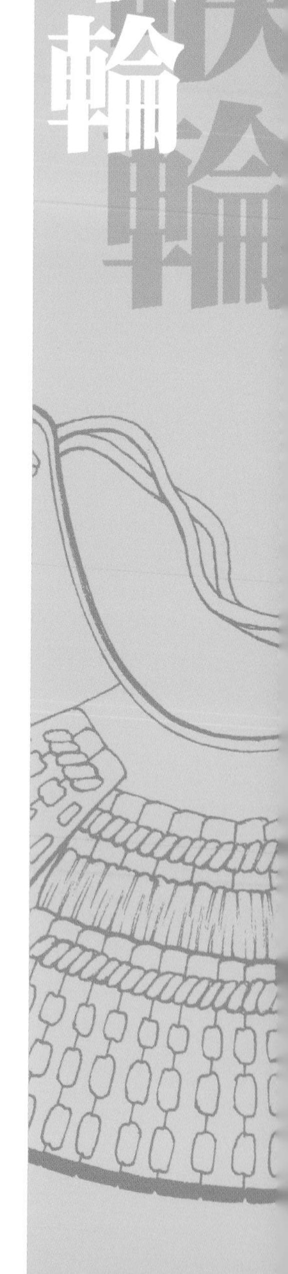

❖保護頸部周圍的防具

掛在頰當下方覆蓋咽喉部分的垂[36]，稱為喉輪。

喉輪一般多為鐵製及札製，大多為三段式或四段式。古早的垂尺寸比較小，具備優異的機能性，但隨著時代進展，開始製作尺寸大且段數多的垂。

喉輪大多與面頰一同製作，這樣穿戴時就能整組一併戴上，相當方便。

喉輪的種類

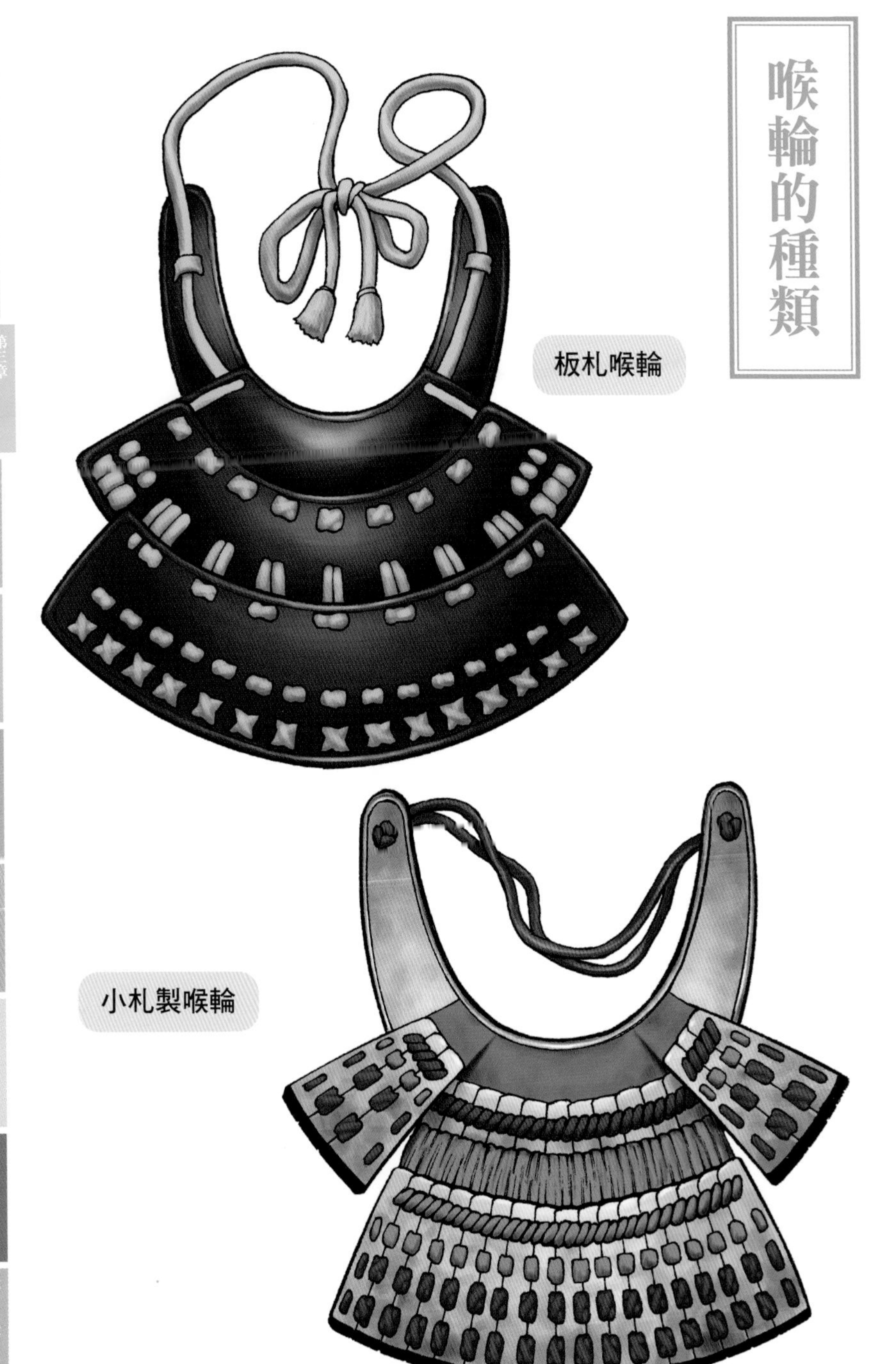

面頰

❖從外觀上帶來壓迫感的防具

自南北朝時代開始使用面頰，到了當世具足時代，面頰也有顯著的發展，開始製造各種形狀的面頰。用來保護兩頰及下顎、沒有鼻子部分的頰當，稱作半頰，其他尚有燕頰、越中頰及目下頰等。

越中頰是面頰中最小型且輕量，只能防禦下顎，又稱作顎當。材質多為鐵製或皮革製。而燕頰比半頰的尺寸略小、較輕。

目下頰多了保護鼻子的部分，為覆蓋下半張臉的大型頰當。起初面頰的形式相當簡樸，不久便開始在面頰上加上裝飾，其形狀與外觀各有千秋。

光是鼻子的形狀，就包括切鼻、鳶鼻、獅子鼻及天狗鼻等，有的甚至還會加上仿製的牙齒、髭鬚。其後，為保護耳朵的部分，加上耳型的面頰也逐漸增多。

隨著製造技術的發達，出現各種相貌的面頰，主要用來增加外觀威嚇效果，同時也開始使用表情恐怖強勢的面頰，像是烈勢頰及隆武頰等。除此之外，尚有笑頰、美女頰、天狗頰、翁頰等。

面頰的種類

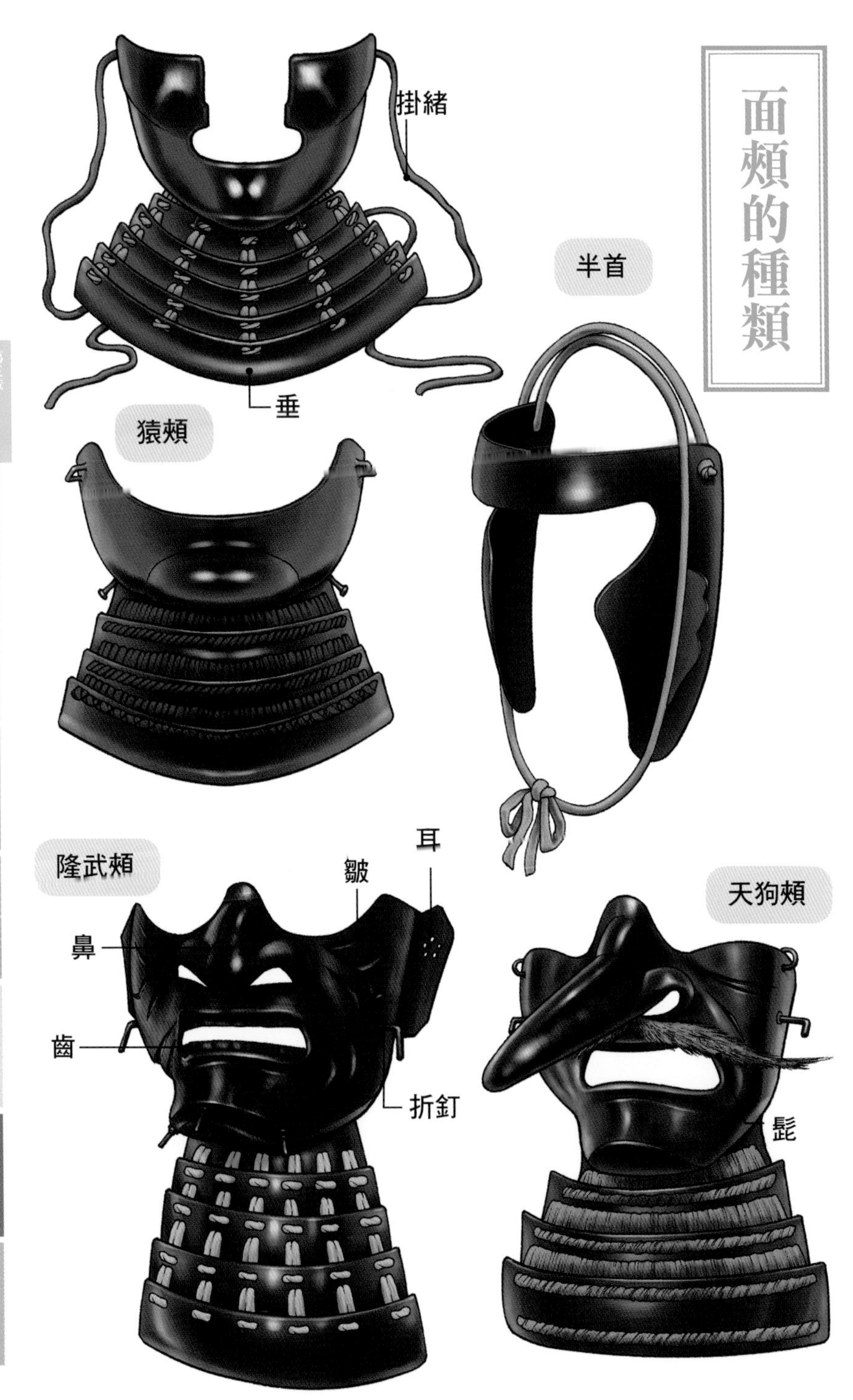

履物

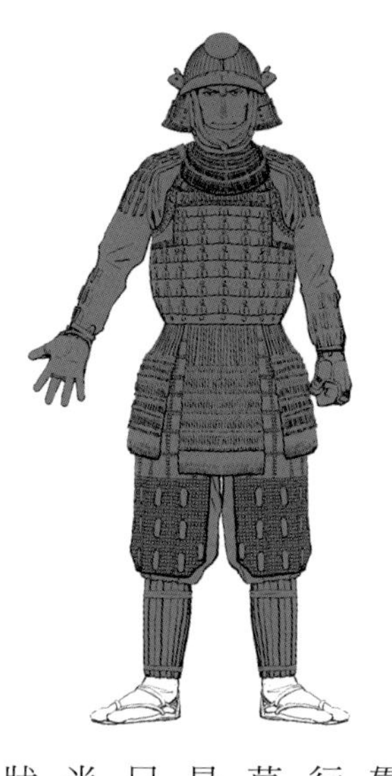

❖從貫轉變為草鞋

穿著大鎧時，腳上所穿的大多是一種覆蓋熊毛的皮鞋，稱作貫，主要用於騎馬戰。至於徒步行走的下級武士，穿的是如同藁草履般的鞋子，名為足半，或者是打赤腳行動。所謂足半，是指只有前半部的鞋子，由於缺少後半部，因此會一直維持踮腳尖的狀態。足半具有止滑作用，因此在雨天及雪地等行軍時，穿上足半要比打赤腳更方便行動。

不過到了當世具足時代，隨著長時間行軍的增加，打赤腳或是穿足半容易使腳掌疲勞，降低效率，因此不論是武士還是雜兵，也逐漸開始穿草鞋了。直到明治時代引進西式鞋子之前，草鞋一直廣為使用。不過穿草鞋時會露出腳背，可能變成要害，因而開始出現穿甲懸的武士。

所謂甲懸，是指套在腳背上的防具，在當世具足中偶爾會使用。穿著時，先將甲懸套在足袋上，再穿上草鞋。為方便足部活動，大多使用皮革或鎖鏈等材質製成。

第一章 甲冑的變遷
第二章 胴
第三章 小具足
第四章 穿著順序
第五章 兜
第六章 陣羽織
第七章 馬具
第八章 合戰武具
第九章 武將甲冑
第一〇章 家紋

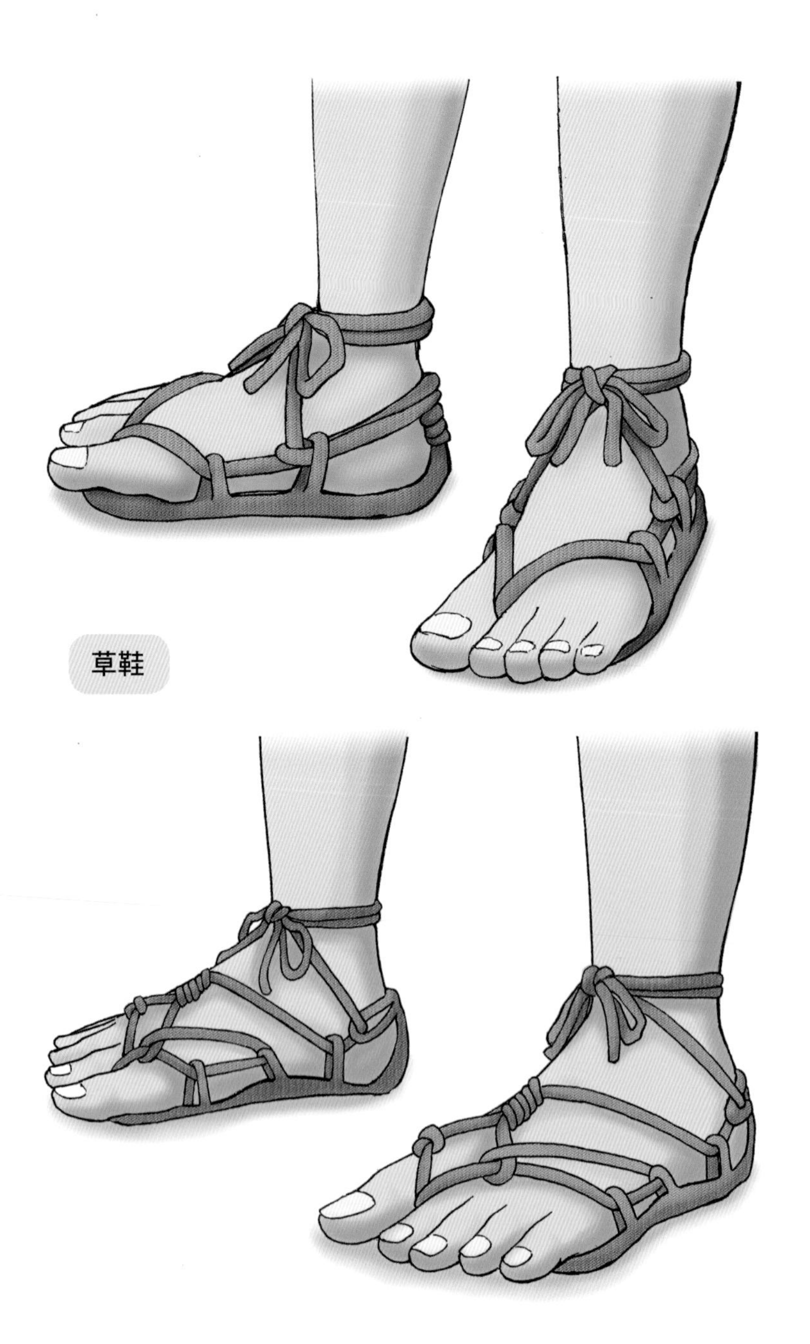
草鞋

【鼻袋】

在胴鎧的左腰上，掛有一種名為鼻袋的袋子。鼻袋的用途相當於現代的口袋，為方便取出物品而掛在左腰上。由於穿上具足後，身體被包得密不通風，是為了便於立刻取出攜帶道具製作的。

陣笠

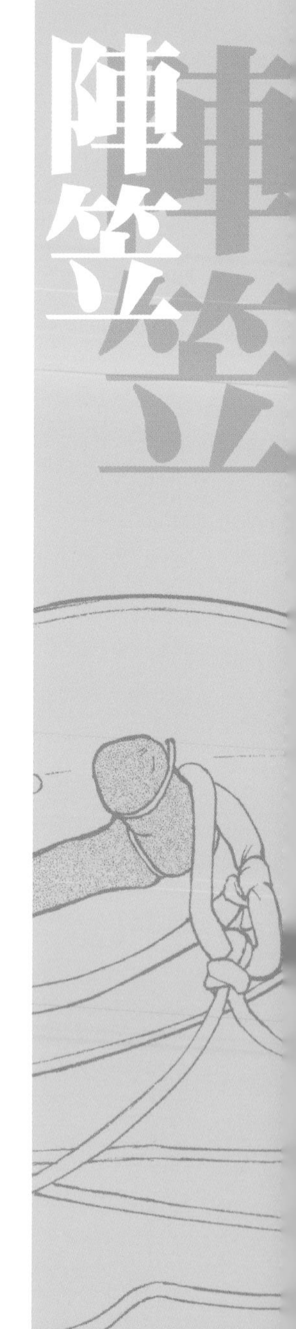

❖保護足輕的頭部

陣笠是足輕用來代替兜戴在頭上的防具。在雜兵專用的御貸具足當中，陣笠與胴鎧、籠手、臑當配成一套一起出借。

關於陣笠的形狀，大多為以鐵板接合成三角錐形。此外亦有皮革製成的陣笠，形狀包括三角形、錐形、饅頭笠形等，相當多樣化。

另外，由於鐵製的陣笠有生鏽的疑慮，因此會塗上一層黑漆來防鏽。

有些陣笠會在正面或是前後二面繪有合印，可用來區別敵我，而合印的圖案大多與胴相同。

此外，有些陣笠上會附有遮陽布，其作法有二種，一種是用絲線將遮陽布縫在陣笠的邊緣，另一種則是直接用金屬線穿過遮陽布，再穿過陣笠的邊緣。

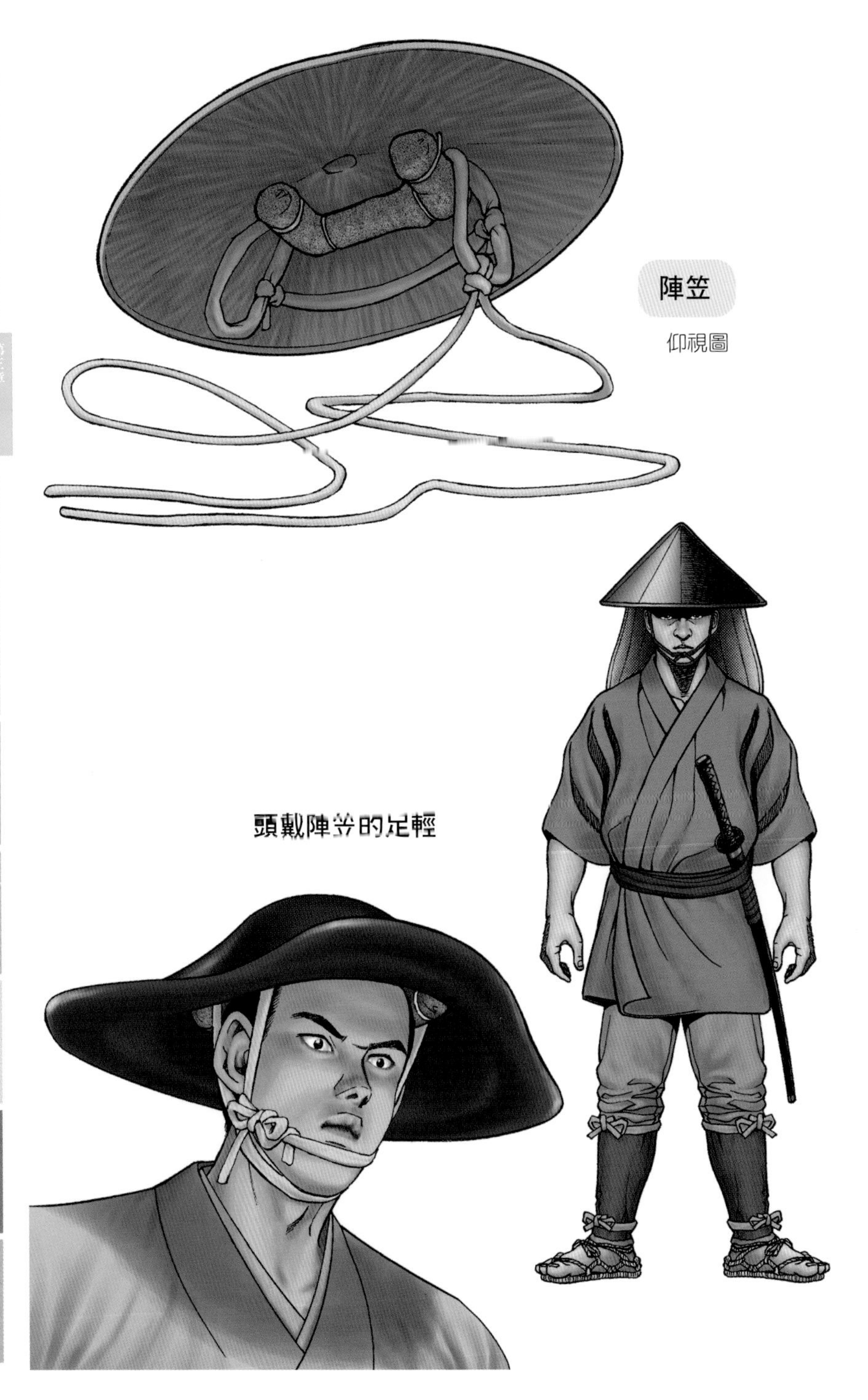
陣笠
仰視圖
頭戴陣笠的足輕

結髮

烏帽子的戴法

❖先戴烏帽子再戴兜

奈良時代以後，基本上男性的髮型是先在頭上紮髮髻，再戴上冠或帽子。

當時，武士是將兜直接戴在髮髻上。古代的兜在頭頂開有一個孔穴，名為天邊，戴上兜後再從開孔拉出烏帽子的尖端。

而鎌倉時代以後，改成將頭髮放下來後再戴上兜的方式，因此天邊就此失去功用，開孔也就逐漸縮小了。

若天邊的開孔太大，反而會有遭到敵人瞄準的危險，因此才慢慢縮小，不久，等到戴兜時不須戴烏帽子時，天邊就被填平了。

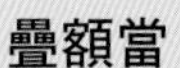

疊額當

可折疊的設計。

額當

又稱作鉢金。縫在鉢卷上使用。

後鉢卷

這種綁法是將鉢卷的結打在後腦杓。原是為了固定烏帽子才綁鉢卷，因此又稱作烏帽子留。

向鉢卷

將結打在正面的綁法。自室町時代以後，不戴烏帽子而直接綁鉢卷的人逐漸增多。綁鉢卷時，頭髮呈現披頭散髮狀態。

第四章

穿著順序

當世具足穿著順序

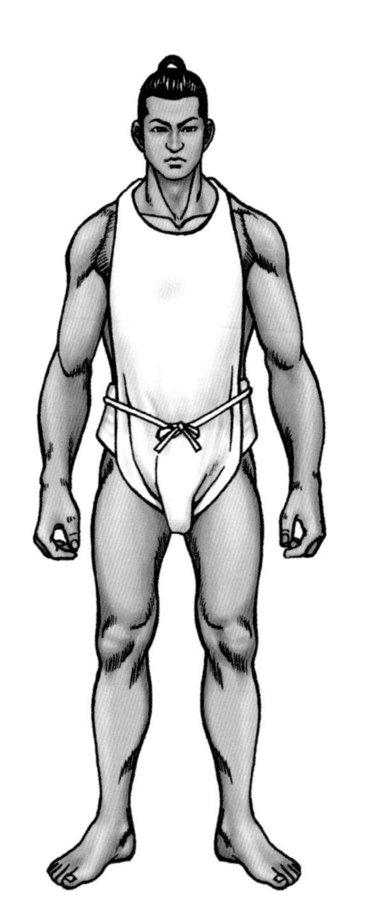

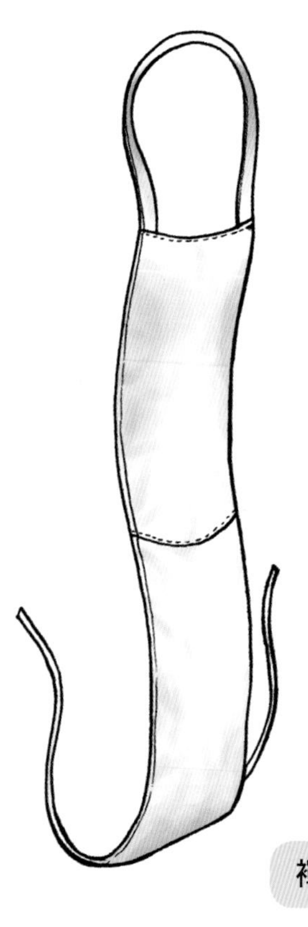

褌

壹

首先，先繫緊「褌」。

褌的其中一邊附有環狀的頸帶，將頸帶套到脖子固定住。

接著將如同圍裙般的布穿過股間向後繞，在肚臍的位置將繫繩打結。為避免褌在緊急時刻突然鬆掉，綁緊繫繩是相當重要的。

褌是以棉花為素材，長度約三尺（九〇～一〇〇公分），可完全覆蓋腹部且吸汗。

貳

接著，再穿上「鎧下著」。將衣襟沿著脖子往前交叉，預留空間。然後用腰帶或繩子綁緊腰部固定。

鎧下著的衣袖為筒袖，外型如同穿和服時穿在裡面的「肌襦袢」[37]，不但能夠保護身體，同時也與襦袢一樣具有吸汗的效果。

而在戰國時代，大多將平常穿的衣服直接當作鎧下著使用。這是考慮到方便活動所得出的結果。

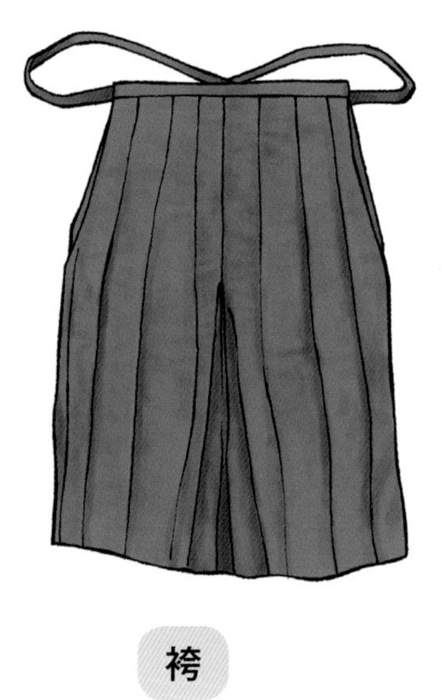

穿上「袴」。

將鎧下著的下擺完全紮進去，再將繫繩往前繞、打結。

一般而言，袴的長度約可蓋住腳背，不過穿在鎧甲裡的則是長度較短的「小袴」或是下擺附有繫繩的「綁繩袴」。

穿上具足時，袴的長度以「到膝蓋上方」為佳，可使用繩子或腳絆來調整袴的長度。

下擺附繫繩的袴，可透過拉緊繫繩來調整下擺長度，如此一來，不只便於活動，綁腿當的時候也會比較輕鬆。

肆

套上「足袋」，將「腳絆」或「脛巾」纏在小腿上，再穿上草鞋。

穿著順序均為先穿左腳，再換右腳。戰國時代的足袋為綁繩式，因此要拉緊繩子將結綁在腳後。

腳絆除了能固定袴的下擺，方便活動之外，亦具有預防腿部瘀血的效果。

最後再穿上草鞋，將繫繩牢牢綁緊固定在腳背上，以免在緊要關頭鬆脫。

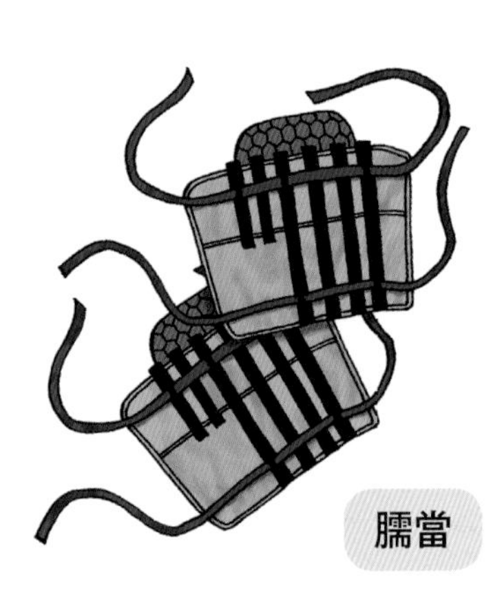

綁上「臑當」。

先用臑當包住左腳小腿，在膝蓋下方綁緊上端繫繩後打結，下端的繫繩則綁緊固定在腳脖子。右小腿也以同樣的方式綁好。

臑當使用的素材為皮革或鐵，也有加上塗漆或貼金箔裝飾的美麗製品。

室町時代以後大多使用「篠臑當」，這是將細長如篠竹的鐵板或皮革板，也就是「篠金物」縫在布料上所製成。

陸 穿上「佩楯」並戴上「韘」。

先將保護大腿到膝蓋部分的佩楯如同半身圍裙般繫在身上，並將繫繩繞腰部一圈後綁緊。由於佩楯容易伴隨激烈的動作而鬆脫，因此也有人用繩子穿過佩楯，繞過肩膀固定在上半身。

接著戴上皮革製如同手套般的韘，先戴右手，再戴左手。戴上後將繫繩綁緊。

由於武士必須操作刀、槍、弓、馬等各項武具，而拉弓時弦會碰觸到大拇指根部，因此他們大多都使用手套型的韘，大拇指根部則會以稍厚的皮革補強。

柒

戴上「籠手」。籠手從左手開始穿戴。

將籠手上端的鞐[38]扣在胴肩頭上所附的繩環，藉此與胴連結。至於可覆蓋到手背的籠手，雙手必須套住大拇指與中指來固定。

籠手的種類繁多，例如以鎖鏈覆蓋的籠手、將細長如篠竹般的鐵板或皮革板縫在布料上製成的「篠籠手」等。至於「指貫籠手」，則是將左右兩臂的籠手接合在一起，不論是穿脫或是攜帶都相當方便。

胴

捌

穿上「胴」。

打開位於胴右側的引合部分，套住身體。胴的左側則裝有蝶番。

闔上胴後，將引合繩綁緊，接著綁緊繰締繩[39]。

為了讓胴與身體緊密貼合，同時減輕對肩膀造成的負擔，會在胴的外側繫上一圈上帶[40]。

玖

戴上籠手後，接著戴上保護肩膀的「袖」。

順序為從左到右。

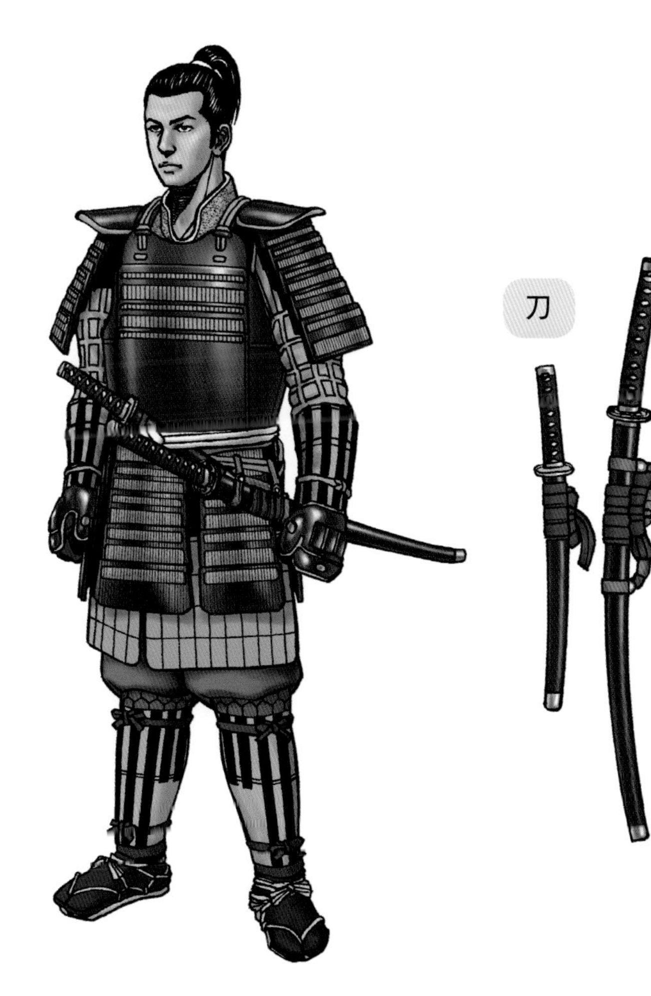

拾 佩帶「刀」。

首先，先將「脇差」、「小刀」或「腰刀」等插在上帶上，接著在上帶佩帶「大刀」。

選擇使用「佩帶」一詞，而不說「插上」大刀的原因，是因為將大刀固定在鎧甲上時，使用的是皮革製的太刀懸等道具之故。

在戰國時代，武士普遍佩帶大小雙刀，因此也開始製造樣式成對的大小刀。

拾壹

戴上「面頰」。

先將面頰緊貼下顎，接著在後腦杓綁緊繫繩固定住。

面頰的種類可分成能完全覆蓋住額頭到下顎的總面、保護眼睛以下包括口鼻部分的目下顎，以及保護下顎以下部分的半頰等，上圖所戴的為半頰。

面頰除了用來保護臉部到喉嚨之外，由於臉的絕大部分被面頰覆蓋住，因此也能避免敵人認出長相及年齡。

拾貳

戴上「兜」。

戴上兜後，將繫繩套在下顎上打結。

裝在兜上的立物除了當作裝飾品之外，同時也能當作個人標誌，以及作為在戰場中分辨敵我的合印。

到了戰國時代，開始出現充滿武將個人風格、設計獨特的兜，稱作變形兜，除了重視機能方面，亦講究外觀的威風及壓迫感。

插上「旗指物」，手持槍等武器。

所謂旗指物，即合戰中所使用的軍旗及裝飾的統稱。目的在於區別敵我、展示我軍勢力，以及指揮士兵進退等。

旗幟乃是軍隊的象徵，一旦遭到敵軍搶奪將是莫大的屈辱，因此往往會派軍中最為勇猛的武士舉旗。而在戰國時代，也出現了各式各樣設計新奇特異的旗指物，彰顯各自的軍威。

第五章

兜

兜

設計上也隨著胴鎧逐漸變化

兜是用來保護頭部的防具，自古以來一直與鎧甲一起使用。主要是由鉢與𩊱所構成，再加上眉庇、吹返等配件而成形。

兜的歷史相當悠久，現已發掘出眉庇付冑及衝角付冑兩種古墳時代的冑，由此可窺知原自中國傳入的兜，在日本國內已開始進化發展出自己的特色。

以前原是用「甲」字來表示「鎧」，而用「冑」字來表示「兜」，因此古墳時代的兜均寫作「冑」。其後兩者字義遭到混淆，亦有出現使用「甲」字來表示兜的情況。

而在武家時代（平安時代後期以後），兜主要可分成星兜、筋兜及當世兜三種類型。

首先，在平安時代誕生了星兜，搭配當時製造的大鎧一起穿在身上。其兜鉢使用數片到數十片的板金，以鉚釘固定組合成半球形。由於兜鉢上用柳釘固定的突起部分被稱為「星」，因而稱作星兜。

到了南北朝時代，不使用星的筋兜成為主流，而在室町時代，兜開始急速發展，進入全盛期。

其後進入戰國時代，知名武將開始製造設計獨樹一格的變形兜，藉由戴上變形兜來彰顯自己的存在。變形兜的種類林林總總，有的會裝上植物或動物圖案的立物，其大小與形狀也會因武將而異。

在本章當中，將依序介紹從古代到戰國時代兜的形狀變遷，同時介紹一部分的變形兜。

兜的各部位名稱

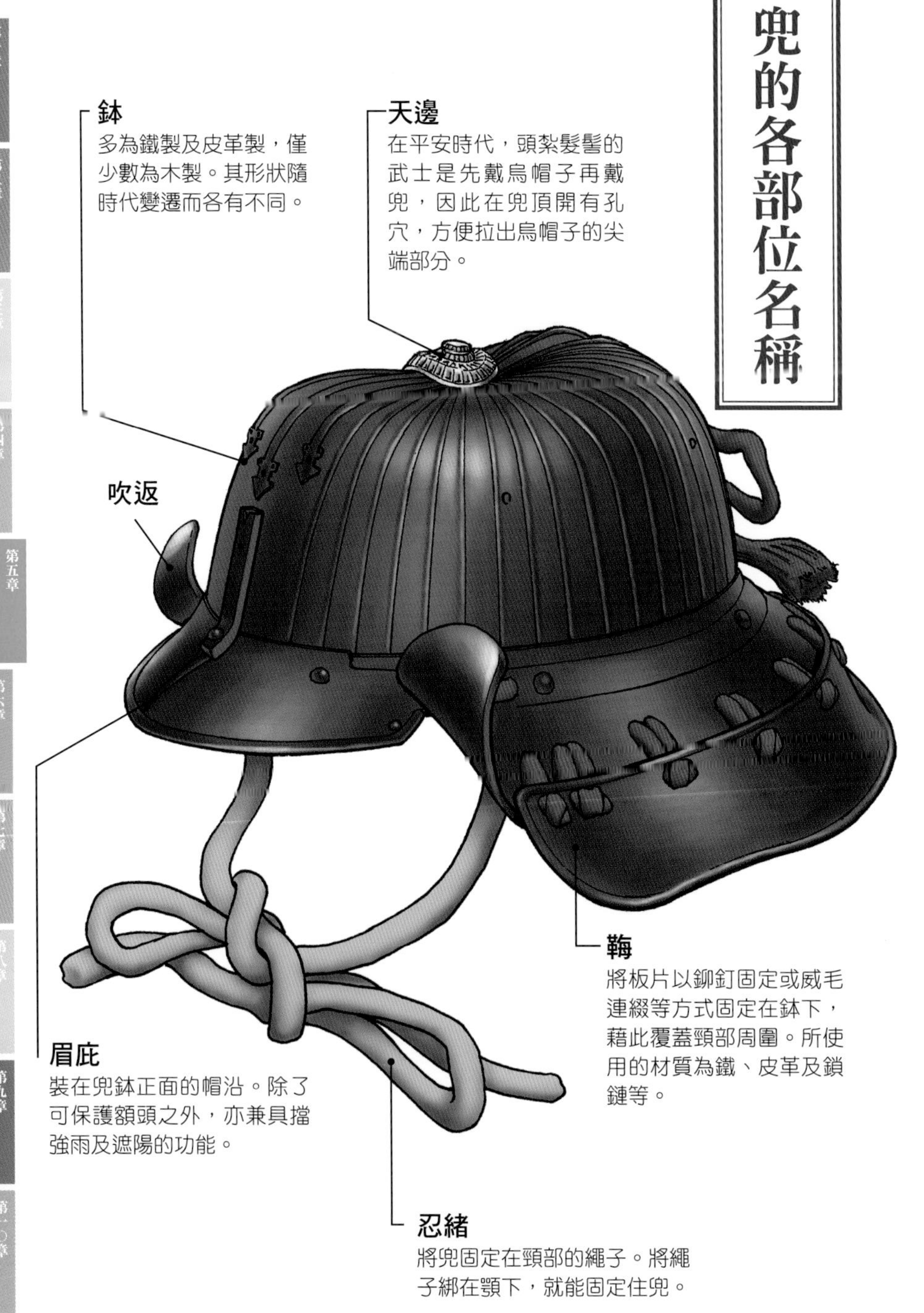
鉢
多為鐵製及皮革製，僅少數為木製。其形狀隨時代變遷而各有不同。
天邊
在平安時代，頭紮髮髻的武士是先戴烏帽子再戴兜，因此在兜頂開有孔穴，方便拉出烏帽子的尖端部分。
吹返
錣
將板片以鉚釘固定或威毛連綴等方式固定在鉢下，藉此覆蓋頭部周圍。所使用的材質為鐵、皮革及鎖鏈等。
眉庇
裝在兜鉢正面的帽沿。除了可保護額頭之外，亦兼具擋強雨及遮陽的功能。
忍緒
將兜固定在頸部的繩子。將繩子綁在顎下，就能固定住兜。

眉庇付冑

古墳時代～

基本上以鐵為材料製成，偶爾會出現青銅鍍金的製品。其形狀據說是從中國傳入的，外觀雖然類似，但二者的製造方式卻大不相同。是由細小板片所組成，不同於中國，更容易作出球體形狀。

眉庇付冑是與古墳時代的挂甲等一同出土，因此被認為可能是豪族等所使用的防具。

衝角付冑

古墳時代～

衝角付冑的實用性比較高，據推測其產量也較多。此外，衝角部分乃是日本特有的形式。而衝角付冑的形狀，也影響了後世的嚴星兜。於群馬縣太田市出土的有名埴輪「挂甲武人」，頭上戴的就是衝角付冑。

嚴星兜

平安時代～

到了平安時代，配合大鎧，開始製造嚴星兜，其特徵是兜鉢的表面上佈滿被稱為星的突起。此外，在兜頂的天邊設計了開孔，可拉出烏帽子的帽尖。

鎌倉時代～

小星兜

時至鎌倉時代，原本在兜鉢上大顆突起的星，形狀變得小而圓，這種兜稱為小星兜。除此之外，兜鉢的矧板數量不但增加，形狀也變得更加纖細，而兜鉢形狀也變得愈來愈渾圓。

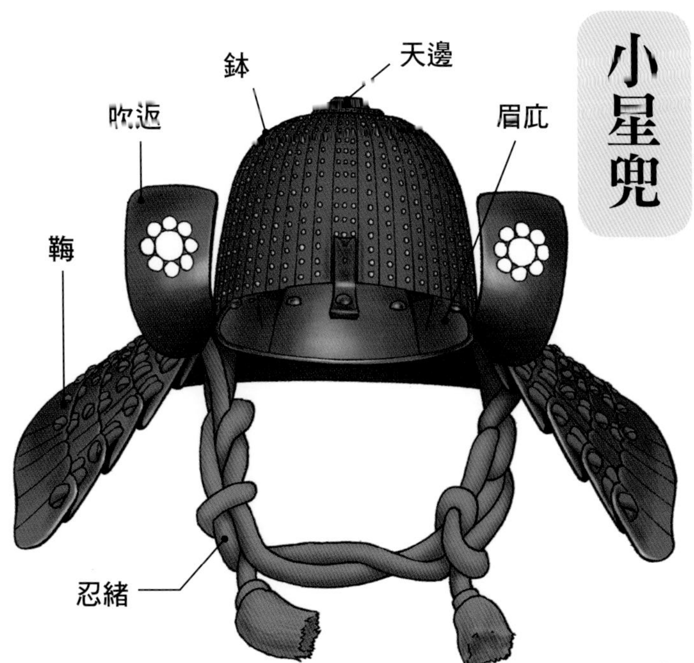

筋兜

南北朝時代～

進入南北朝時代，筋兜登場。隨著大鎧逐漸淘汰，既有的星兜使用率也逐漸下降。筋兜將星兜上的星鋲扁，使兜鉢變得光滑。不久，筋兜的形狀逐漸轉變為阿古蛇形筋兜。

古頭形兜

室町時代～

室町時代以後，開始尋求製作簡單且具實用性的兜，在這背景下製造出來的就是古頭形兜。

如字面所述，古頭形兜是指仿照人的頭型所製造的兜，不但重量輕且防禦性高，由於價格便宜可大量生產，因此在室町時代後期開始急速普及。

越中頭形兜

據傳是由越中守細川忠興所發明的兜。這種兜據說是以古頭形兜為基礎，並意識到鐵砲的存在，加以改良而成。

戰國時代～

桃形兜

戰國時代～

桃形兜是受到南蠻形兜的影響，將左右兩面打磨得相當光滑。由於重量輕且防禦效果高，被用來當作下級武士專用兜。

南蠻形兜

南蠻形兜是在從西洋傳入的兜鉢上，裝上日本國內製造的𩊱、吹返及眉庇所製成。其後連兜鉢也開始在國內製造，稱為「和製南蠻形兜」，與南蠻形兜一起在戰國時代蔚為盛行。

鉢金

到了幕末，隨著新式鐵砲的普及，為了對付新式鐵砲，開始製造適用於實戰且具備高機能性的兜。鉢金不但重量輕又能量產，同時也具備極佳的防禦效果，因此廣為武士使用。

鎖䩬

基本上，䩬以板製或小札製為主，除此之外，亦有以鎖鏈製成的䩬。

附物

在戰國時代，經常能看到以牛馬等獸毛作為兜的裝飾。

此外，亦具有增加魄力，帶給敵人壓迫感的功用。

❖彰顯自身的勇猛

立物是裝在兜上的裝飾品，主要的目的在於宣示勇猛與強調自身的存在。

裝飾在兜前的立物稱為前立；裝飾在側面的稱為脇立；裝飾在後方的稱為後立；而裝飾在兜頂的則稱為頭立。

中世的立物基本上以鍬形前立為主，此乃日本特有的形式，不過鍬形的大小與形狀會隨時代及兜的種類而有不同。

在室町時代，鍬形變得越來越大，相反地到了戰國時代，鍬形不僅小型化，也開始裝飾在眉庇上，甚至裝飾在側面當作脇立。

戰國時代，各個武將開始製作獨具個人風格的兜，稱作變形兜，據說也有不少武將將立物的設計加以變化，甚至製造出嶄新的立物。

立物的形狀基本上以動植物等為主，此外亦有出現動物的角或氣象的設計，或是將家紋當作立物裝飾在兜上。

三鍬形前立

中世時期裝飾兜上的立物當中，最為常見且普遍的就是鍬形。所謂三鍬形，是指在鍬形立物的中央加上劍形的立物，組成山字形的立物。

梶葉形前立

在室町時代，除了鍬形以外，亦開始出現形狀特異的立物。

半月形前立

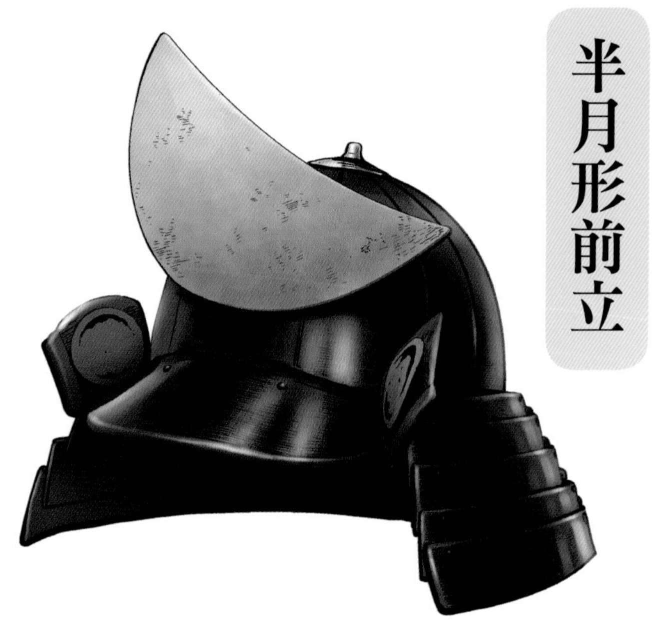

在室町～戰國時代，隨著立物素材等的增加，其形狀、擺放位置及顏色等也形形色色。

常見的立物大多形狀巨大且外觀華麗，但也有兼具實用性的輕量立物，另外還有使用木質、皮革及紙等素材製造的立物，但也因此容易損壞。

瓢簞形脇立

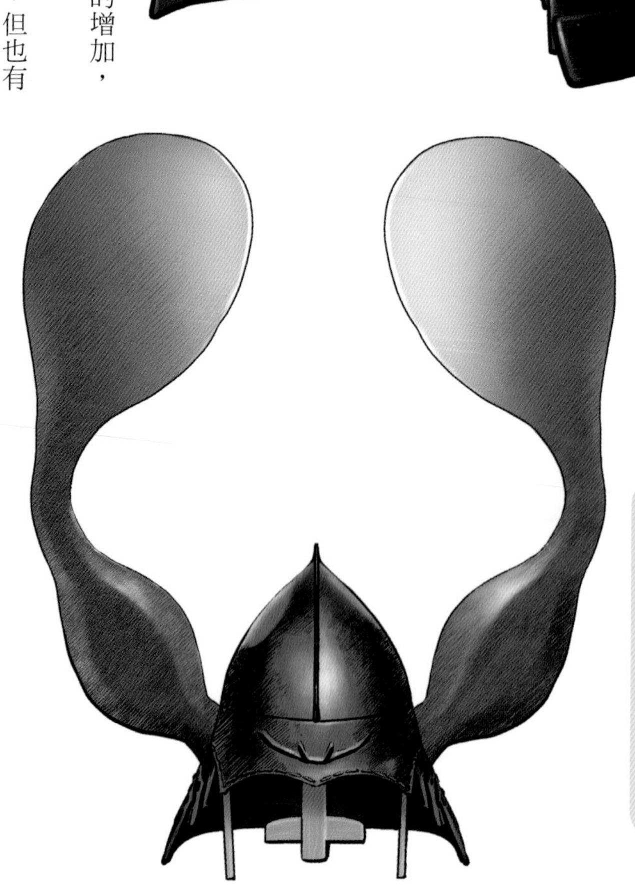

變形兜

❖戰國武將風格獨具的設計

戰國武將之所以戴上形狀獨特的兜，有下列幾項原因。

其一，是為了祈求出征勝利。舉例來說，使用蜻蜓形狀的兜，是因為蜻蜓只會往前飛，象徵絕不向敵軍示弱的氣概；而使用富士山形狀的兜，則是將自己比喻為日本第一高峰。

其次，變形兜盛行的背景亦深受南蠻文化及中國文化的影響。例如桃形兜乃是仿造南蠻將軍所戴的兜，而唐人笠形兜及唐冠形兜則是受到中國的影響。

除此之外，也可以說是戰國時代特有的以下犯上風潮，促使武將戴上外型突出搶眼的兜。

從這些風格獨具的變形兜上，可以感受到戰國武將們想要嶄露頭角、揚名立萬的心情。

一之谷馬藺兜

（大阪城天守閣所藏）

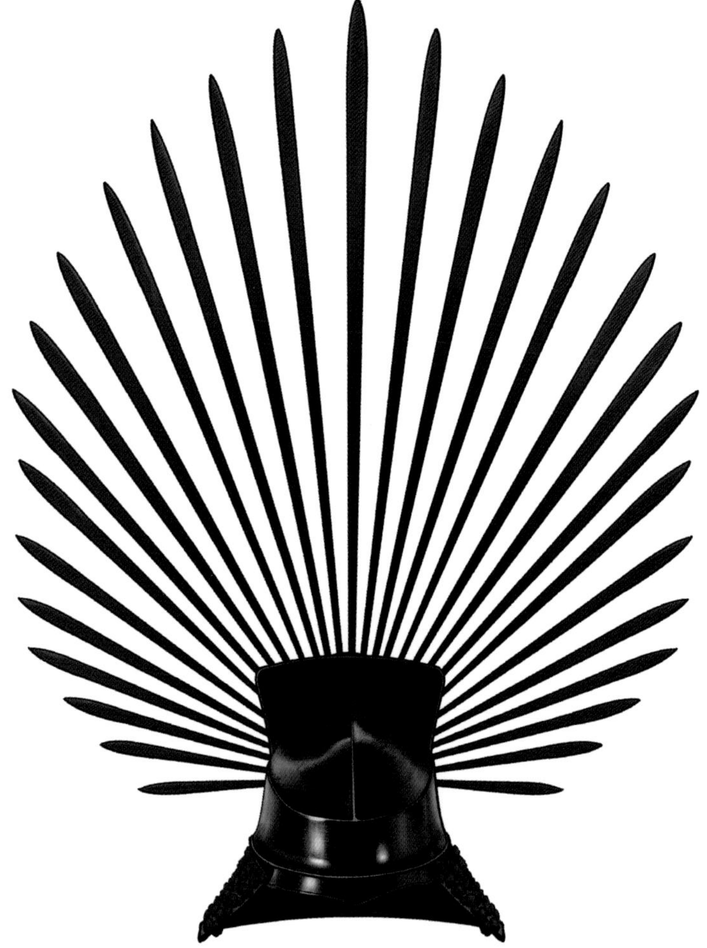

馬藺是鳶尾科植物，日文漢字又寫作「捩菖蒲」。

這是在以鐵製成的一之谷形兜鉢上，插上二十九根排列成如同佛祖背後光圈般的馬藺形後立。這頂兜相當知名，是豐臣秀吉賜給志賀與三右衛門的。

這頂兜呈現出朝陽升起的模樣，象徵著旭日升天。馬藺兜在桃山時代相當盛行。

長烏帽子形張懸兜

（德川美術館所藏）

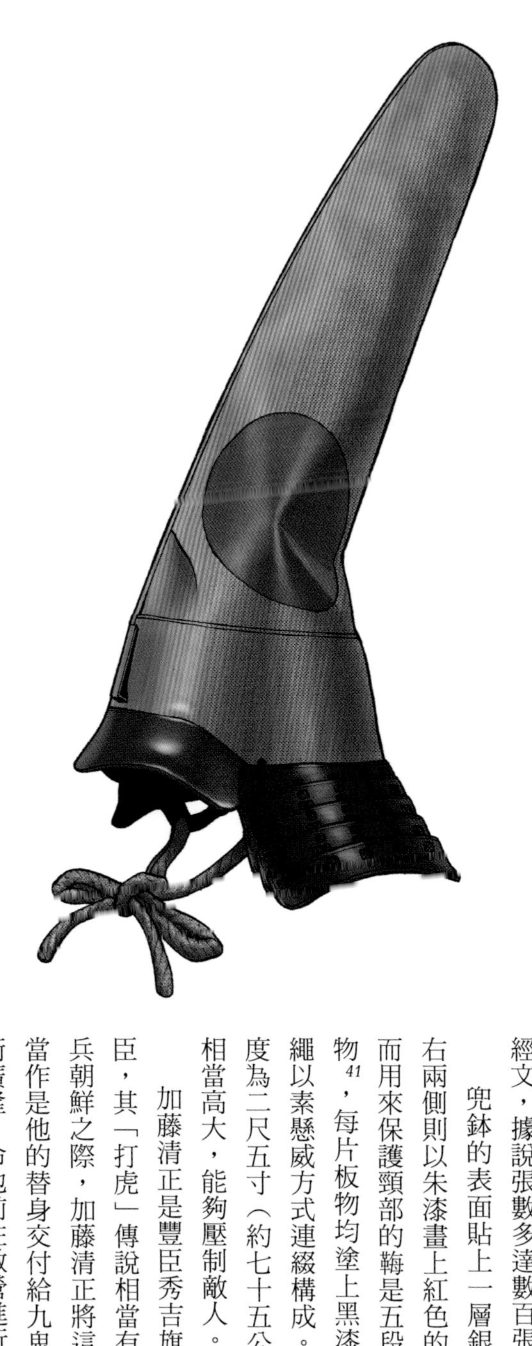

加藤清正所使用的兜。兜鉢設計採用頭頂部分突出的突盔形。

此外，兜鉢上還糊上和紙，根據某一說法，這些和紙乃是加藤清正親筆抄寫的《南無妙法蓮華經》經文，據說張數多達數百張。

兜鉢的表面貼上一層銀箔，左右兩側則以朱漆畫上紅色的太陽。而用來保護頸部的𩊱是五段鐵板板物[41]，每片板物均塗上黑漆，用黑繩以素懸威方式連綴構成。兜的高度為二尺五寸（約七十五公分），相當高大，能夠壓制敵人。

加藤清正是豐臣秀吉旗下的忠臣，其「打虎」傳說相當有名。出兵朝鮮之際，加藤清正將這頂愛兜當作是他的替身交付給九鬼四郎兵衛廣隆，命他前往敵營進行交涉。

朱漆塗合子形兜

（福岡市博物館所藏）

黑田孝高（如水）所使用的兜。兜鉢設計稱為為合子形，即將合子（附蓋的碗）倒放的形狀。鞠是五段鐵切付[42]盛上札[43]，用深藍色繩線連綴構成。合子是盛裝食物的容器，因此蘊含希望石高[44]安泰之意。而兜鉢及鞠統一塗朱漆，呈現沉穩的氣氛。黑田孝高相當於豐臣秀吉的軍師，也是位切支丹大名[45]，洗禮名為「Don Simon」。另外有這麼一段軼事：本能寺之變時，他曾對驚慌失措的豐臣秀吉說「機運已到」。根據《名將言行錄》的記載，秀吉自此開始畏懼黑田孝高，曾說道：「最令人害怕的就是家康與孝高，但相較於家康的溫厚，我更信不過孝高」。

黑漆塗唐冠形兜

（運正寺所藏）

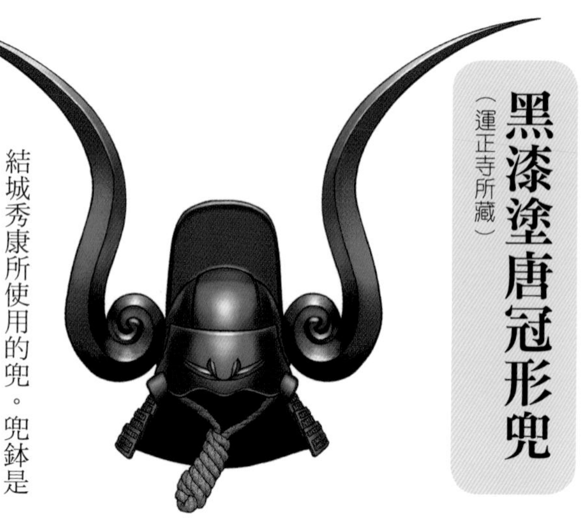

結城秀康所使用的兜。兜鉢是貼上五片鐵板所製成的頭形鉢。頭形鉢即形狀如同人頭般的兜鉢。在兜鉢上，還糊上好幾層和紙仿製出中國官員所戴的唐冠。而位於左右兩側的脇立則象徵飛雲，長度超過一公尺。其優美的曲線以及銳利的尖端，是這頂兜最大的特徵，且整頂兜全塗以黑漆。結城秀康是德川家康的次子，也是名命運多舛的武將，不知為何遭生父家康疏遠，小牧．長久手之戰結束後，表面上作為和平的象徵過繼為豐臣秀吉的養子，實為人質。「秀康」這個名字，是從德川家康及豐臣秀吉的名字中各取一字而來的。結城秀康不僅相當勇猛，亦具備成為將軍的器量，卻一直遭到德川家康冷眼相待。據說他在臨終前，拒絕葬在德川家的菩提寺。

黑漆塗大水牛脇立桃形兜

（福岡市博物館所藏）

黑田長政所使用的兜。兜鉢的形狀為桃形，為鐵製並塗上潤漆，潤漆即紅褐色漆。前立為貼上金箔的大日輪[46]，而別具特色的脇立則參考水牛角，是用木材組合再貼上金箔，靠著如此技法，呈現出美觀且極具魄力的曲線。鞠則使用褐色皮革包覆，並用褐色繩以毛引威方式連綴而成。黑田長政為黑田孝高的長子，與素有智將之稱的父親不同，是名勇猛善戰的武將。據說黑田孝高在臨終前，將這頂兜與長政的將來託付給忠臣栗山大膳之父．栗山備後。

銀箔押一之谷兜

（福岡市博物館所藏）

黑田長政所使用的兜。為頭形鉢，以煉革製成。所謂煉革，是將牛皮浸泡在溶於水的膠液中，再用鐵鎚搥打硬化的皮革。形狀特殊的設計，是以源平合戰的古戰場，一之谷鵯越的斷崖為概念。典故來自源義經從這座險峻的斷崖縱馬而下，擊敗了大意的平氏。䩋為四段鐵板切付，用黑繩以毛引威方式連綴構成。表面貼滿銀箔。

黑漆塗大黑頭巾形兜

（久能山東照宮博物館所藏）

德川家康所使用的兜。兜鉢是以鐵為材料，打造出大黑頭巾[47]的形狀，然後用黑漆塗裝整頂兜。另外，塗上朱漆的內眉庇[48]位於兜

銀箔押張懸兔耳形兜

（國立歷史民俗博物館所藏）

據傳是上杉謙信所使用的兜。兜鉢以鐵為材料，表面貼上銀箔，採用越中頭形，為細川越中守忠興所提案，他自己亦經常使用越中頭形兜。頭頂部分是仿照兔耳的形狀，眉庇上雕有眉毛及前額皺紋，並用貼有銀箔的皮製三日月[50]當作前立。鞠是用白繩以毛引威方式將七片板物連綴構成，每片均塗上朱潤漆[51]。變形兜的主題多樣，嚮往力量時就選用龍、獅子、鬼、熊、牛等作為主題；想討吉兆就選用松、竹、桃、瓜等植物，或是蜻蜓、螳螂等昆蟲與鯱[52]等；為象徵信仰，就會選用木魚、鐘或烏天狗等作為題材；為表示對自然的崇拜，就會選用富士山、雲或是漩渦作為主題。兔子象徵靈敏，因此嚮往動作敏捷時就會戴上這頂兜。

鉢正面的下側。鞠是由三片黑漆鐵板所組成，其內側還有一層下鞠，形成雙重鞠構造。

據說德川家康在關原之戰前夕夢見了大黑天，因而下令奈良的甲冑師岩井與左衛門打造這頂兜、牛皮製的齒朵[49]前立以及伊予札胴丸具足。德川家康身穿這套甲冑出征時，正巧在形勢不利的戰爭中贏得勝利。

大黑天身為七福神之一的形象太過強烈，讓人以為祂是個溫和穩重的神，其實大黑天原本是印度的破壞、戰鬥之神，名叫摩訶迦羅，外貌怒髮衝冠，表情充滿憤怒，因此豐臣秀吉及眾多武將均信奉大黑天為戰神。

金箔押左折烏帽子形兜
（上杉神社所藏）

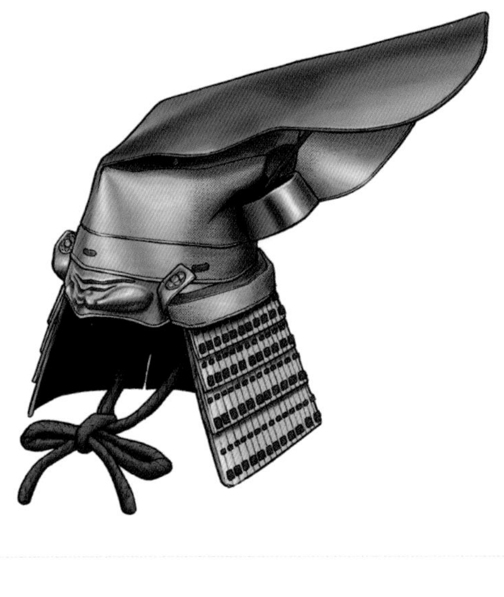

據傳是上杉謙信所使用的兜。兜鉢是以鐵為材料，並以煉革作成烏帽子的形狀戴在兜鉢上。眉

黑漆塗一之谷大釘後立兜
（東京國立博物館所藏）

據傳為德川家康所使用的兜。兜鉢是以五張薄鐵板所製成的古頭形，鉢頂則使用皮革呈現出陡峭險峻的一之谷，最後再插上一根長達一公尺的木製大釘當作後立。鞠為五段鐵板物，用朱繩以毛引威方式連綴構成。

裝飾立物的目的在於誇示武將自身的存在感，因此形狀大多相當奇特。例如想擁有咒術般的神秘力量，就會使用鏡子。其他尚有仿照永樂通寶形狀的錢幣狀、將棋中帶有奮勇前進之意的香車、以大耳朵當作脇立、捲軸與筆、笙與琴撥等樂器、風車形的前立等。佐竹氏基於「吃葉（刀）子」[53]的雙關語，以毛毛蟲當作立物。而大釘擁有鑽孔的力量，故象徵著將力量毫無遺憾、完全發揮之意。

庇上雕有眉毛及額頭皺紋。鞆的第一層使用笠鞆，內側裝有鐵製伊予札所構成的下散（分成數片形狀的鞆）。鉢卷的部分也是使用煉革所製，整頂兜貼滿金箔，形成一頂充滿莊嚴光輝的兜。

以前武將原本會戴烏帽子上戰場，因為烏帽子對武家而言屬於正式服裝。而在戴兜時，烏帽子也具有緩和衝擊的功用。在〈蒙古襲來繪詞〉的捲軸畫中，亦繪有頭戴烏帽子的武士姿態。不過隨著兜逐漸演變，戴兜時開始鬆開髮髻，呈現披頭散髮狀態，烏帽子也因此衰微。就歷史來看，使用烏帽子造形的兜一點也不會顯得突兀。

銀箔押鯰尾形兜

（富杉市鄉土博物館所藏）

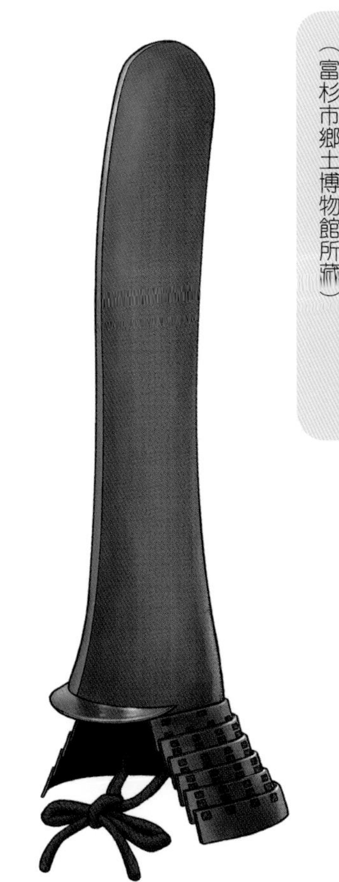

被認定為前田利長所使用的兜。這頂兜的形狀仿照鯰魚尾巴，表面覆蓋一層銀箔，特別是其長度遠遠凌駕於其他的兜。鞆是由五段鐵板物所構成，眉庇可拆卸。

這頂兜長達一五〇公分左右，幾乎與當時男性的平均身高（約一五六～一五七公分）差不多。據說鯰魚會引發地震，因此這樣的兜形象徵了大地信仰。

前田利長是前田利家的長子，侍奉豐臣家。當豐臣秀吉與前田利家死去後，前田家與德川家的對立也浮出水面。雖然前田家內部也分成交戰派與迴避派二派，不過前田利長答應交出生母阿松當作人質等條件，順利避開與德川家交戰，奠定了加賀一二〇萬石的基礎。

烏帽子形桐紋兜
（東京國立博物館所藏）

被認定為豐臣秀吉所使用的兜。兜鉢是以鐵為材料仿照烏帽子形狀製成，左右兩側飾有大型桐紋。

桐紋乃是朝廷賜給豐臣秀吉的徽紋，著名的太閤紋就是豐臣秀吉的家紋。另外，除了兜鉢左右兩側之外，在鎬及眉庇上亦羅列著小小的桐紋。

黑漆塗南蠻鉢齒朶前立兜
（福岡市博物館所藏）

黑田長政所使用的兜。兜鉢是以鐵為材料並塗上黑漆，屬於受到西洋的中世紀高頂盔及英式高頂盔等影響的南蠻鉢。鞠已脫落了好幾片，現在只剩二片。前立為蕨葉形，以銅製成並鍍金。這頂兜原是德川家康所有，根據貝原益軒所著的《朝野雜載》中記載，家康曾於一五八四年的長久手之戰中，戴上這頂兜出征。靠孢子大量繁殖的蕨類（齒朶）象徵子孫繁榮，為家康相當喜愛的一款前立。

根據記載黑田家傳家之寶來歷的《黑田家重寶故實》，當關原之戰爆發，德川家康得知石田三成舉兵出征後，立刻召開軍議，據說他除了賜給黑田長政這頂兜，還送上梵字采配[54]及一匹附馬鞍的駿馬。

黑漆塗桃形大水牛脇立兜

（福岡市博物館所藏）

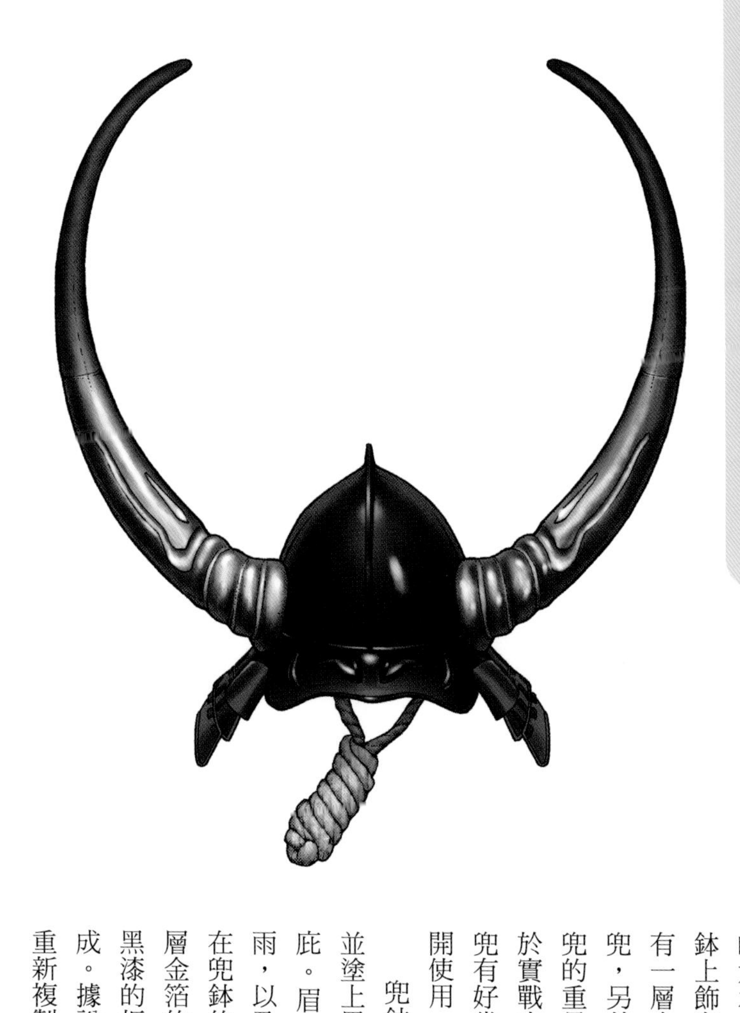

據傳為黑田長政所使用的兜。事實上，據說現傳黑田長政所使用的大水牛兜有兩頂，其中一頂是兜鉢上飾有巨大日輪形前立，上面貼有一層金箔，脇立為巨大水牛角的兜，另外一頂就是上圖的兜。這頂兜的重量比前述那頂更輕，更適用於實戰中。由此可知，大水牛脇立兜有好幾頂備品，根據不同目的分開使用。

兜鉢形狀為桃形，以鐵為材料並塗上黑漆，並裝著帶有古風的眉庇。眉庇具有防止日光直射、防雨，以及保護額頭的功用，一般裝在兜鉢的下方。而脇立則是貼有一層金箔的大水牛角。鞠為三片塗上黑漆的板物，以素懸威方式連綴構成。據說，黑田家的歷代藩主都會重新複製這頂大水牛兜來使用。

黑漆塗唐冠形兜
（伊賀上野城所藏）

據傳為豐臣秀吉賜給藤堂高虎的兜。

後來，藤堂高虎將這頂兜賜給同族的藤堂良重，他曾戴這頂兜參加大坂夏之陣，但卻在慶長二〇年（一六一五）與豐臣陣營的木村重成軍交戰時不幸戰死。藤堂高虎讚賞為「光榮戰死」，並讓其弟久藏良次繼承其五千石的知行[55]。此後，藤堂良重一家代代以藤堂家重臣的身份待在伊賀上野城，直到明治維新，而這頂兜則成為藤堂家傳家之寶，現為伊賀上野城所藏。

帆立貝前立付兜
（因島水軍城所藏）

在筋兜鉢上，裝有四段板札所構成的鞠。眉庇上方飾有仿造帆立貝形狀的大型前立，是用木材製成並塗上金箔。這頂兜為自南北朝時代以來，掌控瀨戶內海的村上水軍所有。

專欄 13

武器防具

黑田長政與福島正則的友情證物——銀箔押一之谷兜

所謂變形兜，是指武將為了在戰場上展現自我，在兜鉢上裝飾各種飾品所製成的兜。其設計大多特異新穎，有些兜是直接在兜鉢的鐵板上敲打出形狀，不過一般大多採用名為「張貫」的張子[56]裝飾在兜鉢上。張貫的種類有皮革製，亦有先糊上層層和紙做出形狀，最後再塗上黑漆製成的。此外，為了讓張貫看起來更顯眼美觀，也會以貼金銀箔或是塗金泥、銀泥[57]的方式來上色。

變形兜的主題相當多樣化，除了動植物及器具之外，也會以自然現象或地形等為主題。提到戰國武將的變形兜，最有名的包括加藤清正的長烏帽子形兜、前田利家的鯰尾形兜，以及黑田孝高那頂仿造漆碗的合子形兜等。

而黑田長政是黑田孝高的兒子，他在關原之戰所戴的「銀箔押一之谷兜」也是屬於變形兜的一種。據說這頂兜的典故源自源平合戰的「一之谷之戰」，貼上一層銀箔的張貫所表現的正是源義經毅然從「鵯越斷崖縱馬而下」的情景。

提到黑田長政的兜就想到「大水牛兜」，其特徵為仿造水牛角形狀的巨大脇立。黑田長政在文祿・慶長之役中亦戴著這頂大水牛兜大顯身手，因此大水牛兜可說是他的註冊商標。可是，他為何在決定天下的戰爭上戴上一之谷兜，而非大水牛兜呢？

其實，銀箔押一之谷兜原是福島正則愛用的兜。有一說法指出，這頂兜原是竹中半兵衛的所有物，在分配竹中半兵衛的遺物時，將這頂兜轉讓給福島正則。

在文祿・慶長之役時，黑田長政與福島正則因某事鬧翻，不過在回國後，兩人交換彼此的愛兜。在關原之戰，黑田長政戴上一之谷兜，福島正則則戴上大水牛兜出征，兩人均立下戰功，特別是黑田長政為東軍的勝利貢獻良多，讓德川家康喜出望外。

現在，銀箔押一之谷兜與繪有黑田長政戴上一之谷兜出征模樣的畫，由福岡市博物館所藏。

專欄⑭ 武器防具

劈開兜的刀

「折不斷、不彎曲、又鋒利。」

能夠充分實現上述三項矛盾要素的，就是刀（日本刀）。刀乃是使用名為砂鐵的高純度鐵礦，以獨特的製法鍛造而成。而讓全世界認識到日本刀威力的，正是倭寇。倭寇是指十三～十六世紀在朝鮮半島及中國沿岸到處擾亂的海賊。「倭」是對日本的蔑稱，原是指日本海賊，但實際上也有不包括日本人成員的倭寇集團。這些倭寇所使用的武器就是刀。明軍以木製槍柄的槍為武器與倭寇對抗，然而槍柄卻被倭寇們所斬斷，在各地都吞下敗仗。後來，苦思對策的明朝遂從日本引進刀，藉此與倭寇抗衡。其後，明朝也開始打造日本刀，稱之為倭刀。

戰國時代，主要以鐵砲及弓為主力武器，打近戰時大多使用槍。而刀在身體快要相互碰觸到的極近距離能夠發揮威力，瞄準鎧甲或兜的空隙奮戰。因此，刀是保護自己性命的最後武器。電視劇當中常看到身穿鎧甲的武士們彼此拿刀互斬的畫面，但實際上這種場面並不常見。

不過，日本刀的鋒利在全世界可是無與倫比的，甚至有刀銳利到能夠劈開甲冑名匠明珍[58]所打造的兜。

這把刀名叫「同田貫」，是由一群以九州肥後的同田貫（地名）為根據地的刀匠集團所鍛造的刀。在虛構世界當中，其名稱亦寫作「胴田貫」或「胴太貫」。直心影流流派的榊原鍵吉原是幕臣，亦有最後的劍客之稱，據說一八八七年（明治二〇年），在他五十七歲時，曾當著明治天皇的尊前，用這把同田貫劈開明珍所鑄的兜，留下長十一．五公分（三寸五分）的裂痕。

附帶一提，一般認為要用雙手持刀，不過戰國時代的戰場上卻是單手持刀。宮本武藏所著的《五輪書》中如此記載：「刀乃是單手持拿的道具，不論是在馬上、奔跑時、沼澤及險惡的道路，甚至在人群當中，都不該用雙手持刀。」

第六章

陣羽織

陣羽織

❖關於陣羽織

陣羽織作為穿在鎧甲上的雨具出現在歷史上。起初著重實用性，在和紙上塗上柿澀液及油來提高防水性，稱作紙衣。

不過到了戰國時代，陣羽織開始用來展現時尚性、自我個性及思想等，變成與個人用的當世具足搭配、表現威風的配件。此外陣羽織亦可作為壽衣，用來裝飾誇耀自己的死。也因此，陣羽織的設計往往有華麗且絢爛奪目的傾向。

陣羽織的材質有：羊毛織成的羅紗、天鵝絨（表層為羽毛所織成，充滿光澤、高雅且柔軟的織物）、熟絹（絹織物的一種）、更紗（印花棉布）、痲等。裝飾方面，常使用孔雀、雞、長尾雉的羽毛等。

陣羽織最具特色的一點，就是經常使用經南蠻貿易所獲得的外國製品。而在技術上，常使用切嵌與切付（嵌花）的技巧，切嵌即將布料剪裁後再拼縫在其他布料上的技法。此外，在陣營內脫掉胴鎧作輕裝（小具足）裝束時，也會穿上陣羽織。

穿上陣羽織的武士

正面示意圖

背面示意圖

桐紋陣羽織

（毛利博物館所藏）

毛利輝元所穿的陣羽織。據傳，這件陣羽織是豐臣秀吉賜給毛利輝元的。毛利輝元是毛利元就的孫子，一開始與織田信長及豐臣秀吉敵對。豐臣秀吉原本正在攻打毛利氏的備中高松城，而本能寺之變的爆發，促成了雙方迅速和解，其後毛利輝元便跟隨豐臣秀吉，立下不少汗馬功勞。關原之戰時，毛利輝元甚至被推舉為西軍總大將。

這件陣羽織的上半部為黃色天鵝絨底飾有牡丹唐草花紋，並將黑色天鵝絨剪裁成大型桐紋，以切付（嵌花）技法繡在背部正中央。天鵝絨是與鐵砲一起隨著葡萄牙船漂到種子島上，傳入日本。下半部則是以一種名為赤緞子的絹織物為底，繡有不同於上半部設計的牡丹唐草花紋。肩口部分則是使用縮緬[59]。

鳥獸文樣陣羽織

（高台寺所藏）

豐臣秀吉所使用的陣羽織。這件陣羽織後來傳給高台寺，即豐臣秀吉的正室北政所（寧寧）為了替豐臣秀吉祈求冥福而建立的寺廟。這件陣羽織的布料是使用綴織技法所織成，為波斯卡尚地方所織的絨毯，透過南蠻貿易自葡萄牙商船輸入日本國內，經剪裁後縫製成陣羽織。上面織滿了充滿異國風情的孔雀、鹿及獅子等鳥獸圖案。

上面描繪的猛獸襲擊獵物模樣為波斯的傳統文化。圖案多為左右對稱，而金色的部分，則是使用貨真價實的金線織成，是日本織物中未曾使用過的。二〇〇九年，這套陣羽織原有的絨毯圖案順利復原，現可在高台寺欣賞到。

木瓜桐紋緋羅紗陣羽織
（大阪城天守閣所藏）

豐臣秀吉所穿的陣羽織。據傳，這套陣羽織乃是織田信長賜給豐臣秀吉的。以緋羅紗（深紅色的羅紗）為底，背部繡有以白羅紗剪裁成的織田家家紋之一「織田木瓜」，而在下擺部分則繡有以白羅紗的桐紋。

略帶黑色調的深紅色，與看似金色的白羅紗形成美麗的對比，而木瓜紋與桐葉之間亦保持絕妙的平衡感。

包括這套陣羽織在內，大多陣羽織都沒有袖子，並於背部開叉。之所以沒有袖子，是為了在突然遭遇敵軍來襲時方便活動，至於背部開叉，則是為了避免將刀插在腰間時造成妨礙。在安土桃山時代，不僅重視陣羽織的時尚性，同時也繼承了作為武具的機能性。

太閤桐紋陣羽織

（伊澤家所藏）

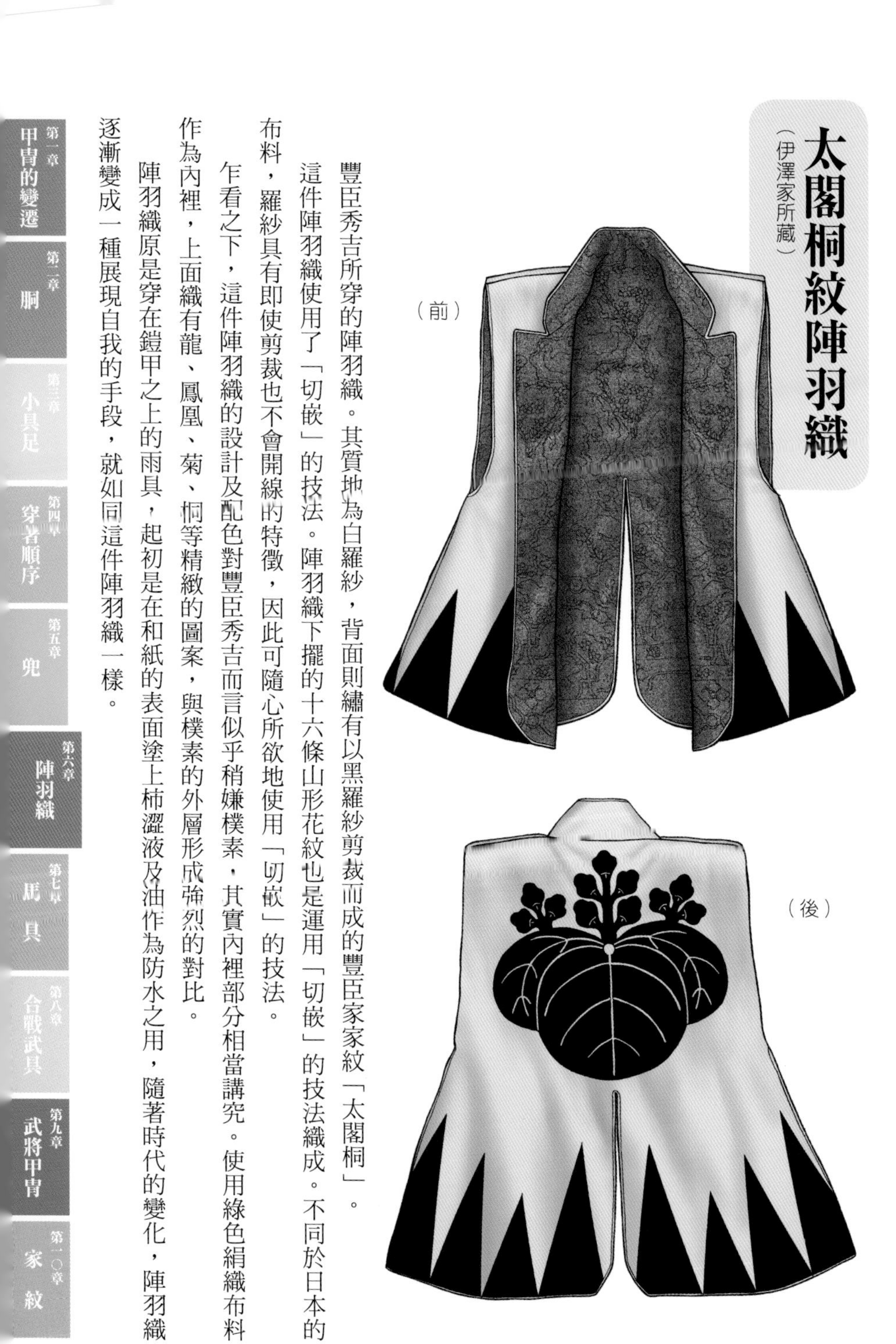

豐臣秀吉所穿的陣羽織。其質地為白羅紗，背面則繡有以黑羅紗剪裁而成的豐臣家家紋「太閤桐」。

這件陣羽織使用了「切嵌」的技法。陣羽織下擺的十六條山形花紋也是運用「切嵌」的技法織成。不同於日本的布料，羅紗具有即使剪裁也不會開線的特徵，因此可隨心所欲地使用「切嵌」的技法。

乍看之下，這件陣羽織的設計及配色對豐臣秀吉而言似乎稍嫌樸素，其實內裡部分相當講究。使用綠色絹織布料作為內裡，上面織有龍、鳳凰、菊、桐等精緻的圖案，與樸素的外層形成強烈的對比。

陣羽織原是穿在鎧甲之上的雨具，起初是在和紙的表面塗上柿澀液及油作為防水之用，隨著時代的變化，陣羽織逐漸變成一種展現自我的手段，就如同這件陣羽織一樣。

蜻蛉燕文様陣羽織
（大阪城天守閣所藏）

（前）

（後）

據傳為豐臣秀吉所穿的陣羽織。在金箔上，正面從上而下依序繪有蜻蜓及燕子，背部則繪有一輪大太陽，下方有五隻敏捷飛翔的燕子，其姿態相當生動。

陣羽織的袖口周圍以白色羽毛做裝飾。豐臣秀吉是出了名的喜愛黃金，京都妙法院所藏的「金小札色色威二枚胴具足」以及「桐紋蒔繪軍配」也都是豐臣秀吉所使用過的，這二件也全都貼上一層金箔，由此可知豐臣秀吉意識到整體服飾的統一性。

豐臣秀吉的室內裝潢清一色都是金色，其日常用品也全都是金色，他還打造了一間「金色茶室」。日後，他與講究「和敬清寂」的千利休會反目成仇自是理所當然。不知當時眾武將看到一身黃金的豐臣秀吉，究竟是作何感想呢。

紫羅背板五色水玉文樣陣羽織

（仙台市博物館所藏）

據傳為仙台藩主伊達政宗所穿的陣羽織，但也有意見指出，這件陣羽織是比伊達政宗的時代還晚的產物。

其素材為羅背板，是毛織物的一種，厚度比羅紗薄且觸感也有些粗糙。質地結實，擁有極佳的保溫性，適合在寒冷的東北地方穿用。羅紗及羅背板原是葡萄牙語音譯而來，分別唸作RAXA及RAXETA。這件陣羽織是受到南蠻文化的影響，採用新素材與新技術製成。

以紫色為基底，上面配置著紅、藍、綠、黃、白的五色圓點，大小各不相同，整體相當平衡。這些圓點圖案是使用名為「切嵌」的高級技法，先將底布挖出圓形的洞後，再嵌上裁成圓形的不同布料，最後用絲線將圓點周圍滾邊。至於背部，則是用金線繡上伊達家家紋「竹中二羽雀」。

違鎌文様陣羽織

（東京國立博物館藏）

據傳，這是戰國武將小早川秀秋在關原之戰時所穿的陣羽織。眾所皆知，小早川秀秋在這場戰役中背叛西軍，向德川陣營倒戈，成為德川陣營的最大勝因。

素材方面，這件陣羽織使用了經南蠻貿易進口的深紅羅紗，色彩非常鮮艷，被稱作猩猩緋。猩猩乃是中國傳說中的動物，據說其血液為深紅色，因而得其名。背部飾有以白色及黑色的羅紗剪裁成二大把交叉的鎌刀圖案「違鎌」。

這個圖案乃是小早川家的旗印。鎌刀刀柄部分使用切付（嵌花）的技法，而在陣羽織背部的內裡繡有框著圓框的「永」字。這件陣羽織可說是象徵著莊嚴華麗的桃山時代。

揚羽蝶紋鳥毛陣羽織

（東京國立博物館藏）

傳說這是織田信長所穿的陣羽織。其最大的特徵，在於將不同素材所製成的上半部與下半部連綴成一套陣羽織。上半部插滿了黑色羽毛，背部中央部分則用白色羽毛描繪出一隻展開雙翅的大型揚羽蝶。

這隻揚羽蝶也是織田家家紋的一種。揚羽蝶紋原是平氏家紋，當時流傳一種「源平交代思想」，有不少人深信源氏與平氏間政權交替的規則。因此一般認為，這個家紋蘊含織田信長的意圖，也就是在繼承源氏源流的足利氏之後，下一個奪取政權的就是自己之意，所以才會使用這個家紋。而下半部則毫不吝惜地使用金線（金箔製的線）與色線。而織田信長所穿的以綠色羽毛為底，織上白色羽毛的揚羽蝶紋陣羽織，現為本能寺所藏。

作祟令德川家生懼的妖刀——村正

這把受到德川家所懼怕的刀「村正」，在後世成為「妖刀」的代名詞。村正乃是自室町時代到江戶時代初期，住在伊勢桑名傳承到第三代（或是第七代）的刀鍛冶一門之名，村正一門所打造的刀都稱作「村正」。據傳，初代村正是在其雙親向千手觀音虔誠祈求下所誕生的，因此又名「千子」，亦稱作千子村正。

刀鋒銳利與散發出驚人的氣勢，是初代村正別具特色的作風，但其詳細經歷卻不詳。村正一門打造諸多作品，表裡一致、起伏激烈的獨特刃紋，以及考慮到利於實戰的機能美，是村正的特徵，除了刀以外，亦打造小刀及槍等。

為何村正會被稱為妖刀呢？這是因為，德川家接二連三發生的凶事都與村正脫不了關係的緣故。根據《三河後風土記》記載，德川家康的祖父松平清康在與織田信長對戰時，遭其侍從阿部彌七郎以村正斬殺。此外，德川家康之父松平廣忠遭家臣岩松八彌暗殺時，所用的凶器也是村正。而最具決定性的，就是德川家康的嫡長子松平信康因謀反之嫌被判死罪之際，用來介錯的刀也是村正。《德川實紀》中記載，德川家康在得知這項消息後，便說道：「此後若是佩刀中出現村正的話，一律丟棄。」也就是說，由於村正是不祥之刀，因此德川家康才會下令將所有村正刀全都丟棄。由於諸說紛紜，甚至還出現關原之戰時，德川家康遭其部下所掉落的村正槍刺傷，以及德川家康在孩提時代，曾被村正短刀割傷手等傳聞。

在德川家康的一聲令下，眾人雖盡量避免佩帶村正，不過在村正的持有者當中有些人認為就此放手太可惜，因此削掉村正的刀銘變成無銘刀，或是動手腳將刀銘改成「正廣」、「廣正」、「村忠」等假刀銘，來繼續保有村正刀。

嚴禁持有村正的消息也在民眾之間傳開，「村正的妖力所言不虛」的傳言已眾所皆知，村正的知名度也因而水漲船高。

第七章

馬具

馬具

❖自古用於征戰

所謂馬具，是為了讓人更有效地利用馬匹所裝備的各式道具。

從古墳時代的遺跡中，挖掘出受到中國文化影響的馬甲等遺物，由此可知，當時的馬具及馬甲應是從中國與朝鮮傳入的。

不過在那之後，隨著日本特有的騎馬戰術日趨發達，馬具也開始配合戰術著重機能性，形成日本特有的馬具文化。

據說，馬甲在戰國時代也相當盛行，並出現以皮革或鎖鏈編製而成的鎧甲，能夠覆蓋馬的全身，不僅外觀賞心悅目，同時也能帶給敵軍壓迫感。但由於馬甲的重量重，會導致機動性降低，因此比起用於戰鬥，更適合用來當作裝飾。

馬具各部位名稱

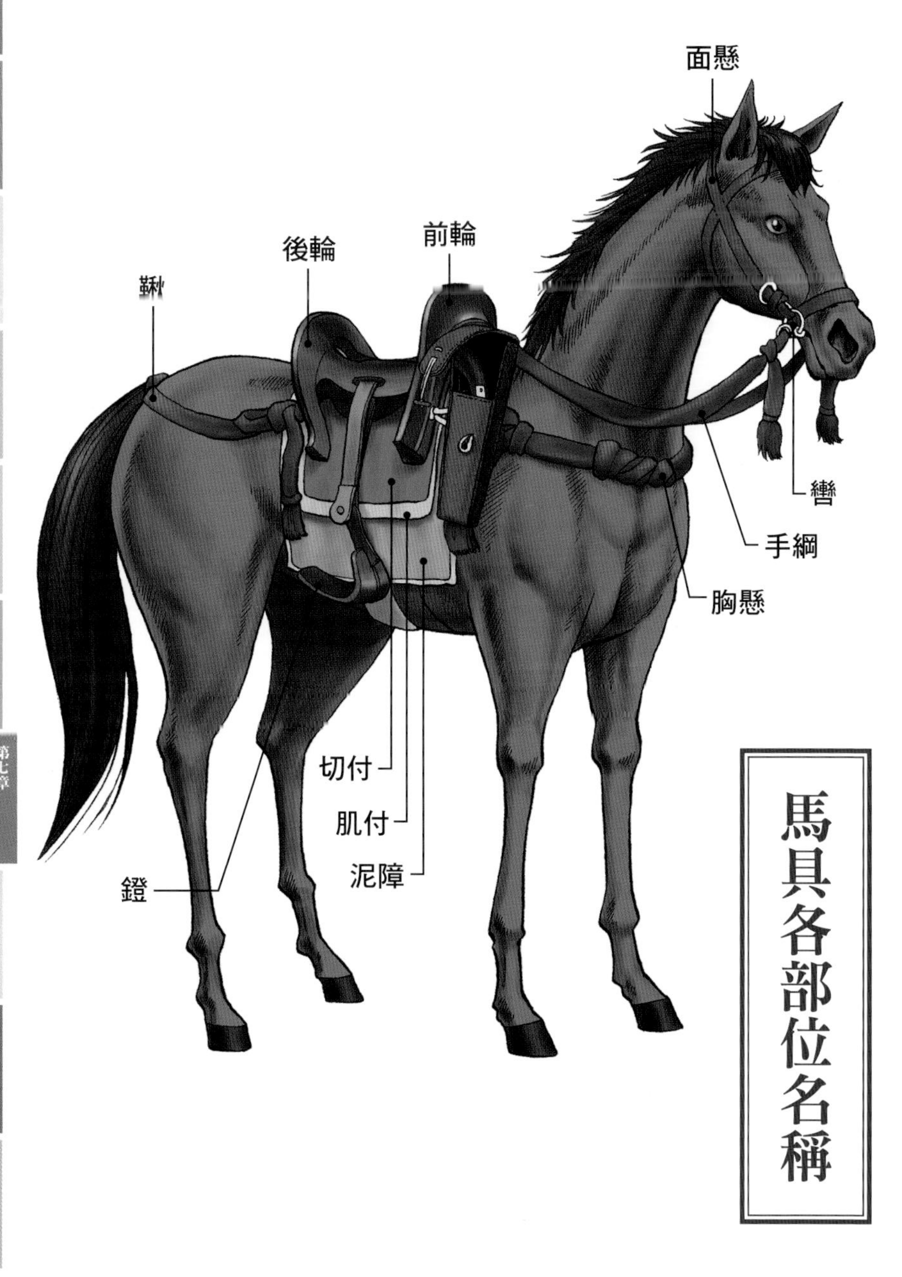

鞍

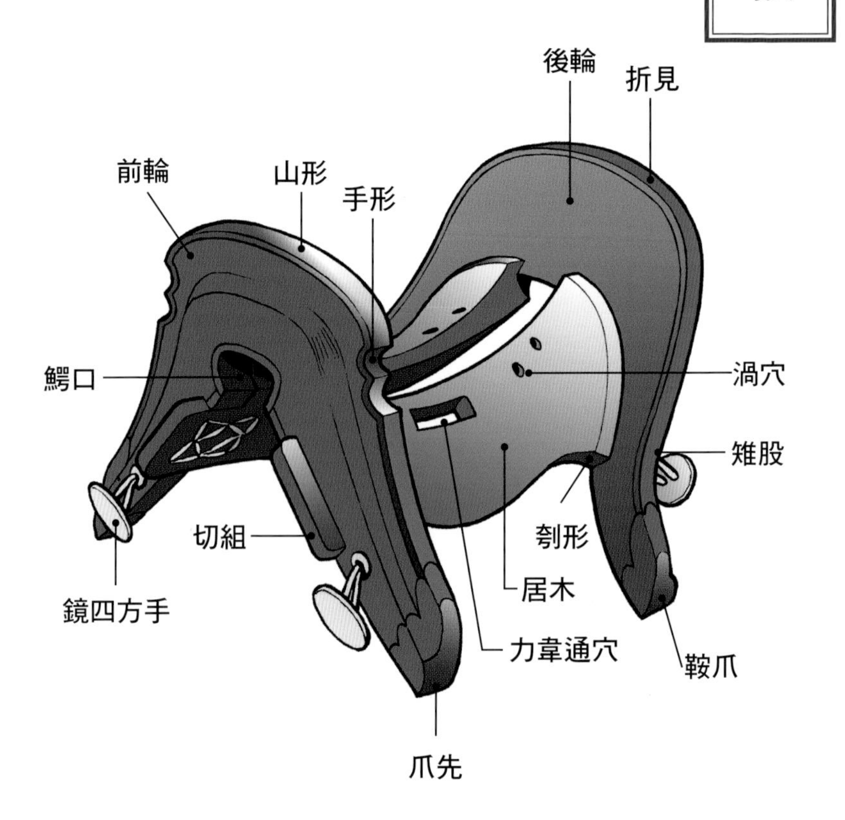

鞍

馬鞍是騎馬時，裝在馬背上便於乘坐的道具。若是直接坐在馬背上，就會因摩擦力與不穩定而難以駕馭馬匹。有了馬鞍的發明，就能避免直接乘坐在馬背上。

馬鞍可分成乘坐用（乘鞍）、載貨用（馱鞍）、以及拖曳用。其中投入最多心力在改良上的就是乘坐用的馬鞍，由於作戰時如何巧妙地駕馭馬匹為勝負關鍵，為了使馬鞍坐起來更舒適，做了不少改良。

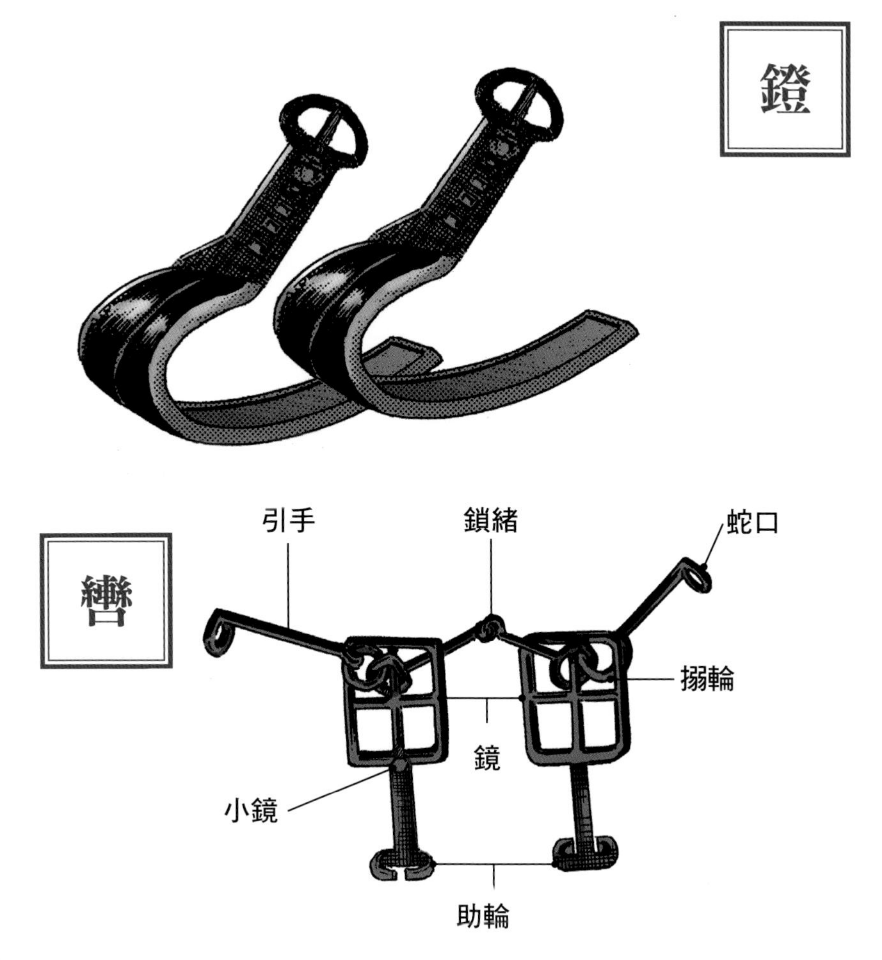

鐙

馬鐙裝在馬鞍上，垂掛在馬的身體左右兩側，可當作跨上馬背時的踏板以及騎馬時的腳踏。腳踩在馬鐙上，就能穩定身體重心，進行攻擊時也能保持身體平衡。

轡

馬轡是套在馬嘴上，用來連繫韁繩的道具，亦可說是駕馭馬匹時最重要的道具。馬轡又稱作馬勒或馬銜，可分成小勒銜與大勒銜二種。

起初，馬轡是以布、粗繩、皮繩等製成。根據發現，最古早的固定馬轡為紀元前二〇〇〇年時的鹿角製馬轡。其後，馬轡從青銅製轉變為鐵製品，而在日本是的鐵製馬轡自中國傳入的。

各種馬具用品

馬氈

馬鞍的左右兩側居木[60]的正中央有一道隙縫，馬氈就是為了填補這道隙縫而製造的。又稱為表敷。

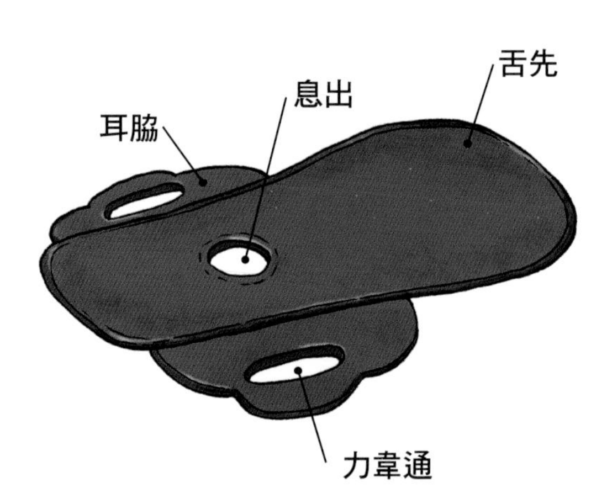

切付・肌付

在馬的身上安裝馬鞍時，必須先鋪上墊子，再將馬鞍裝到馬背上。這個墊子就稱作切付與肌付。有了切付與肌付，就能將馬鞍固定在特定位置上。

三懸

三懸[61]是指下列三種馬具：戴在馬臉上的面懸、戴在胸前的胸懸、以及裝在臀部到背部上的鞦。通常都是使用同一素材製成。

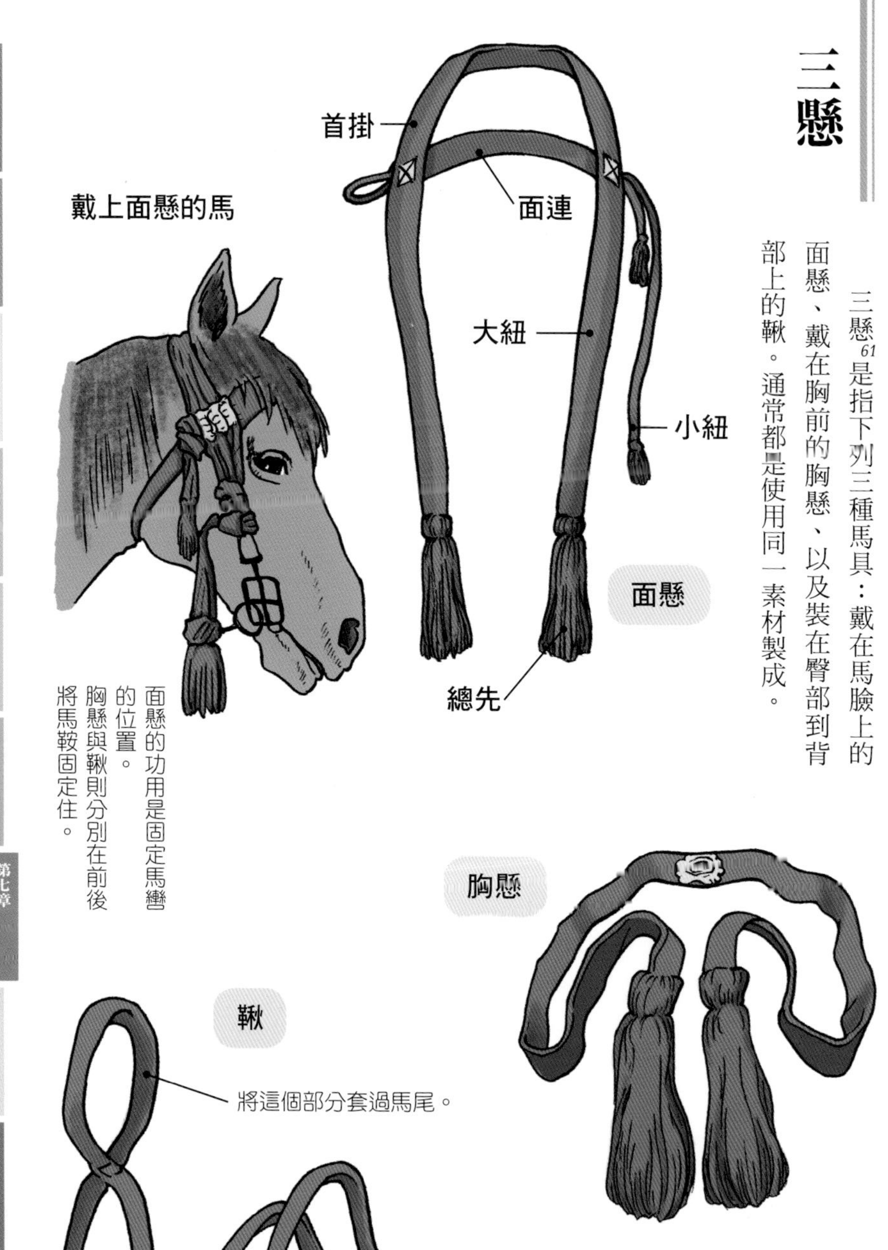

面懸的功用是固定馬轡的位置。
胸懸與鞦則分別在前後將馬鞍固定住。

飾馬

所謂飾馬，是指源自平安時代，在舉行祭神或祭祀儀式遊行之際，身上飾有豪華馬具的馬。到了近世以後，飾馬大多只有在大名遊行時才會戴上裝飾，相較於平安時代，裝飾也顯得較為簡樸。

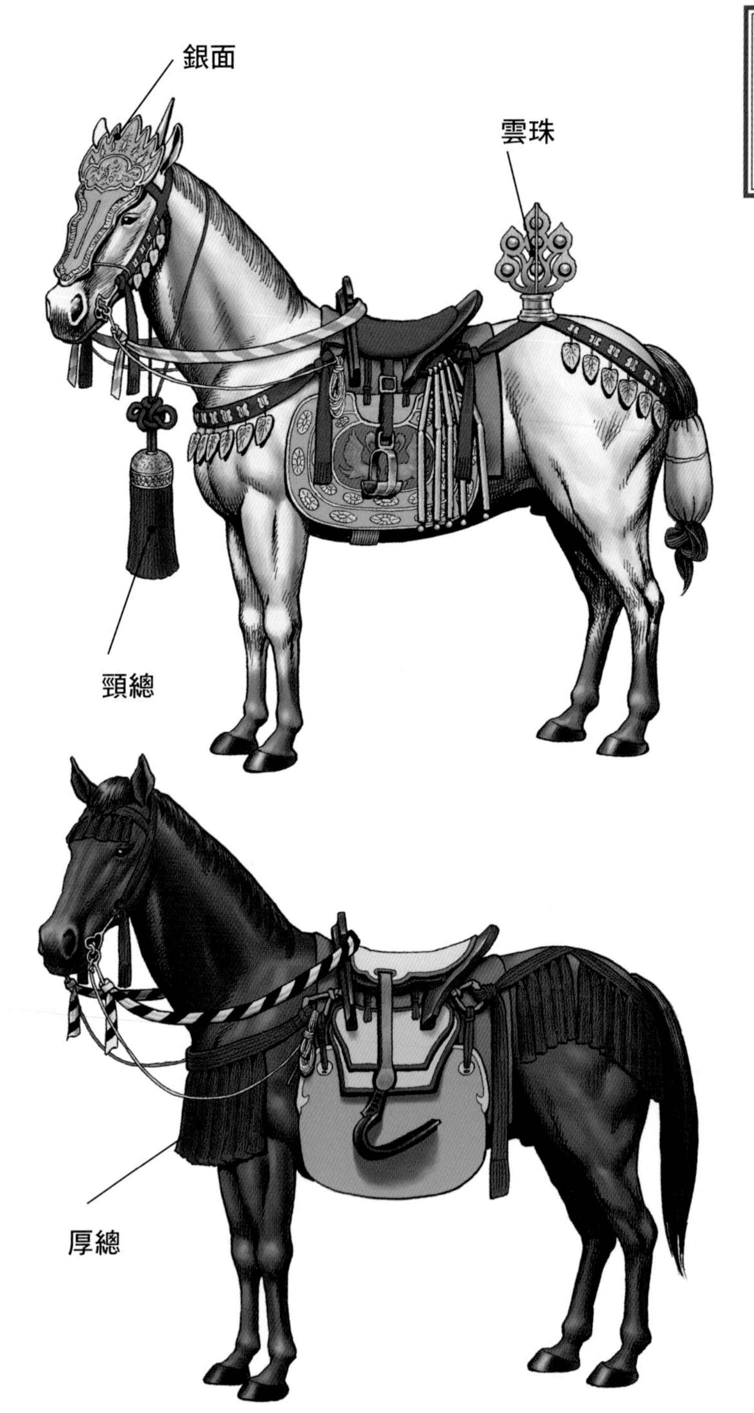

馬甲

盛行於戰國時代後期的馬用鎧甲，從面部到臀部，可覆蓋馬的全身部位。馬甲的外觀氣派且裝飾華麗，主要是用來威嚇敵方，亦可用於儀式典禮方面。但由於馬甲的重量重，活動不便，因此不適用於實戰。

【戰國時代的國名】

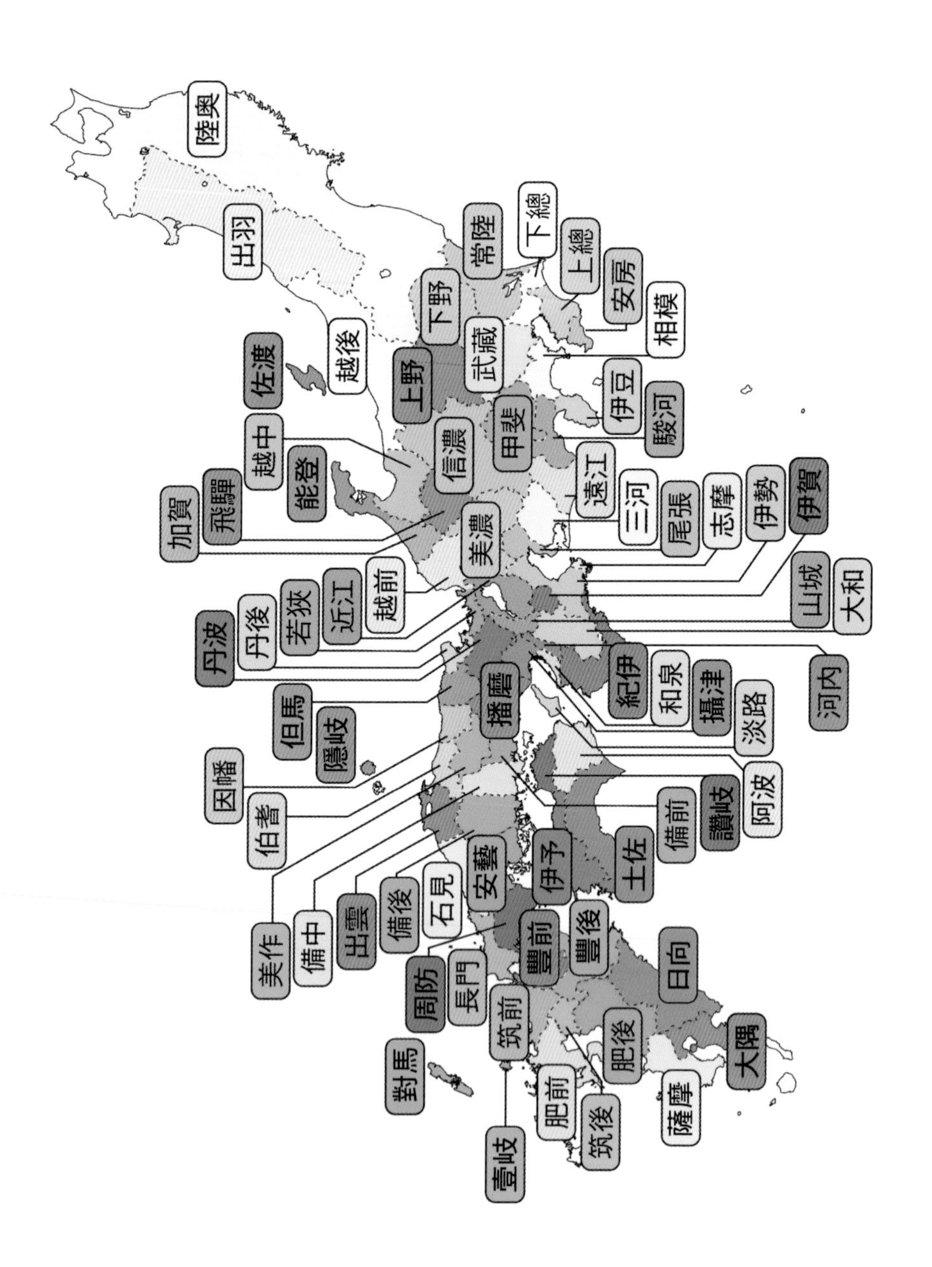
陸奥
出羽
越後
佐渡
常陸
下野
下總
上總
安房
相模
武藏
上野
伊豆
駿河
甲斐
越中
信濃
能登
飛驒
加賀
遠江
三河
尾張
志摩
伊勢
伊賀
美濃
越前
近江
若狹
丹後
丹波
山城
大和
河內
紀伊
和泉
攝津
淡路
播磨
但馬
隱岐
因幡
伯耆
阿波
讚岐
備前
土佐
伊予
安藝
石見
備後
出雲
備中
美作
豐前
豐後
日向
長門
周防
筑前
對馬
肥後
大隅
肥前
筑後
薩摩
壹岐

第八章

合戰武具

合戰武具

因應合戰的變化 道具也跟著改變

進入戰國時代後，合戰方式起了巨大的變化。自從平安時代出現武士團以來，承平・天慶之亂到源平合戰期間的合戰方式以個人騎射戰為主，採取一對一單挑決定合戰勝敗。

不過從南北朝時代到戰國時代，合戰方式從兩軍大將一對一單挑轉變成靠雜兵數量來決定勝負。而在戰爭頻發的戰國時代，不光是武器及防具，連合戰特有的道具也開始增加了。

合戰道具除了戰鬥必備物品之外，也包括食物及生活必需品等攜帶物品。就前者而言，軍配、采配、陣太鼓、軍貝及狼煙等是用來發號施令及傳達信號，而旗指物、軍旗、本陣旗及馬印等，則是用來辨識敵我或是彰顯自我。上述每一項都可說是集團對集團的合戰中必備的道具。

由於戰國時代的合戰多為攻城戰，因此也會製造攻城或守城必備的道具。在本章當中，將介紹在攻守城戰中贏得勝利的必備戰術與道具。

合戰的型態

陣太鼓

合戰時用來發號施令。

合戰大致可分成野戰與攻城戰二種。野戰包括兩軍對峙、直接交鋒，以及發動奇襲的形式。「夜討晨襲」這句話乃奇襲的基礎，這是因為當時的合戰通常為夜間移動，黎明前在預定戰場散開軍隊，到了破曉時分才正式開戰之故。

攻城戰所採用的戰術可分成火攻、水攻、兵糧攻等。而兵糧攻又名干殺（斷糧）戰術，主要是截斷敵軍糧食補給線，大多用於長期作戰。

至於防守方則採取籠城戰，這種情況下，以擁有地利之便及堅固城池者最為有利，若是等待援軍支援，或是採取長期抗戰，撐到攻城方的兵糧耗盡或因季節之故無法進軍，就能成功守城。

戰國時代的陣形

戰國武將率領數以百計，甚至數以萬計的軍隊作戰。受到戰場地形、自軍數量、時間、敵軍數量及陣形等各項要素的影響，採用的戰術及陣形也會跟著變動。想要贏得勝仗，最重要的就是仔細看清這些要素，進行判斷。

基本的八種陣形源自中國古典兵法，在合戰中隨機應變更動陣形。

一 鶴翼之陣

若自軍數量遠多於敵軍時，常會利用人數優勢採取包圍敵軍的陣形。亦即所謂「V」字型，形狀如同鶴展翅飛翔。大將通常位於隊伍的最後方。

二 長蛇之陣

將軍隊排成一直線，是利於縱向攻擊的強力陣形。當先鋒部隊遭到敵軍攻擊時，後方部隊可即時支援，即便後方部隊遭到敵軍攻擊，先鋒部隊也能調頭支援。不過此陣形容易被左右兩側的敵軍擊潰，必須有效運用地形。

三 雁行之陣

此為無法預測敵軍動向時，便於隨機應變的陣形。形狀如雁群般排成一斜列。大將多位於陣形的最中央。不利於長時間的戰爭。

四 衡軛之陣

「衡軛之陣」是指兩排軍隊前後稍微錯開並列前進的陣形。此陣的優缺點基本上同長蛇之陣。

五 方圓之陣

將軍隊排成菱形，不管敵軍從哪個方向攻過來都能予以迎擊，預設敵軍從四面八方攻打過來時使用的陣形。基本上適用於防禦戰，不適合移動。另外由於兵力會朝四面八方擴散，因而此陣形無法進行攻擊。

六 魚鱗之陣

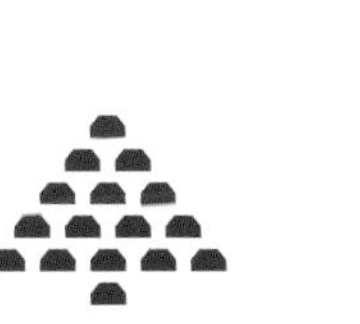

將軍隊排成三角形，中央向前突出的陣形。若周遭有森林或山谷，就能利用地利之便集中兵力進行作戰。由於大將位在最後方，情報傳遞雖快，卻抵擋不住來自後方的奇襲。

七 偃月之陣

此陣形的形狀與鶴翼之陣相反，因狀似新月形，故名「偃月之陣」。大將列於先鋒，不僅能振奮己軍士氣，還能攻擊敵軍，攻擊力非同小可，但相對地風險也很大。大多用於小規模軍團，或是背水一戰、企圖逆轉局勢時使用。

八 鋒矢之陣

欲以少數軍力正面突破敵陣時，就會採用「鋒矢之陣」。此陣形是將軍隊排成箭頭形，大將位於後方。先鋒部隊不僅肩負重任，立場也最危險。一旦遭到包圍就會一口氣淪陷是此陣形的缺點，但只要不怕損傷勇往直前，就能突破對方陣式。

❖保護身體不受彈箭攻擊

楯是用來抵禦對手攻擊的防具。楯的基本形狀為長方形，可一手拿武器一手持楯，而楯附有便於設置在地上的腳架，故亦可在原地立起來防禦。此外，楯不但可獨立設置，還能左右並排用來代替防禦牆。

在合戰時，還能將楯鋪在陣營的地面當作墊板方便坐下，亦可用來代替擔架。

戰國時代的合戰一般先以投石戰開場，接著以投射兵器展開激烈的對戰。基本上以弓箭攻擊為主，不過自從鐵砲傳入之後，槍擊戰也變得愈來愈激烈了。而楯的性能也隨之強化。

手持楯的足輕模樣

在戰國時代，楯是用來抵禦弓箭及保護身體不受鐵砲槍擊。

攜帶用道具

❖做好長期抗戰的準備

合戰時，除了武器與防具之外，還需要準備各項必備物品。合戰時的攜帶物品包括防寒用具、糧食、傷藥、紙、手巾、點火道具、筆記用具、釜及鍋等。在行軍時，每個士兵各自將這些道具帶在身上。至於全體軍隊的用具與糧食、大將的用具及私人物品、牛馬等，則用貨車搬運。

士兵通常會攜帶三天份的糧食，這些糧食被裝入一到二條布袋中綁成念珠狀，每顆念珠裝有一餐份乾飯。乾飯是將米飯完全曬乾製成的乾糧，可加入熱水還原或是直接食用。糧食基本上是採取當地籌措，像是在合戰時收割稻米當作自軍糧食，有時也會捕捉野獸，然而戰國時代的合戰規模擴大，也就無法從當地籌措糧食了。

此外，除了以乾飯作為糧食之外，也會攜帶鹽、味增、胡椒粒或梅乾。天冷時，攜帶辣椒有助取暖。

其他方面，酒也是重要的攜帶糧食，受傷時可當作消毒藥用來消毒，亦可用來溫熱身體。不過即使軍中沒有發配「酒」，士兵也會偷偷將米製成濁酒飲用，結果形成一大問題。

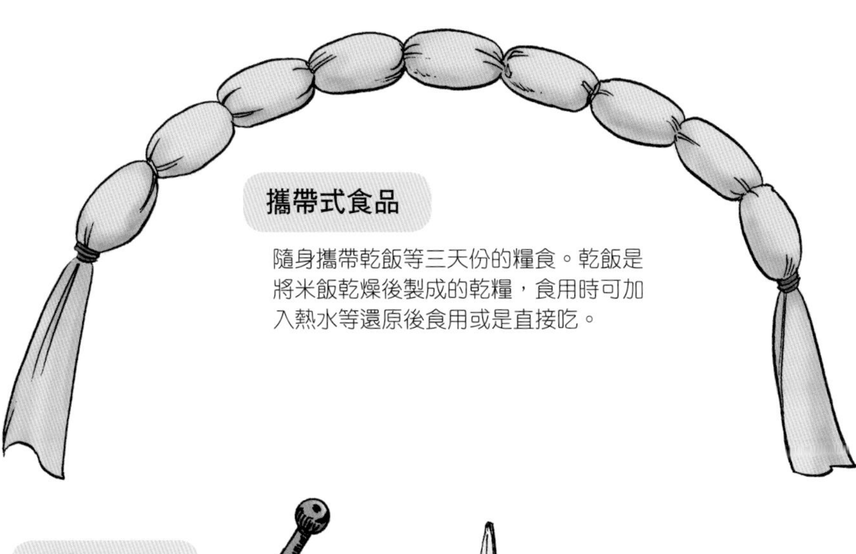

攜帶式食品

隨身攜帶乾飯等三天份的糧食。乾飯是將米飯乾燥後製成的乾糧，食用時可加入熱水等還原後食用或是直接吃。

攜帶用水壺

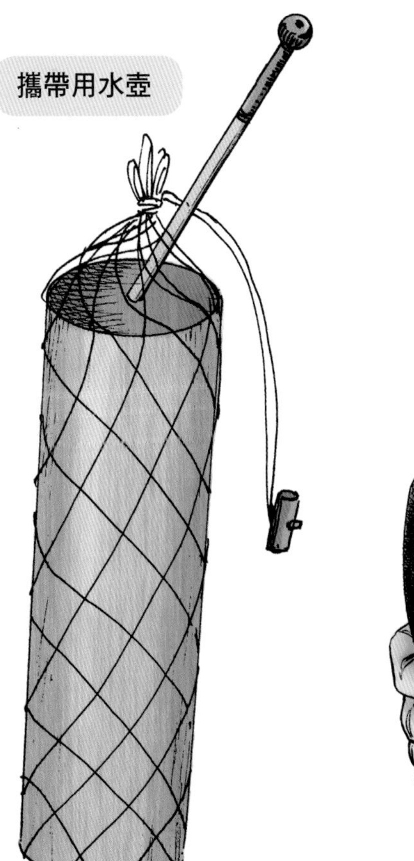

矢挾

這種道具是用來拔出刺進人體的箭。一旦被弓箭射中，若不趕緊拔出箭頭就會深陷肉裡，等拔出時反而會擴大傷口。

軍扇

❖從一般扇子改為戰場使用

以前原是將普通的扇子拿到戰場上使用，隨著戰場用扇子的強度及結構有了改變，後來變成軍陣專用扇。為避免軍扇損壞，加寬了扇骨的幅寬，成為日後軍扇的基本形式。軍扇的正面繪有一輪太陽，而背面大多繪有七星或九曜。

軍貝是用來傳達合戰的信號或命令等，又名法螺貝。此外，軍貝也用來當作合戰開始的信號。

軍扇

軍貝

采配

❖領導勝利的「采配」

合戰中，大將或地位相當的武將在指揮作戰時會手持采配上下揮動，用來當作信號或標記。采配是在長約三〇公分的棒上，裝上一束撕成細長狀的紙條。采配基本上大多為紙製，也有使用獸毛的製品。由於戰場相當遼闊，想讓全體士兵都看到標記根本不可能，不過只要周遭的人依照采配的指示行動，就能藉此掌控整體軍隊的動作。

采配是從十六世紀時開始使用，江戶時代開始出現塗朱漆或飾有金飾的豪華采配，機能性雖然減弱了，卻增強儀式性意義。

此外，鞭的形狀與駕馭馬匹的馬鞭不同，為筆直的棒狀。其用途與采配一樣，也是用來下達作戰指令的道具。

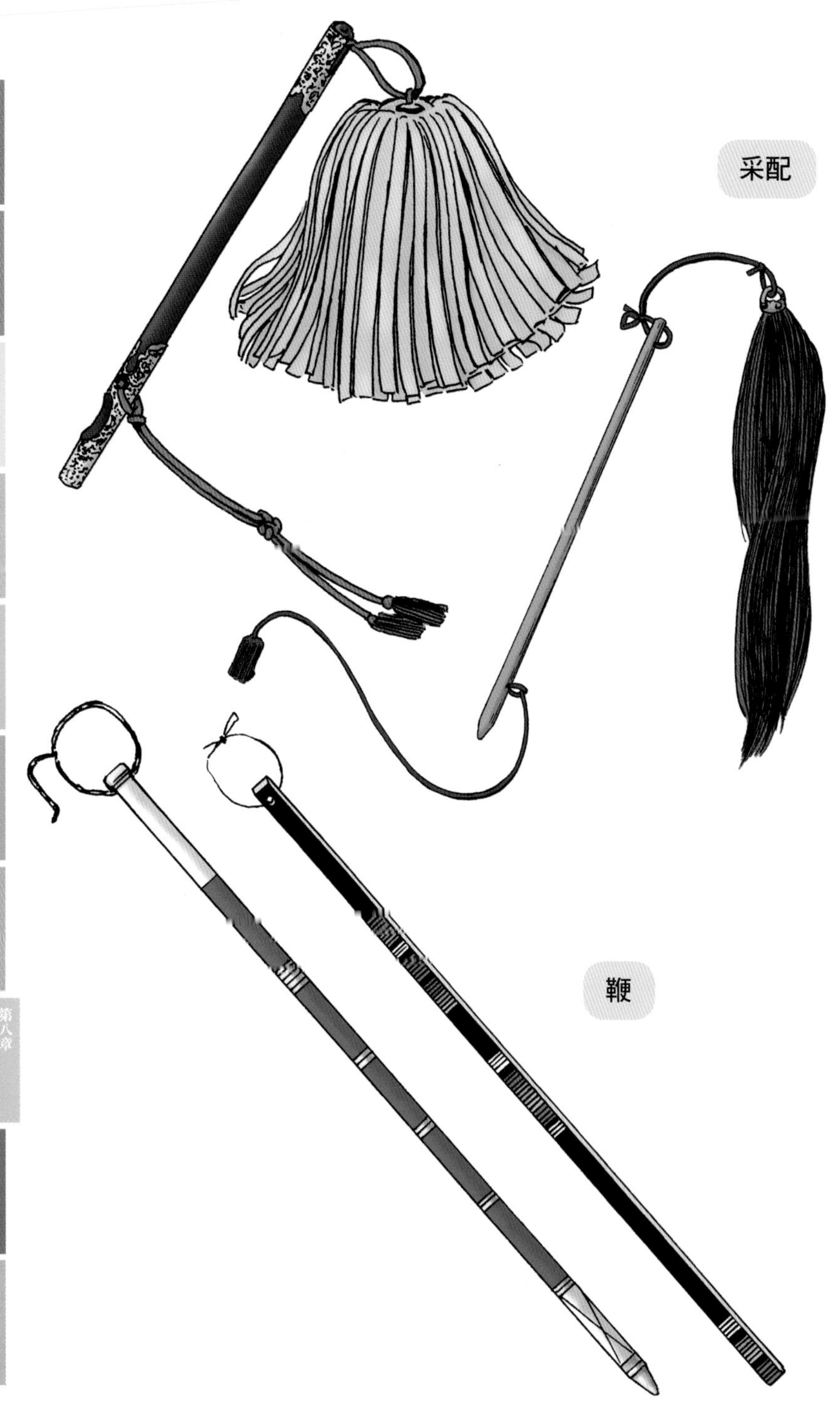
采配
鞭

用來指揮作戰的道具

軍配是在戰場上用來指揮軍隊的配置或進退、下達指令的道具。又名軍配團扇、團扇。其用途與采配相同。形狀多為圓形或葫蘆型，以塗上黑漆或朱漆者居多。此外，有的軍配會在表面繪上家紋、貼金銀箔或是以梵字作裝飾。軍配大多以皮革、木頭或鐵為材質，握柄部分則是鐵製。

軍配除了用來指揮作戰之外，亦可用來占卜吉凶，或是舉行祭神儀式時用來消災祛難。

軍配

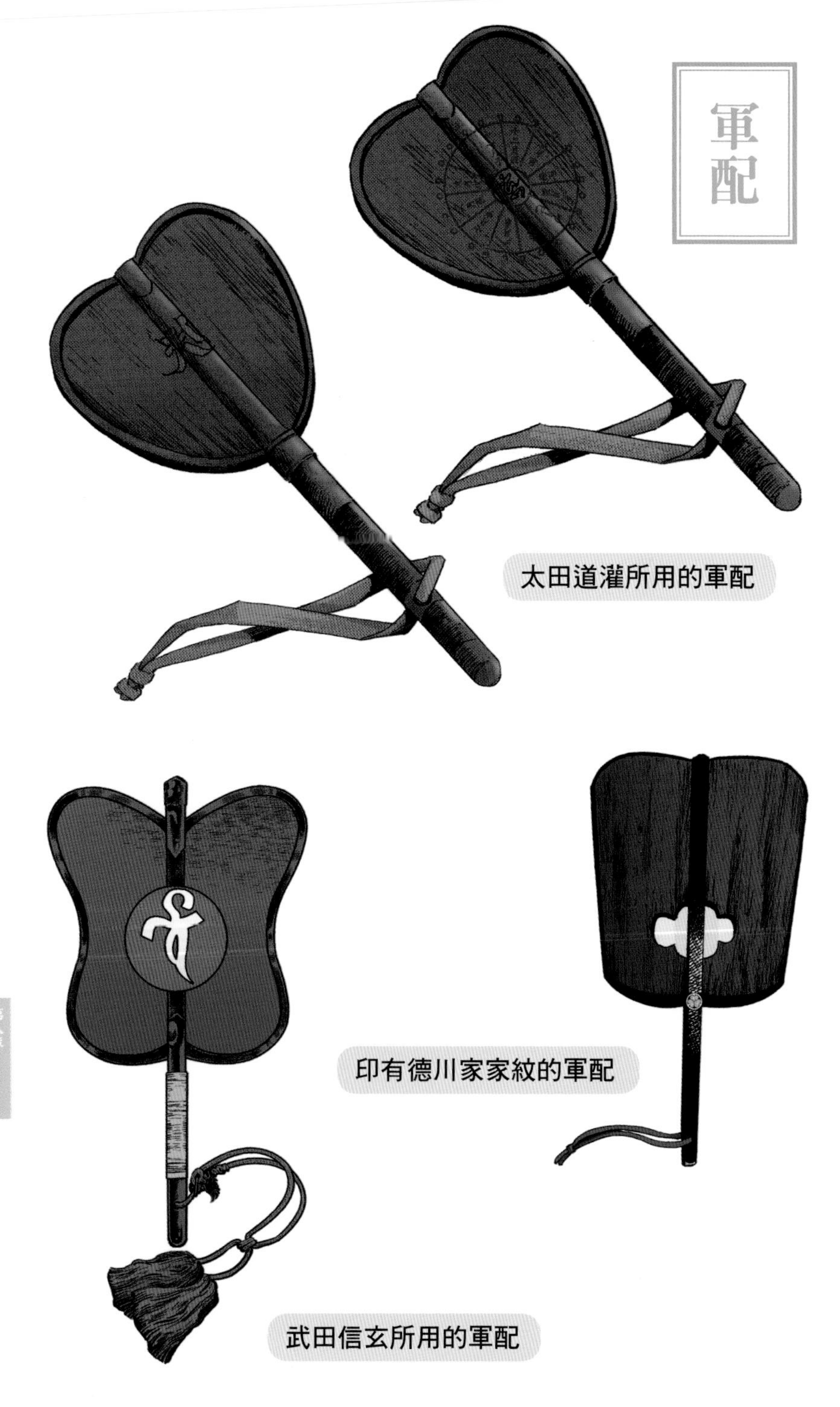

太田道灌所用的軍配

印有德川家家紋的軍配

武田信玄所用的軍配

母衣

❖展現勇猛的象徵

在日本，有些武將在穿上甲冑時會在背上披上一件如同斗篷般的布，稱作「母衣」。而身披母衣的武士就稱為母衣眾。

起初使用母衣原是為了削弱弓箭的攻擊，但防禦力卻沒有因此大幅提昇，自從開始流行大鎧後，母衣反而限制了肩膀的活動，變成阻礙，因此穿戴時母衣時改將其繫在鎧甲背面的肩上。

後來，母衣的外觀裝飾性遠比機能性來得強，在禮儀方面也具有重大意義。

身穿母衣的武士大多地位較崇高，尤其是在重要合戰上都會披上母衣出征。特別是在面臨也許是此生最後一場的激戰時，一定會身披母衣。

母衣的缺點是停止不動時又長又重、活動不便，不過在騎馬時母衣會隨風飄逸，可展現勇猛。但在合戰時，容易鉤到樹木這點也是缺點之一。

到了戰國時代，為了彌補母衣的缺陷，故改將母衣包在竹製或木製的圓籠上，即使沒有起風，外觀看起來就如同被風吹般鼓起來。不久之後，母衣逐漸變成指物的一種。

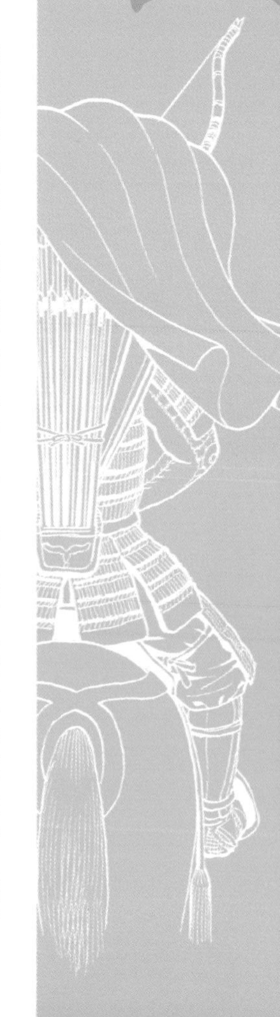

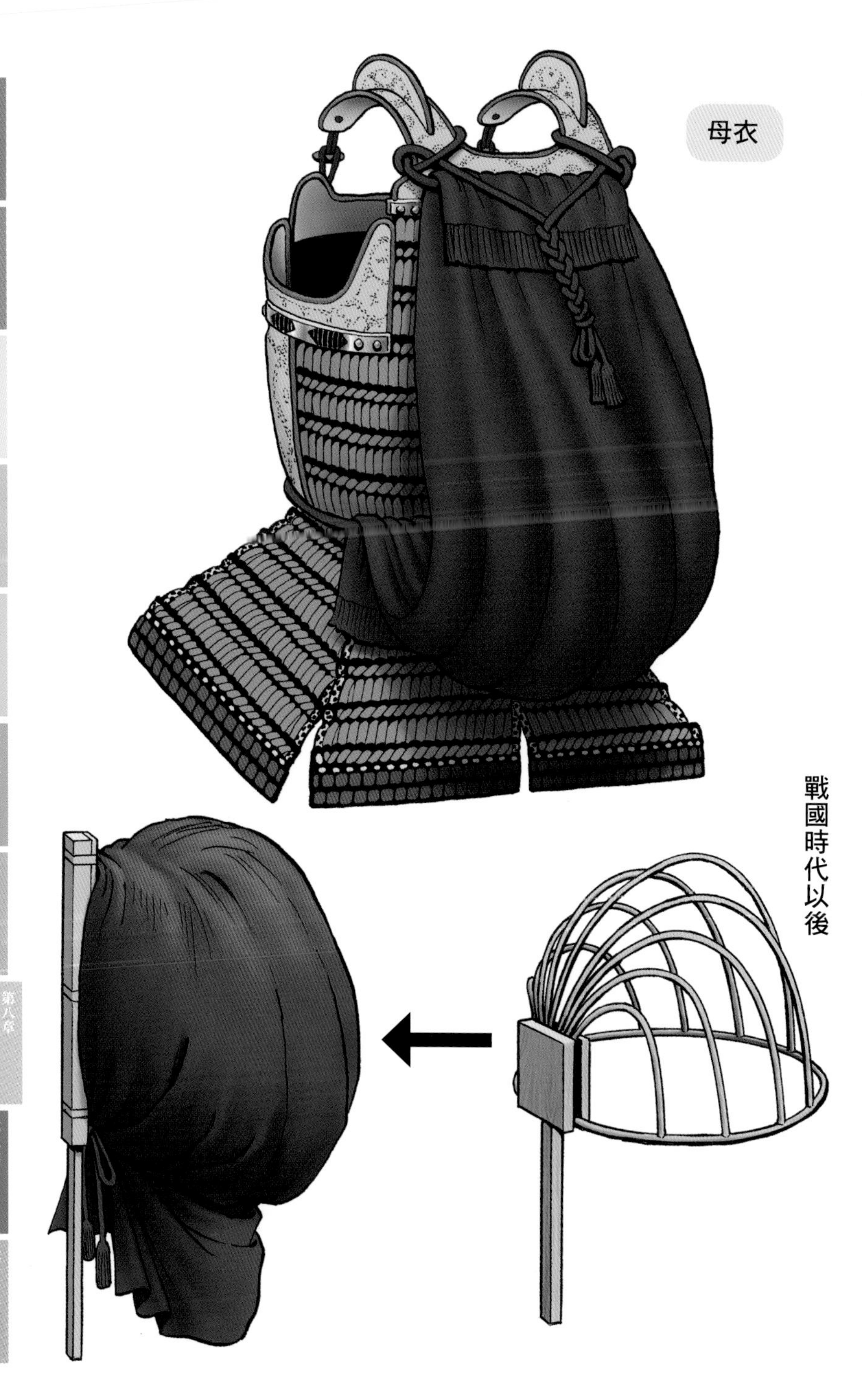
母衣
戰國時代以後

身穿大鎧披上母衣的武士

如同披風般隨風飄揚的母衣。

江戶時代，關於母衣的用法雖有諸多推測，但大多是錯誤的。例如左圖就是其中一種，實際上並沒有這種用法。

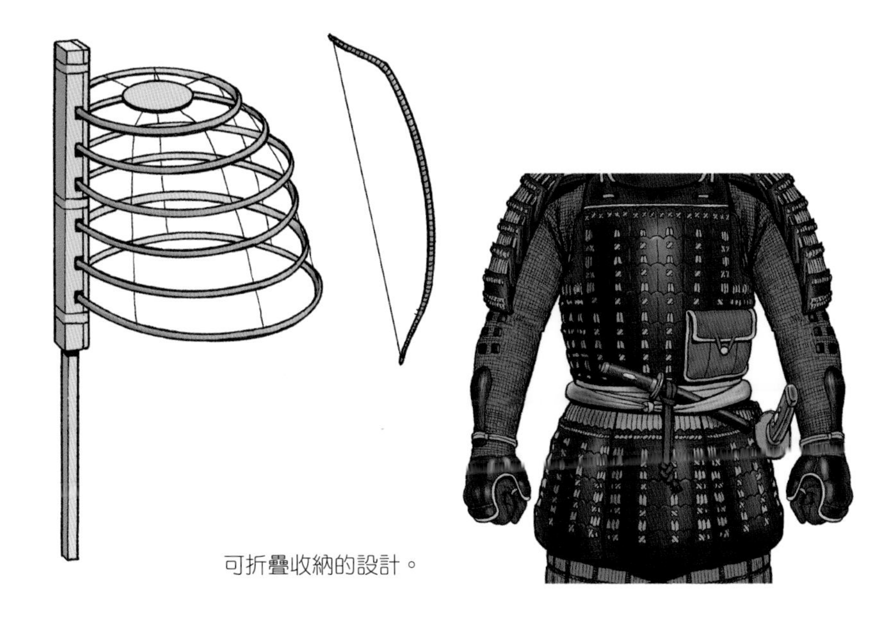

可折疊收納的設計。

旗

❖用來區別敵我或軍隊的標記

廣義而言，旗指物包括本陣旗、軍旗及馬印等，這裡則是指狹義的意思，即插在位於當世具足背部受筒的旗幟。

旗指物最重要的功用就是辨識敵我。因此上至主君，下至足輕，均使用相同的旗指物。此外，旗指物也具有壓制對手、以風格特異的設計吸引眾人目光，誇耀戰功的作用。

大多旗幟上都印有家紋，也有人會將自己的信念或思想寫在旗幟上。

最有名的就是武田信玄的「風林火山」。旗幟上的「疾如風，徐如林，侵略如火，不動如山」，意指「如疾風般迅速前進，如林木般靜候時機，如野火般猛烈攻擊，如山岳般不受動搖」。

而篤信日蓮宗的加藤清正，則是將《南無妙法蓮華經》的題名寫在旗幟上。而牧野家的旗指物也相當獨特。旗幟上寫的是〈伊呂波歌〉第一句歌詞「以呂波耳本部止[63]」，象徵抱著第二句歌詞「終將消散」的覺悟出征。

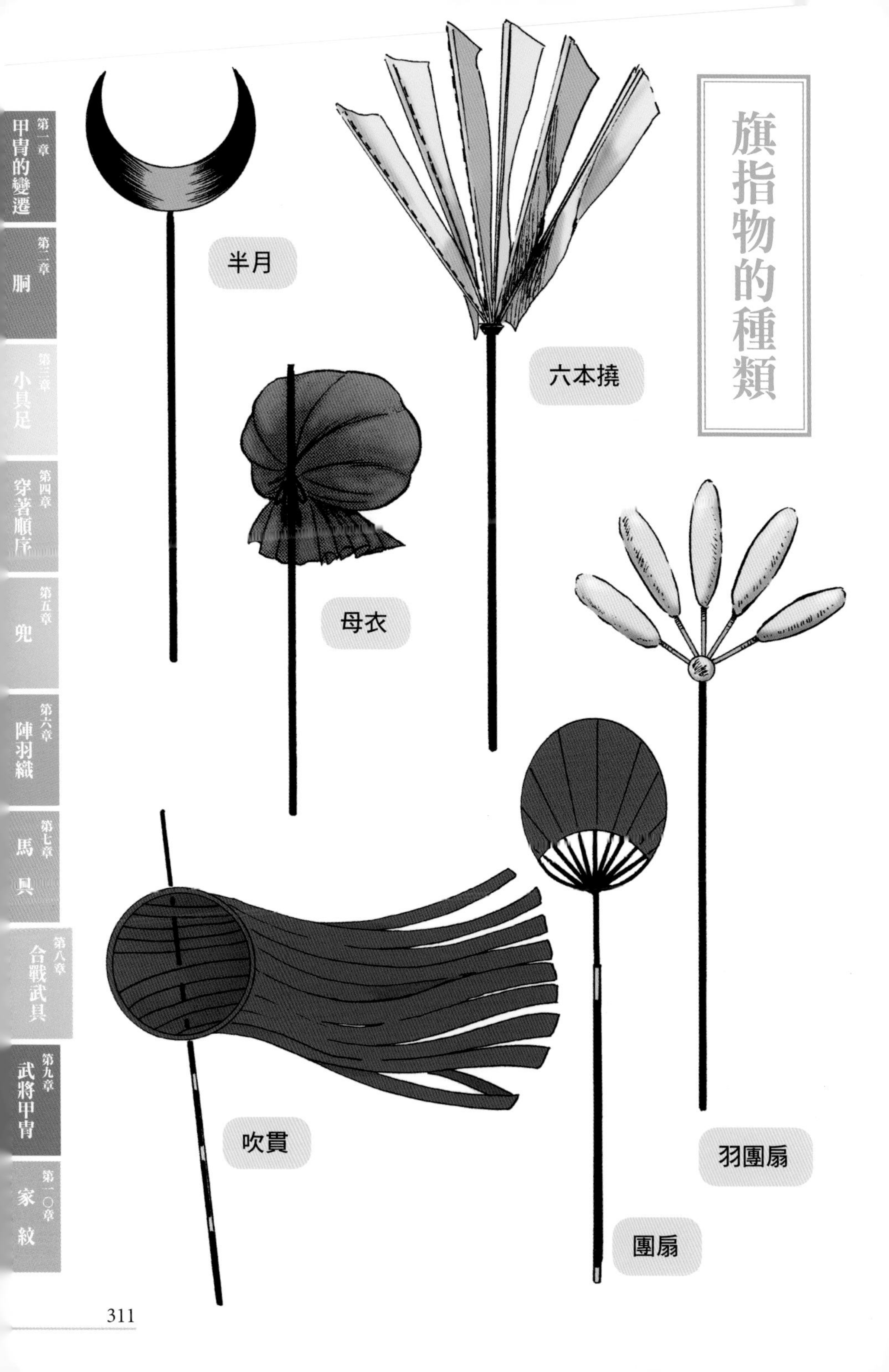
旗指物的種類
半月
六本撓
母衣
羽團扇
吹貫
團扇

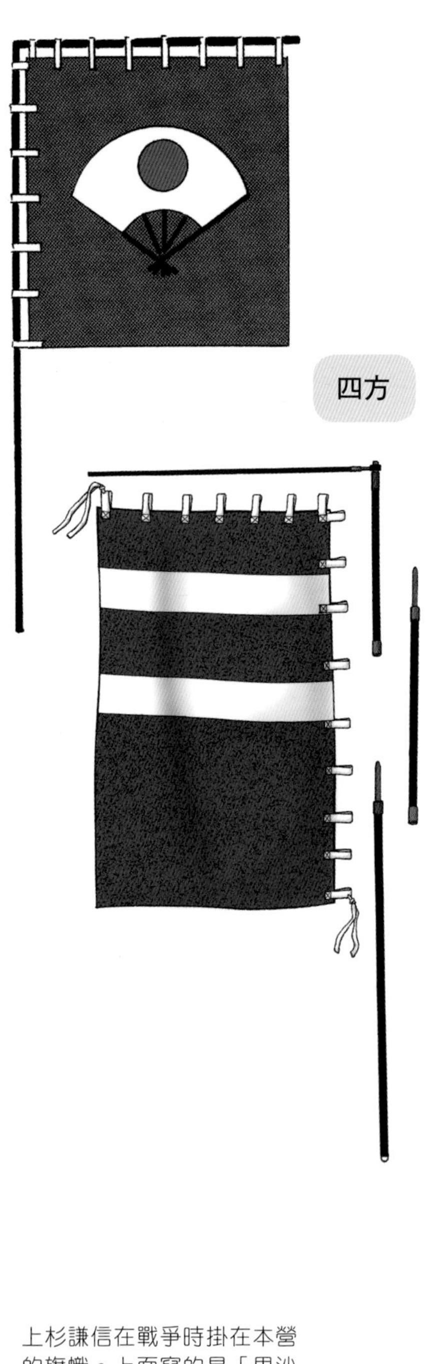

上杉謙信在戰爭時掛在本營的旗幟。上面寫的是「毘沙門天」的毘字。

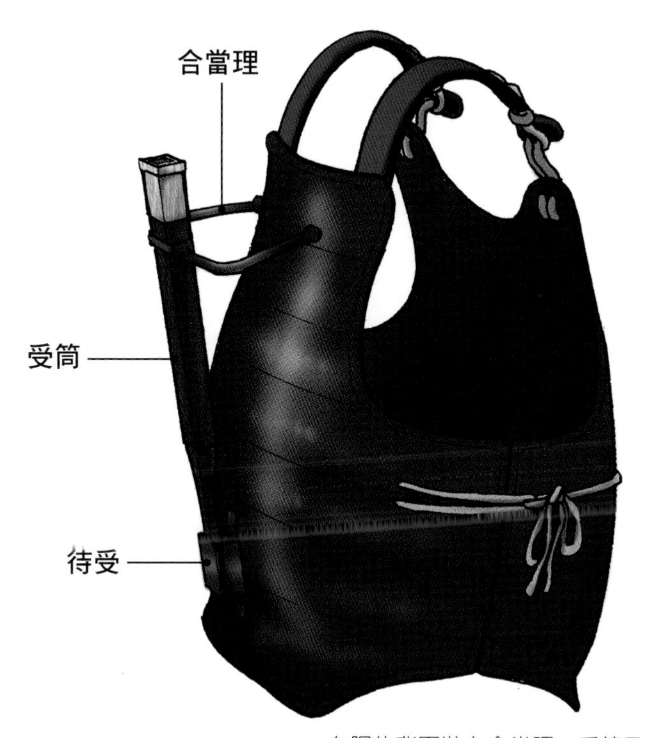

在胴的背面裝有合當理、受筒及待受，用來插旗指物。

〈馬印〉

用來宣告大將所在的旗印。

馬印的形狀、材質及設計根據各武將的喜好而各有千秋。左圖中形狀如劍的金色馬印，據說是柴田勝家的馬印。

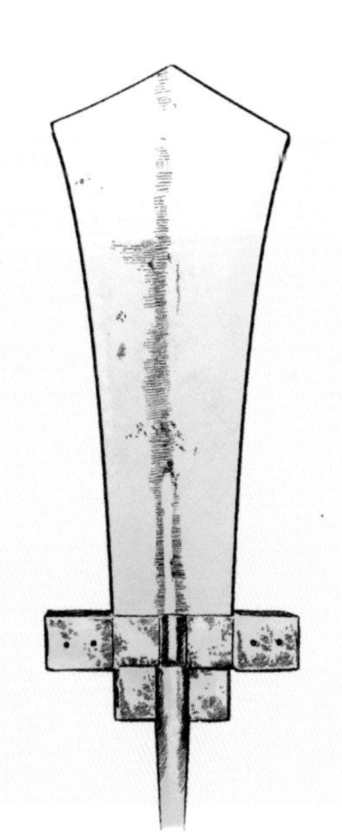

軍旗

❖用來辨識敵我的記號

旗幟原是舉行朝廷儀式或寺社祭祀等時，用來吸引眾人目光、端正威儀，以及祈求神明庇佑的道具。而在源平合戰時，才開始基於辨識敵我的軍事目的使用旗幟。當時，平氏使用紅旗，源氏則使用白旗。到了戰國時代仍沿用此一習俗，因此軍旗除了用來辨識敵我之外，亦具有指揮軍隊進退、誇耀自軍威信的功用，成為軍隊的象徵。

正因如此，軍旗遭敵軍所奪被視為天大的恥辱，故設立守護軍旗的旗奉行一職，專門負責死守軍旗。

有件相當有名的軼事：武田軍的武將在奪走了北条軍武將的「地黃八幡」軍旗之後，便將這面旗幟當成自軍軍旗。另外，據說在大坂夏之陣時，德川軍的旗奉行因受到真田信繁（幸村）的猛烈攻擊讓旗幟倒下，激怒了德川家康，因而受到嚴格審訊。

加藤清正

在羽柴秀吉與柴田勝家爆發衝突、將織田勢力一分為二的「賤岳之戰」中，加藤清正表現出色，被譽為「七本槍」之一。關於他的軼事，以修築熊本城及打虎最為有名。

據說在天正十年，豐臣秀吉帶兵攻打備中國冠山城時，先鋒大將加藤清正開始使用這面軍旗。因受母親影響篤信法華宗[64]，而將法華宗的七字題目[65]「南無妙法蓮華經」以黑底白字印在旗幟上，字型末端延伸的筆法為其特徵，故又名「跳題目」、「髭題目」。

山內一豐

曾侍奉織田信長、豐臣秀吉、德川家康等諸多主君，長年位居人下的山內一豐，雖然未曾建立顯著的武功，卻盡忠職守，最後終於躍升為土佐二〇萬石的大名。關於山內一豐的軼事並不多，其中最廣為人知就是妻子千代的「內助之功」協助他出人頭地的美談。

山內一豐的軍旗是「黑底胴白土佐柏」。這面在黑白相間的旗幟上繪有白色山內家家紋「土佐柏」的軍旗，也一併由繼承其位的養子山內忠義所繼承。

小早川秀秋

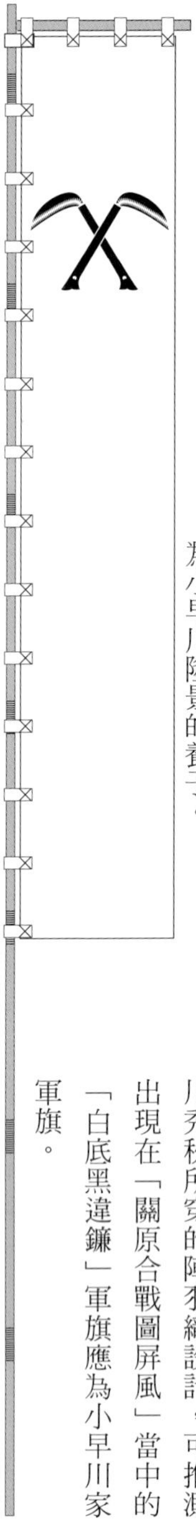

眾所皆知，與豐臣家關係匪淺的小早川秀秋是決定關原之戰勝敗關鍵的武將。他生於木下家，曾一度被當作豐臣秀吉的繼承人候補收為養子，其後又奉豐臣秀吉之命成為小早川隆景的養子。

豐臣秀吉死後，小早川秀秋雖在關原之戰加入西軍，卻在德川家康的催促下倒戈東軍。有關小早川家的軍旗並沒有現存實物，亦沒有留下文獻證據。不過根據疑似小早川秀秋所穿的陣羽織設計，可推測出現在「關原合戰圖屏風」當中的「白底黑違鎌」軍旗應為小早川家軍旗。

織田信長

提倡「天下布武」、在世時幾乎完成天下統一大業的霸主織田信長，其軍旗為「黃絹永樂錢」，而旗幟上方還懸掛著名為「招」的小型流旗。當時在日本最為流通的貨幣，就是從中國傳入的「永樂通寶」。織田信長之所以將「永樂通寶」用於軍旗，正顯現出他對流通經濟的高度關注。

由於文獻中記載為「黃絹」，故旗幟的底色為黃色，但也有說法認為黃絹是「生絹」的誤寫，因此底色應為白色。

石田三成

石田三成受到豐臣秀吉發掘而一舉成名。秀吉死後，在關原之戰，他以西軍實質上的總大將身分與德川家康對抗，最後吞敗，遭到處決。關於德川家康的死對頭石田三成的詳細資料並不多，就連軍旗也只在「關原合戰圖屏風」出現過幾種圖案。這面「紅底藤紋與三星」軍旗上，繪有出現在屏風等的「圓形垂藤石字」紋以及其甲冑上的「丸三星」紋。

除此之外，「關原合戰圖屏風」中亦繪有「白底大一大萬大吉」以及「藏青底紅圓」等軍旗。

足利義昭

足利義昭原先在織田信長的後援下，順利成為室町幕府第十五代將軍，後來兩人之間的對立逐漸加深，最後被逐出京都，室町幕府也名存實亡。

足利義昭的軍旗為「白底錦御旗」。即在白底旗幟上繪有象徵太陽的紅色圓形，並用金色染上「天照大神」及「八幡大菩薩」九個字。

這面旗為光嚴天皇賜給室町幕府初代將軍足利尊氏，為足利家代代相傳的旗幟。足利義昭本人很可能也使用過這面軍旗。

大谷吉繼

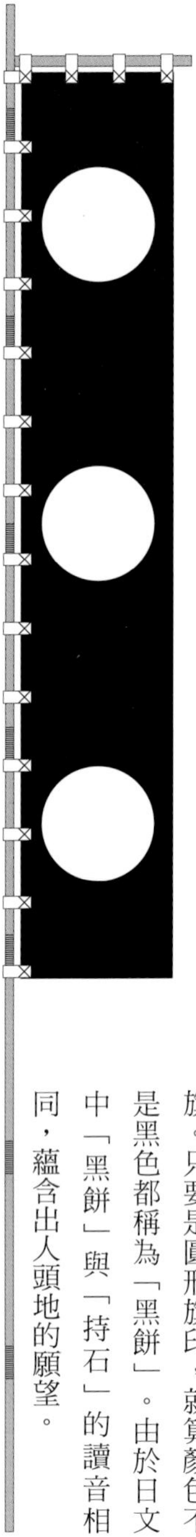

儘管大谷吉繼罹患寸步難行的重病，卻願意為了與石田三成的友情犧牲，做好覺悟乘轎到關原之戰的戰場。最後由於小早川秀秋的倒戈，大谷吉繼遂在敵眾我寡的激烈戰鬥下戰死沙場。

由於大谷吉繼與石田三成都是敗軍之將，因此留下的史料並不多，不過在「關原合戰圖屏風」可看到「藏青底與白色圓形」的軍旗。只要是圓形旗印，就算顏色不是黑色都稱為「黑餅」。由於日文中「黑餅」與「持石」的讀音相同，蘊含出人頭地的願望。

直江兼續

上杉景勝的心腹直江兼續是名傑出的人才，豐臣秀吉甚至曾對他說：「給你三〇萬石，當我的直屬家臣吧！」關於他的軼事眾多，例如他曾寄給德川家康一封〈直江狀〉，內容為訴諸正義、彈劾其種種惡行，結果激怒家康；此外他身為武士，卻勤於研究古典文學等。

雖未留下太多軍旗的資料，但根據《甲越信戰錄》，直江兼續的軍旗是「紅底三山與山字」，紅底配上白或黑色的「三山紋」。其他也留有「白底愛字」軍旗，在屏風上亦繪有「白底結雁金」軍旗。

島左近

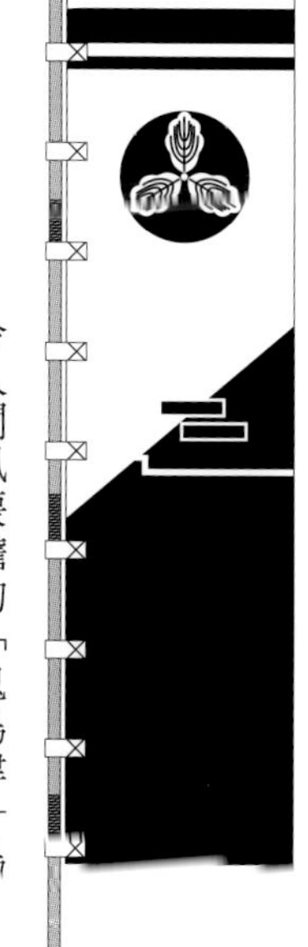

侍奉石田三成的島左近是個充滿謎團與傳說的人物，其生平經歷成謎。據說他在關原之戰，即使身負重傷仍繼續指揮作戰，最後死於槍彈下，但當時並沒有人高舉其首級，因此也有說法認為他沒死。

根據「關原合戰圖屏風」，島左近的軍旗為「白底裾黑斜分與神號及柏紋」。上面除了寫有「鎮宅靈符神」、「鬼子母善神十羅剎女」、「八幡大菩薩」之外，還繪有據傳為島左近家紋的「三葉柏」。不過「三葉柏」僅出現在後世的屏風畫上，無法證實。

島津義弘

令人聞風喪膽的「鬼島津」島津義弘，是讓島津家一舉成為九州最強勢力的猛將。

除了在出兵朝鮮時奇蹟般地贏得勝利之外，關原之戰中加入西軍的他，亦曾帶領少數士兵從德川家康所在的本營旁邊通過，順利地死裡逃生。島津義弘的軍旗為「黑底白毛筆字的十字」。「丸十字」乃島津家家紋，而島津義弘使用的是「毛筆十字」紋。不過，或許是忌諱這種看起來像如同基督教十字架般的家紋與軍旗，因此到了德川時代就不再使用「毛筆十字」紋了。

藤堂高虎

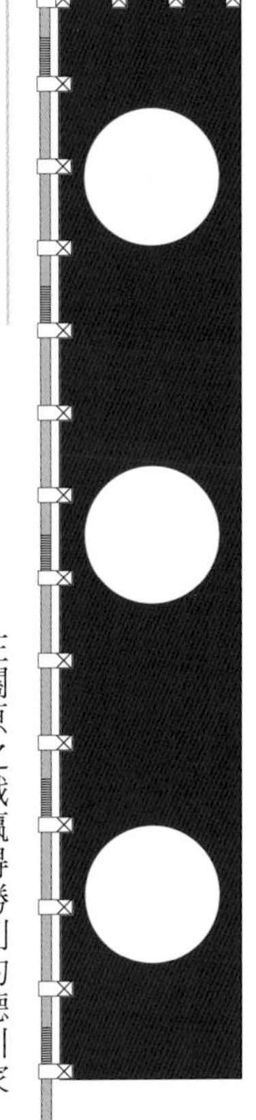

藤堂高虎是一名曾多次更換君主的武將，在度過亂世、進入德川治世時，他以外樣大名[66]身份受到特殊待遇。此外，他也是一名傑出的築城高手，曾修築過宇和島城、今治城、篠山城以及津城等。藤堂高虎使用的軍旗為「藏青底白餅」。在浪人時代，他曾因飢餓難耐到年糕店吃霸王餐。據說後來他向店主道歉時，店主不但笑著原諒他，還塞給他路費。為了終生不忘這份恩情，於是採用藏青底旗幟上繪有三個並排的白色圓形，蘊含「持城大名」[67]之意的設計作為軍旗。

德川家康

厭離穢土欣求淨土

在關原之戰贏得勝利的德川家康就任征夷大將軍，開設江戶幕府。其軍旗上寫有「厭離穢土欣求淨土」，意思為「厭惡亂世，追求和平安穩的淨土」。乃是淨土宗的教義，據傳是由松平家的菩提寺三河大樹寺的登譽和尚所題。

德川家康自小牧長久手之戰開始，使用白底上印有三個德川家家紋「三葉葵」的軍旗，其後改用一片空白的「總白」軍旗，與「厭離穢土欣求淨土」軍旗並用。

武田信玄

疾如風徐如林侵掠如火不動如山

眾所皆知，令人聞名喪膽的「甲斐之虎」武田信玄曾與上杉謙信進行過多次壯烈的激戰。到了晚年，他以甲斐為中心建立一大帝國，曾試圖上洛爭奪天下，沒想到卻在上京途中病逝。武田信玄的軍旗當中，最有名的就是出自《孫子兵法》的「風林火山」。這面旗以藏青色絲絹為底，印上心靈導師快川國師以金泥所題的十四個字。此外，武田信玄篤信諏訪明神，故亦使用紅底並寫有「南無諏方南宮法性上下大明神」的軍旗。

福島正則

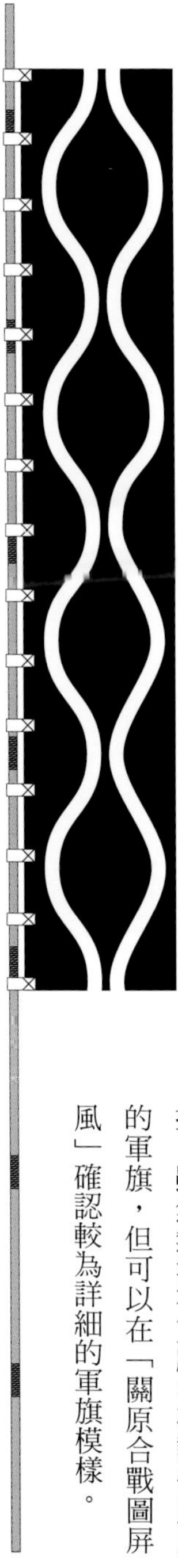

福島正則與豐臣秀吉是年齡差距甚大的表兄弟，從小就是他一手拉拔的家臣，也是「賤岳七本槍」之一。不過，福島正則在豐臣秀吉過世後與石田三成交惡對立。關原之戰中他追隨德川氏帶領的東軍，成為豐臣家走向滅亡的契機。

福島正則的軍旗為「黑底山道與赤招」，是在黑底旗幟上繪有兩道白色波線，旗幟上飄逸著紅色的招。雖然無法在文獻中確認他所用的軍旗，但可以在「關原合戰圖屏風」確認較為詳細的軍旗模樣。

北条早雲
北条氏康

北条氏康繼承祖父北条早雲及父親北条氏綱的衣缽，將領地擴張到整個關東地區。他不僅擁有與上杉謙信、武田信玄勢均力敵的軍事能力，同時也具備與武田氏、今田氏締結三國同盟的政治能力，是位相當傑出的人物。

北条家從北条早雲時代就開始使用「紅底流旗金色北条鱗」軍旗，即在染紅的布上繪有北条家家紋「三鱗紋」。而北条家的馬印，則是染上黃、藍、紅、白、黑五種顏色的「五色段段」，這面旗幟乃是基於陰陽道的五行思想，蘊含「治理天下」的心願。

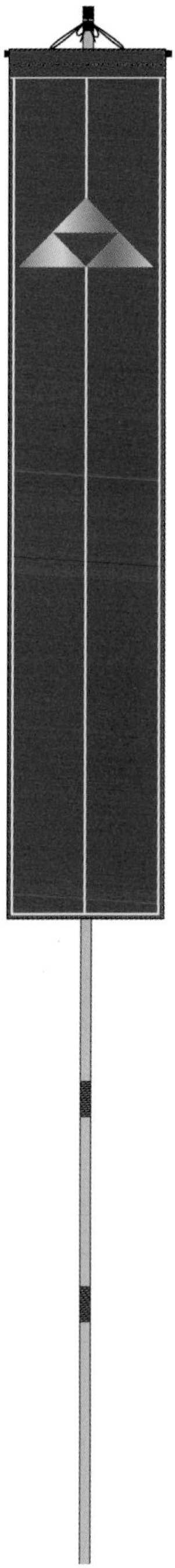

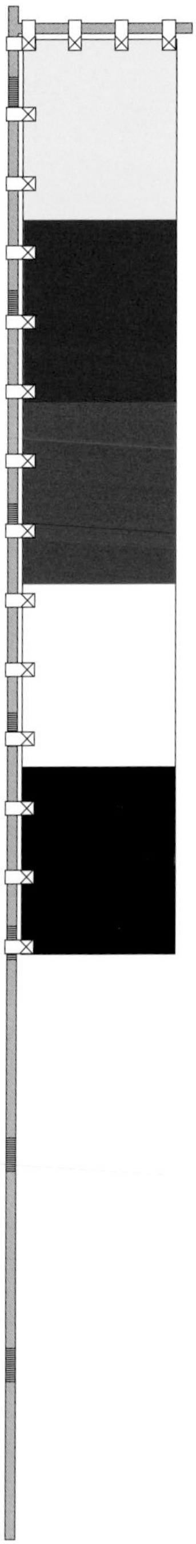

本多忠勝

本多忠勝為德川四天王之一，自幼即侍奉德川家康，據傳他一生中參加過五十七場戰役，從未受過傷。他勇猛善戰，織田信長曾稱讚他是「名符其實的勇士」，豐臣秀吉則讚美他「東國有本多平八」。個性質樸剛健的本多忠勝不使用代代相傳的家紋「丸立葵」紋，改以從遠方也能清楚辨識的「白底胴黑本字」為軍旗，強調辨識度勝過家世這點，的確是他的一貫作風。至於馬印，則是在旗幟上繪有伏魔避邪的中國神祇「鍾馗」，亦蘊含「勝機」之意。

毛利元就（輝元）

以「三矢之訓」聞名的毛利元就，從安藝國的一介小領主躍升為中國地方勢力最龐大的大名，被譽為戰國時代最出色的謀略家。而毛利元就的孫子毛利輝元的實力也不容小覷，他曾被豐臣秀吉任命為五大老之一，在關原之戰時被擁立擔任西軍總大將。

毛利家使用的軍旗是在白底旗幟上印有「一文字三星」家紋，有的軍旗還會寫上軍神摩利支天及八幡大菩薩的名字。毛利輝元的遺物當中有一面柿色底的流旗上印有「一文字三星」紋，由此可知此為其軍旗。

左右戰爭勝敗的意外物品

戰場上最恐怖的就是同隊士兵自相殘殺。士兵在相隔咫尺的近身戰中，必須先辨識孰敵孰友才能進行作戰，這就是旗指物的作用。士兵就是根據插在鎧甲後方的小旗旗印，來分辨敵我。

不過在戰況激烈下，旗指物也會折斷或脫落，因此在甲冑及衣服上也會印有表示自己人的印記（合印）。儘管如此，在雨中作戰或是夜襲時等還是看不到旗指物或合印。這時就要使用暗語，像是當對方說「山」時，就要回答「川」之類的暗號。或是如同赤備軍般使用顏色統一的武具。然而就算做好充分準備，似乎還是難免同隊士兵自相殘殺的情況。

此外，石頭也是意外好用的武器，主要是非戰鬥成員的小荷馱隊所使用。小荷馱隊在戰場上並不起眼，負責用馱馬或牛將兵糧、彈藥及設置陣營的道具等運送到戰場。一旦合戰開打，當敵軍攻打過來時他們便以石頭等為武器作戰。

日本的投石器並不發達，因此幾乎都是用手投擲石頭。另外還有一種名為「印字打」的投擲方法，也就是用繩帶或布包住岩石，在空中揮舞後擲出。這種擲法又名「石打」，可延長石頭的飛行距離，這種情況下也可以改用投石繩或投石器等道具。

另外，情報也是一項左右戰局的關鍵。「狼煙」是當時最迅速的通訊方式。武田氏在領地內每隔數公里就設置一座狼煙台，以狼煙接力的方式傳遞情報，稱之為「繫狼煙」。只要根據狼煙升起的數量來決定暗號，就能夠把握情況。

每個大名都有獨自的狼煙通訊方式，因此就算間諜佔領狼煙台燃放假消息，也不會出現效果。豐臣秀吉就曾使用狼煙來聯絡大坂城及京都的伏見城。只要天氣放晴，就能順利取得聯絡。

第九章

武將甲冑

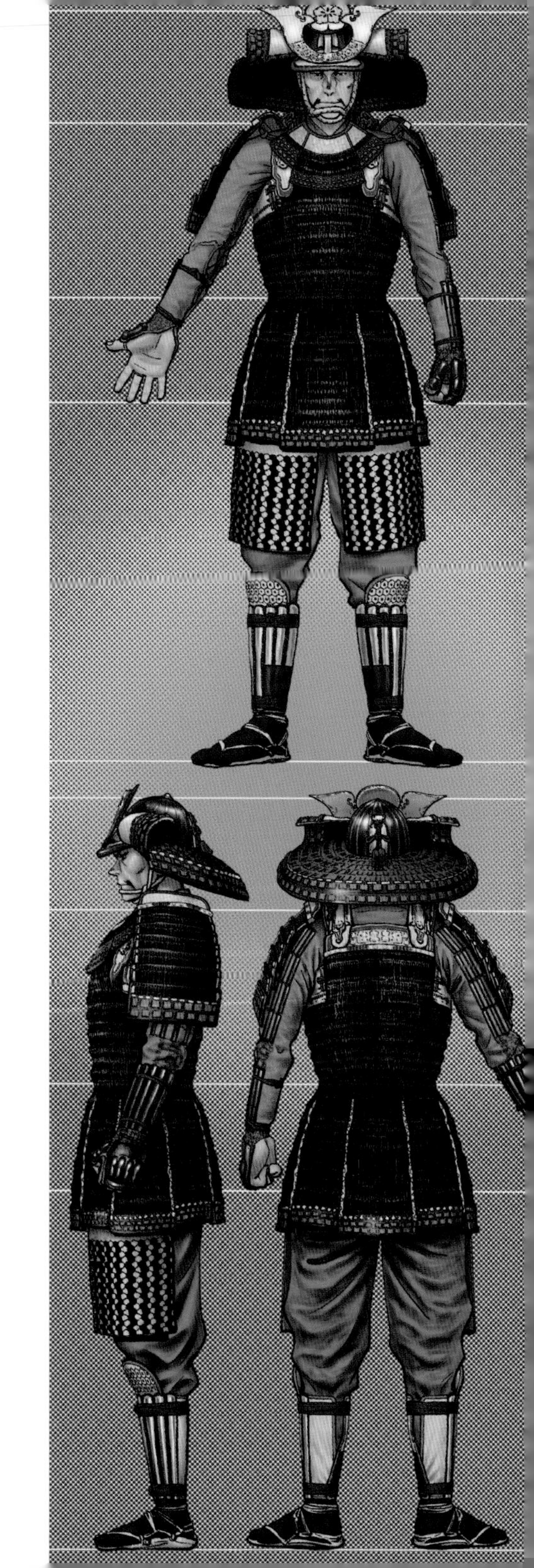

足利政氏

統治下總國古河（茨城縣古河市）的戰國武將（一四六二～一五三一年）

這套具足流傳在足利政氏所建的菩提寺「甘棠院（埼玉縣久喜市）」，在《新編武藏風土記稿》中

足利政氏所用　縹糸威最上胴丸具足（埼玉縣立「歷史與民俗博物館」所藏）

留下足利政氏曾穿過的記錄。在文獻中具體記載傳承始末的具足相當稀少，因而顯得彌足珍貴。現由埼玉縣立「歷史與民俗博物館」所藏。

兜：鉢是以鐵為材質，為六間黑漆塗的阿古陀形（阿古陀瓜屬於南瓜的一種，由於鉢的形狀似此瓜而得名），鞠為三片板物構成的日根野形，使用縹繩（淡藏青色繩）以毛引威方式連綴而成。

鎧：胴為最上胴丸，是用縹繩以素懸威方式將鐵製板札連綴製成。胴丸為五枚胴構造，為方便穿脫，在左右兩腋共四處裝有蝶番。草摺以皮革為材質，為六間五段構造，上面以金蒔繪繪有足利家的家紋「嵯峨桐紋」。這套幾乎全黑且具實用性的具足，只在重要部位印有金蒔繪的足利家家紋，流露出幾分華麗。

毛利元就

安藝國的小領主成為支配中國地方的霸主

（一四九七～一五七一年）

毛利元就原是安藝（廣島西部）的小豪族，先是合併小早川家，其後在村上水軍的協助下隨心所欲地指揮

毛利元就所用　色色威腹巻（毛利博物館所藏）

水軍，最後平定整個中國地方。傳聞毛利元就曾以三支箭綁在一塊就不易折斷的道理，教導其子三兄弟團結的重要性，這件事雖非史實，不過寫給其子的教訓狀確實流傳下來。

兜：以鐵為材質的二十八間阿古陀形筋兜鉢，表面塗上黑漆，鉢緣以鍍金的總覆輪[68]滾邊。鞠為三片笠鞠。前立為三鍬形。

鎧：這件腹巻為盛上小札製，由前後立舉各二段、長側四段及七間五段下垂的草摺所構成。連綴方式為紅、白、紫三色繩構成的色色威。

　就戰國初期戰國大名的甲冑而言，這件腹巻可說是忠於傳統的正統派。相較於胴丸，腹巻重視徒步戰及海戰更勝於騎馬戰。位在腹卷背部接合處的總角，具有防止敵軍攻擊空隙的機能。

上杉謙信

人稱越後之虎、與武田信玄展開生死鬥的男人

（一五三〇～一五七八年）

上杉謙信與甲斐的勁敵武田信玄曾在川中島上演五度生死鬥，不過根據《甲陽軍鑑》，武田信玄臨終前留

上杉謙信所用　色色威腹卷（上杉神社所藏）

給後繼武田勝賴的遺言寫道：「謙信是名重情義的武將，只要受人所託就絕不會袖手旁觀。在我死後，你可以倚賴謙信」。另外，據說正在用餐的上杉謙信接獲武田信玄的訃聞時，將筷子掉落在地，嚎啕大哭地說：「吾失去好敵手，如此英雄世上又有幾人（出自《日本外史》）」。

兜：兜鉢由鐵鍺為底漆塗六十二片所構成，鞠為三段式笠鞠，下方裝有伊予札二重鞠。並以上杉謙信篤信的戰勝之神飯綱權現作為前立，表層鍍金。

鎧：胴為前立舉二段、後立舉三段，以及長側四段構造，以三色的色色威方式連綴而成。袖是採用下擺較寬的廣袖，與胴一樣以紫、紅、藍三色的色色威方式連綴而成。是件風格不凡的腹卷。

織田信長

統一天下的夢想在達成前夕慘遭斷送的悲劇武將（一五三四～一五八二年）

織田信長所用　紺糸威胴丸具足（健勳神社所藏）

據傳這套是織田信長在的桶狹間之戰（織田軍以少數兵力突襲駿河的今川義元率領之二萬五千軍隊，贏得勝仗）所穿戴的具足。就喜歡嘗鮮的織田信長而言，竟會穿上這套舊式的具足，令人意外。這套具足後來傳到其子孫柏原藩織田家，有研究者從胴與大袖的小札僅出現些微不一致，判斷甲冑經過江戶中期的精準復原。

兜：鐵製兜鉢，為黑漆塗片白[69]四十間構成的筋兜，鞠是由三段下垂、二段吹返[70]所構成的笠鞠。

鎧：胴是使用黑漆塗的本小札構成，為前立舉二段、後立舉三段構造，並以藏青色繩連綴製成。展現出甲冑特有的威風凜凜姿態。

這套具足由京都的健勳神社所藏。健勳神社是明治初期為了頌揚織田信長的功績所興建的神社。

豐臣秀吉

綽號「猴子」的一介農民飛上枝頭變天下人

（一五三七～一五九八年）

織田信長在攻打稻葉山城之際，曾計畫讓鵜沼城城主大澤基康倒戈。羽柴秀吉好不容易說服大澤基康歸

據傳為豐臣秀吉所用色色威二枚胴具足（名古屋市秀吉清正紀念館所藏）

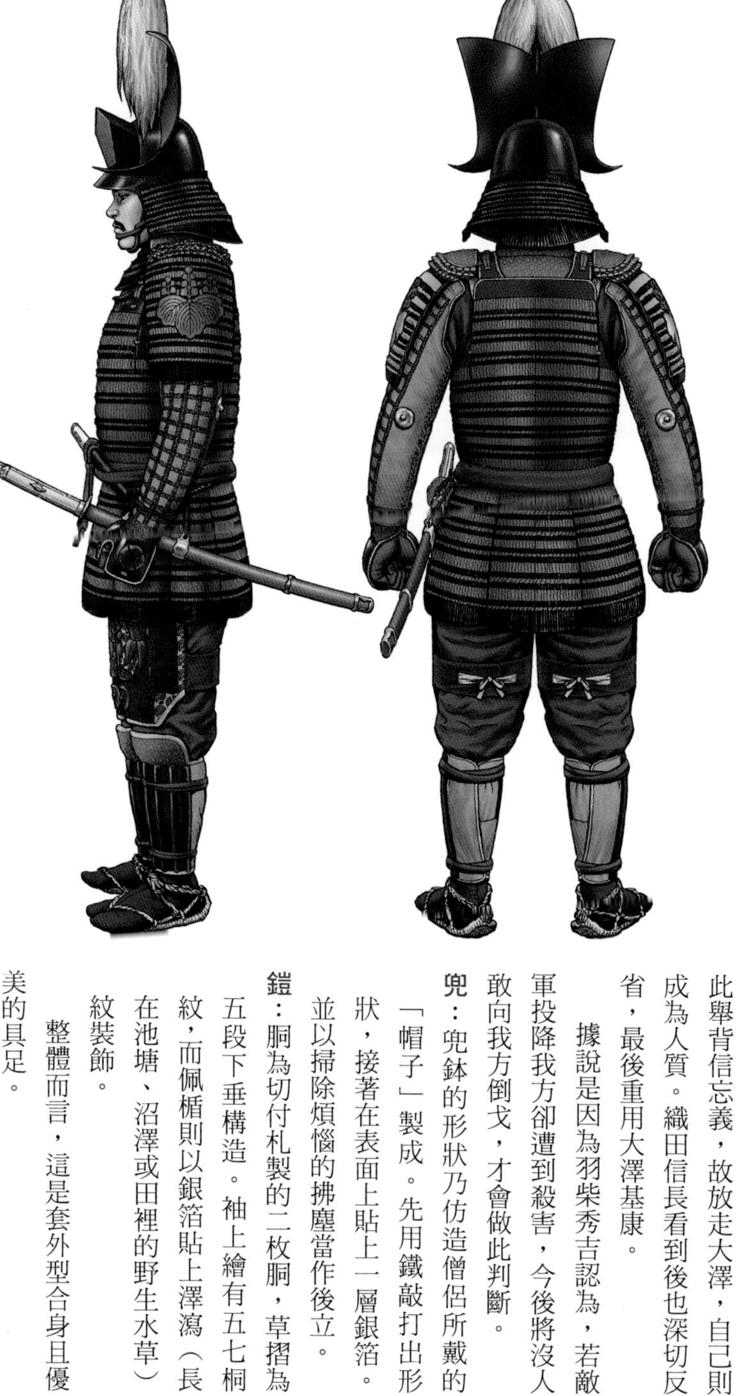

降，正當事情進展順利時，織田信長卻下令殺掉大澤基康。羽柴秀吉認為此舉背信忘義，故放走大澤，自己則成為人質。織田信長看到後也深切反省，最後重用大澤基康。

　據說是因為羽柴秀吉認為，若敵軍投降我方卻遭到殺害，今後將沒人敢向我方倒戈，才會做此判斷。

兜：兜鉢的形狀乃仿造僧侶所戴的「帽子」製成。先用鐵敲打出形狀，接著在表面上貼上一層銀箔。並以掃除煩惱的拂塵當作後立。

鎧：胴為切付札製的二枚胴，草摺為五段下垂構造。袖上繪有五七桐紋，而佩楯則以銀箔貼上澤瀉（長在池塘、沼澤或田裡的野生水草）紋裝飾。

　整體而言，這是套外型合身且優美的具足。

前田利家

「槍之又左」成為加賀百萬石的藩祖。
（一五三七～一五九九年）

前田利家侍奉織田信長時，以「槍之又左」的名號威震八方。他年

前田利家所用 金小札白糸素懸威胴丸具足（前田育德會所藏）

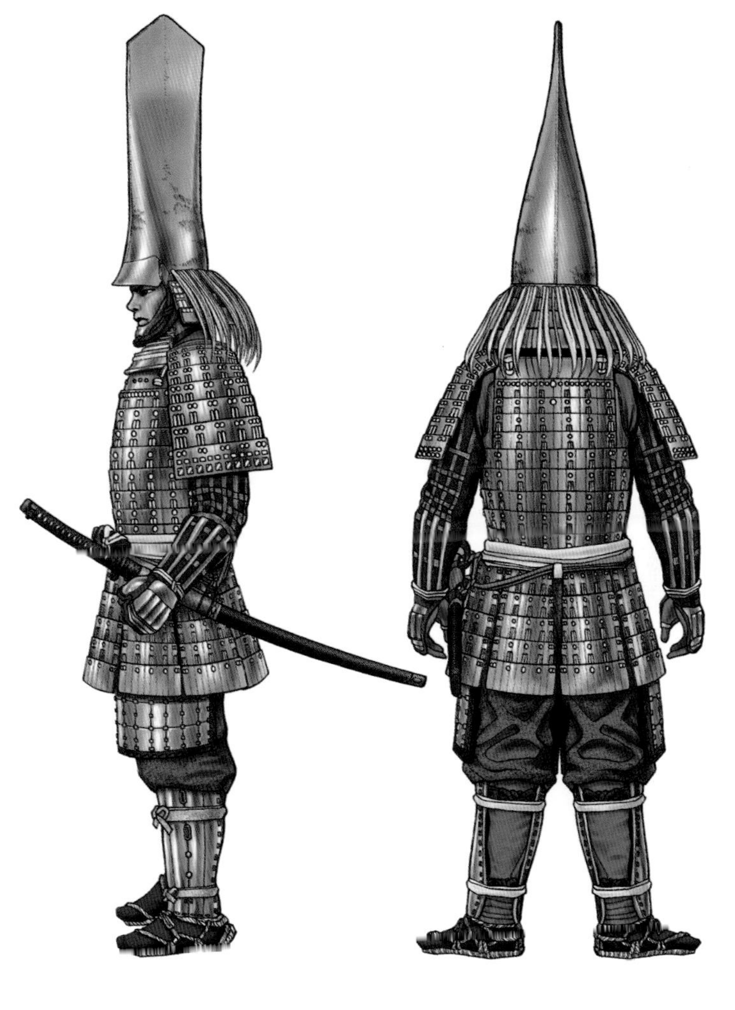

輕時是個性情急躁、好鬧事、喜歡誇張裝扮的「傾奇者」[71]。就算被處以禁閉處分仍擅自參戰，靠著在桶狹間之戰及森部之戰立下戰功，總算獲准回到崗位。接著先後侍奉豐臣秀吉與德川家康，奠定加賀百萬石的基礎。

兜：兜鉢以煉革（將皮革用火烘烤鞣製後，再用力敲打所合成的皮革）為材質，仿造熨斗烏帽子所製，表面貼有一層金箔。高度達六十八．五公分。

鎧：胴丸為貼上金箔的伊予札本縫延製，其構造為前立舉三段、後立舉四段及長側五段，用白繩以素懸威方式連綴製成，草摺為七間五段構造。據說前田利家在進入末森城時，穿的就是這套全身貼滿金箔的具足，原因是為了向全天下展示加賀的金飾工藝技術。

黑田如水

奠定黑田武士基礎的福岡藩藩祖

（一五四六～一六〇四年）

黑田如水是擅長運籌帷幄的武將，在青山．土器山之戰，他僅以三百兵力向率領三千大軍進攻姬路城的

黑田如水（孝高）所用黑糸威胴丸具足（福岡市博物館所藏）

赤松政秀發動突襲，結果成功獲勝。據說羽柴秀吉能夠成功攻下鳥取城及備中高松城，也是因為黑田如水的獻計。此外在小田原征伐時，他也發揮交涉術，讓小田原城無血開城。

兜：為朱塗合子形兜，這頂形狀奇特的兜被稱為「如水的赤合子」，令人聞風喪膽。

鎧：以黑繩連綴製成的胴丸，搭配朱色的兜及佩楯，色彩搭配協調。

黑田如水對豐臣秀吉盡忠盡義，但豐臣秀吉卻畏懼其才智而逐漸疏遠他，說道：「這世上最令人畏懼的就是德川與黑田」。在關原之戰，九州大名跟隨西軍出征，國內守備變薄弱，黑田如水便趁機將安岐城、富來城、臼杵城、角牟禮城、日隈城、小倉城及香春岳城等一一攻下，證明自己寶刀未老。

真田昌幸

真田幸村之父，讓德川氏飽嘗苦頭直到最後一刻的智將（一五四七～一六一一年）

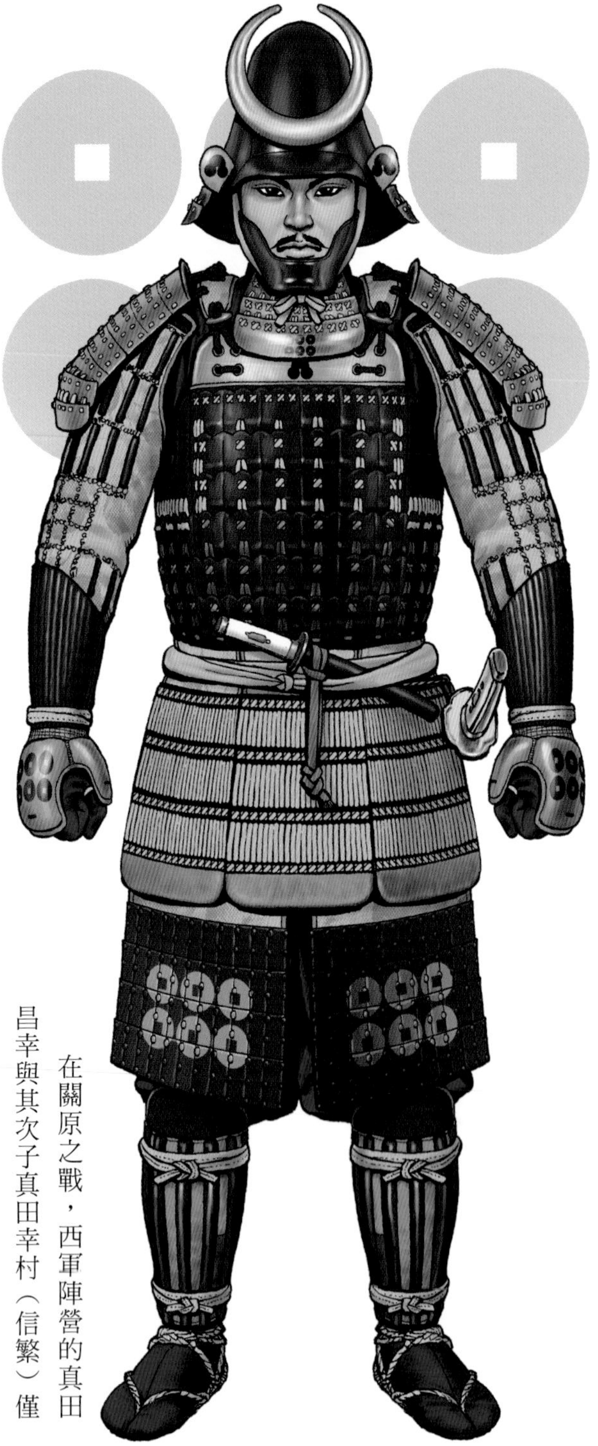

在關原之戰，西軍陣營的真田昌幸與其次子真田幸村（信繁）僅率領二千士兵迎擊德川秀忠——日

真田昌幸所用
啄木糸素懸威伊予札胴具足（上田市立博物館所藏）

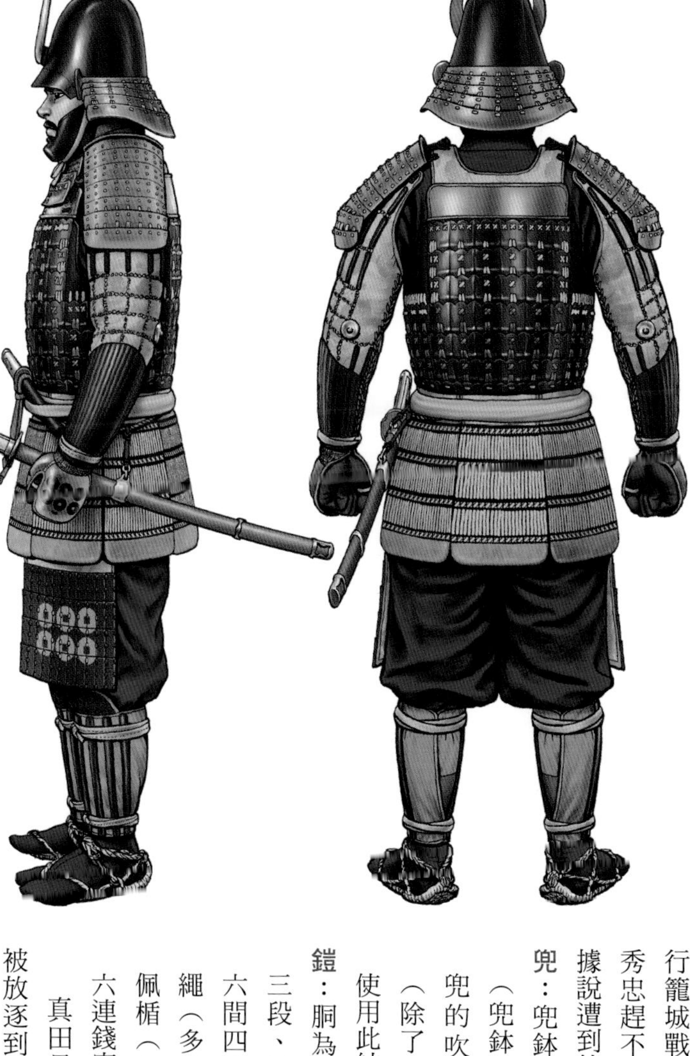

後德川幕府第二代將軍所率領的三萬八千大軍。真田昌幸在上田城進行籠城戰，擊退德川秀忠。使德川秀忠趕不上關原之戰，出盡洋相，據說遭到德川家康厲聲斥責。

兜：兜鉢以鐵為材質，為突盔形鉢（兜鉢頂端突出的兜之統稱），兜的吹返上以黑漆繪上州濱紋（除了有名的六連錢家紋外，亦使用此紋）。

鎧：胴為黑漆塗伊予胴，由前立舉三段、後立舉四段、長側五段及六間四段草摺所構成，並用啄木繩（多彩的組紐）連綴而成。而佩楯（保護腿部）上以金箔貼上六連錢家紋。

真田昌幸在關原之戰吞敗後，被放逐到高野山結束其一生。這套具足一直由其家臣所守護。

本多忠勝

德川四天王之一，生平參戰五十七次
全都毫髮無傷（一五四八～一六一〇年）

本多忠勝所用　黑糸威二枚胴具足（本多隆將氏所藏）

據說本多忠勝自一五六〇年初上戰場以來，參與過姉川之戰、小牧・長久手之戰、關原之戰等共計五十七次戰事，從來沒有受過傷。

兜：為塗黑的十二間椎實兜，以鹿角為脇立，獅子咬為前立。𩋡為黑糸威本格卷板札四段構造，用黑繩以素懸威方式連綴而成的傘𩋡。

鎧：胴是使用塗黑的伊予札，用黑繩以素懸威方式連綴製成，袖及草摺的製法與胴相同，前者為五段大袖，後者為七間五段構造。

　這套具足最大特徵在於如大型鹿角的脇立，以和紙糊成，再塗上黑漆硬化。在戰場中能毫髮無傷的秘密即為重量輕且活動自如，更從實戰經驗中不斷改良。整體黑色調且設計簡樸，有一致的美感。而斜掛在身上的塗金念珠，亦象徵本多忠勝的生死觀。

上杉景勝

繼承越後上杉謙信之位的寡默名將

（一五五六～一六二三年）

上杉景勝是上杉謙信的養子，在家督之爭勝出後繼承上杉家。其領地除了蒲生氏舊領地之外，再加

上杉景勝所用　鐵黑漆塗紺糸威異製最上胴具足（新潟縣歷史博物館所藏）

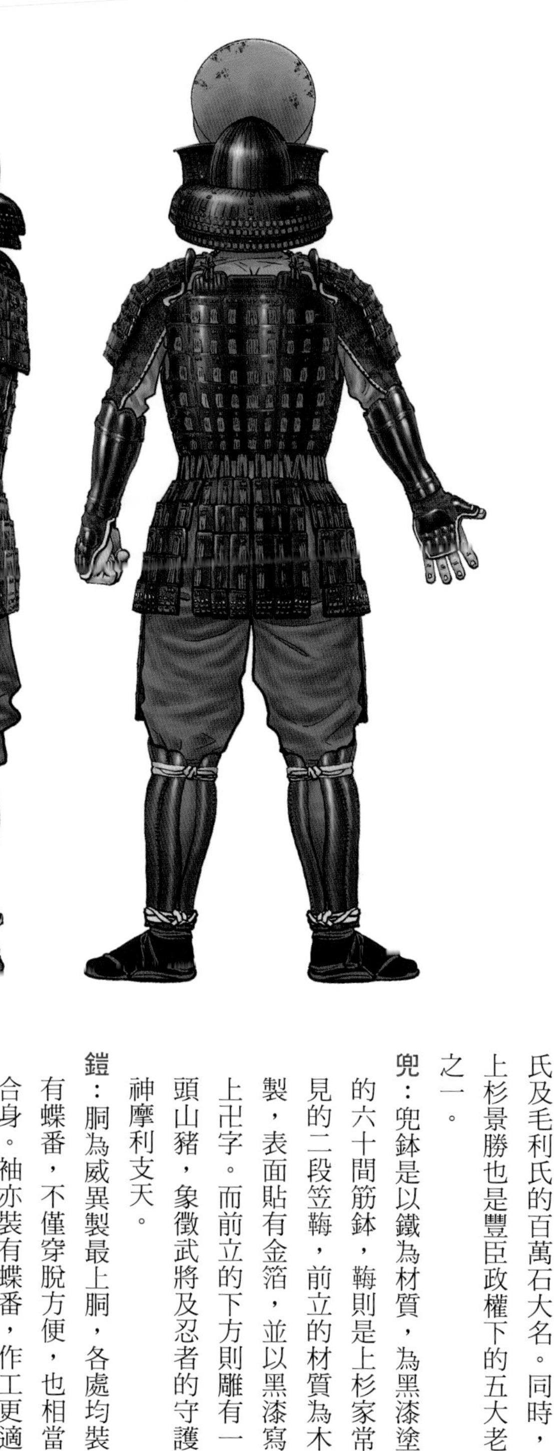

上出羽國庄內三郡（山形縣）共計一二〇萬石，成為俸祿僅次於德川氏及毛利氏的百萬石大名。同時，上杉景勝也是豐臣政權下的五大老之一。

兜：兜鉢是以鐵為材質，為黑漆塗的六十間筋鉢，鞠則是上杉家常見的二段笠鞠，前立的材質為木製，表面貼有金箔，並以黑漆寫上卍字。而前立的下方則雕有一頭山豬，象徵武將及忍者的守護神摩利支天。

鎧：胴為威異製最上胴，各處均裝有蝶番，不僅穿脫方便，也相當合身。袖亦裝有蝶番，作工更適用於實戰。另外，從兜的內側刻有「永祿六年」（當時上杉謙信才三十四歲）來看，這頂兜很可能是上杉謙信所製造。

直江兼續

米澤藩上杉家家老，貫徹對故鄉與人民的關愛

（一五六〇～一六二〇年）

直江兼續所用　金小札淺蔥威二枚具足（上杉神社所藏）

輔佐初代米澤藩藩主上杉景勝的直江兼續，是位文武兼備的智將，留下了不少功績，像是開發新田及治水事業、將織好的布料銷售到京都，獲得龐大的收益等。

直江兼續對德川家康下達的最後通牒，態度凜然地寫了一封〈直江狀〉，這封申訴狀雖很有名，但屬實與否的論戰至今仍持續不斷。

兜：為筋兜鉢，鞠是充滿古風的三片笠鞠，內裝有上杉家獨特的二重鞠。飾有「愛」字作為前立。

鎧：胴的立舉貼有金箔，並用紅繩以毛引威方式連綴製成。長側是用淺蔥色繩以素懸威方式連綴製成，這兩色形成強烈的對比美。

兜鉢上引人注目的「愛」字型前立，據說是象徵佛法守護神、同時也是軍神的愛染明王。

石田三成

繼承豐臣秀吉的遺志，與德川家康決戰關原

（一五六〇～一六〇〇年）

石田三成所用　紅糸素懸威伊予札二枚胴具足

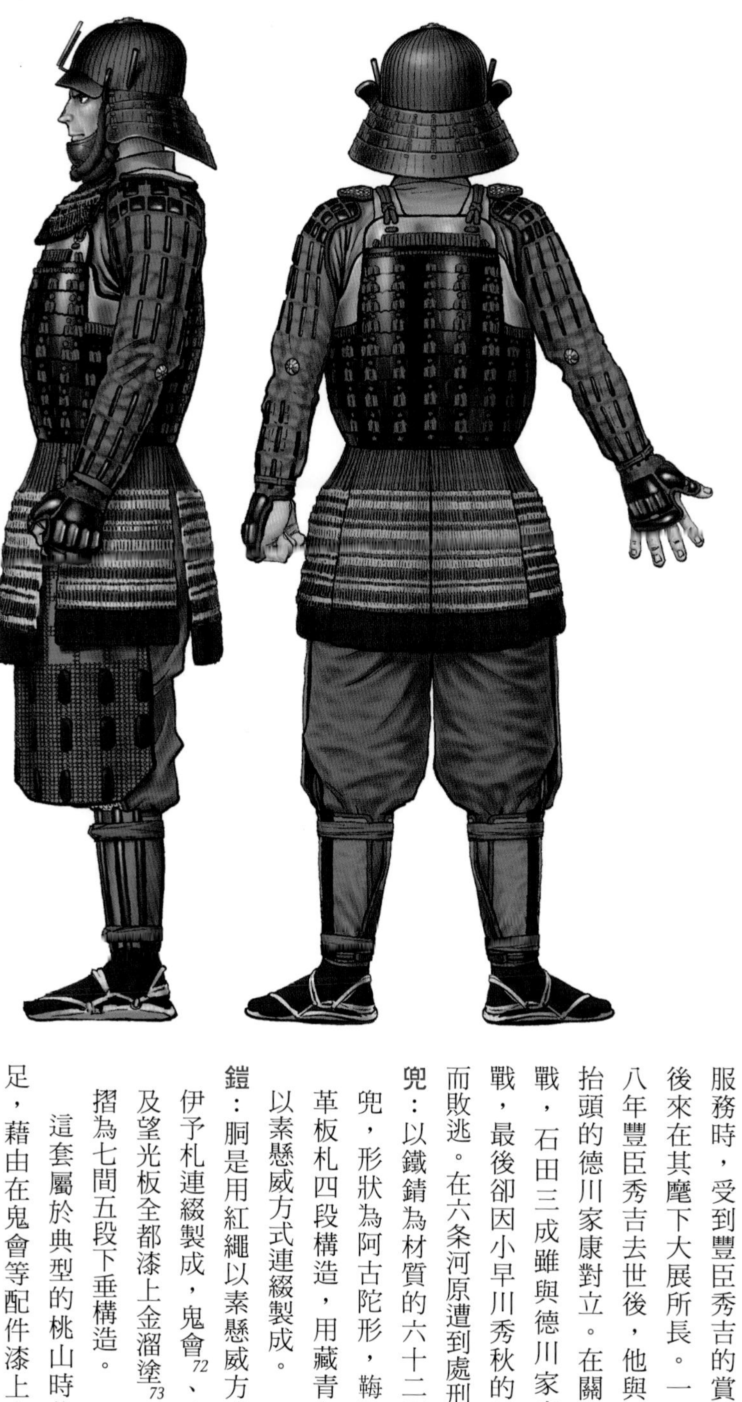

石田三成被安置在觀音寺修行服務時，受到豐臣秀吉的賞識，後來在其麾下大展所長。一五九八年豐臣秀吉去世後，他與勢力抬頭的德川家康對立。在關原之戰，石田三成雖與德川家康奮戰，最後卻因小早川秀秋的倒戈而敗逃。在六条河原遭到處刑。

兜：以鐵鏽為材質的六十二間筋兜，形狀為阿古陀形，鞠為皮革板札四段構造，用藏青色繩以素懸威方式連綴製成。

鎧：胴是用紅繩以素懸威方式將伊予札連綴製成，鬼會[72]、脇板及望光板全都漆上金溜塗[73]。草摺為七間五段下垂構造。

這套屬於典型的桃山時代具足，藉由在鬼會等配件漆上金溜塗，讓成品顯得更加華麗奪目。

井伊直政

德川四天王之一，令人聞風喪膽、人稱「赤鬼」的猛將（一五六一～一六〇二年）

井伊直政二十二歲時，德川家康將一一七名武田氏遺臣分派到其麾下成為井伊家家臣，這就是令人聞風喪膽的「井伊赤備軍」開端。

井伊直政所用　朱漆桶側胴具足（彥根城博物館所藏）

凡軍階在大將以下的士兵，整個軍團都穿上塗朱漆的軍裝，想必相當引人注目。從小牧・長久手之戰到關原之戰，井伊直政身為一軍將領卻喜歡打頭陣。據說其死因是在關原之戰遭到鐵砲擊中，傷口引發破傷風而致死。

兜：兜鉢為朱赤塗頭成兜，脇立則是表面貼上金箔的天衝[74]。

鎧：胴、袖及草摺清一色為朱赤塗，用藏青色繩連綴製成。

裝飾兜的立物根據身份不同而有區別，藩主以貼金箔的天衝當作脇立，直臣以貼金箔的割天衝當作前立，至於陪臣（家臣的家臣）則以貼銀箔的割天衝當作前立。比起展現個人特色，德川的精銳部隊「井伊赤備軍」可說是選擇讓整個軍團都成為注目焦點。

加藤清正

既是築城高手，也是打虎聞名的熊本藩藩祖

（一五六二～一六一一年）

加藤清正曾先後侍奉豐臣秀吉與德川家康，也是一位築城高手，除了修築

據傳為加藤清正所用
金小札色色威片肌脫胴具足（東京國立博物館所藏）

居城熊本城之外，亦參與過名古屋城、江戶城重要部分的修築。

此外，他在治水與開發新田等土木事業方面亦發揮長才，至今仍留下不少具實用性的建築。也在農閒時期推動土木事業，不分男女全體動員，並支付應得的報酬，因此至今仍受人民愛戴。

兜：為頭形鉢，並植入熊毛。在眉庇上刻出額頭紋，並在表面塗上肉色。

鎧：為以鐵為材質的二枚胴，左側使用紅、萌蔥、藏青、白、紫等色繩以色色威方式連綴金小札製成，右側則在前胴敲打出肋骨及乳房形狀，後胴則敲打出肋骨與脊椎形狀，並塗上肉色漆。這種胴稱作片肌脫胴，象徵裸體。此外，面頰與籠手亦塗上肉色漆。這套具足不但能以奇異的姿態威嚇敵軍，胴的左側與佩楯也因大量使用金箔，呈現出豪華絢爛的風格。

細川忠興

貫徹與逆賊明智光秀之女伽羅奢的夫婦愛
（一五六三～一六四六年）

細川忠興娶明智光秀之女阿玉（之後被稱為細川伽羅奢）為妻，儘管後來光秀舉兵討伐主君信長，使阿玉遭人指責為逆賊之女，他卻沒有休掉妻子，而是將她幽禁以逃過一劫。

細川忠興（三齋）所用 黑糸威革包畦目綴二枚胴具足（永青文庫所藏）

阿玉在豐臣秀吉下令嚴禁基督教後，仍受洗為基督徒，即使如此，細川忠興也只有大發雷霆逼她改信，並沒有處罰或是休掉她，流露出沙場猛將柔情的一面。

兜：兜鉢為越中頭形，以長尾雉的尾羽當作立物。

鎧：胴是以包覆黑色皺革的板札製成，屬於前側九段、後側十段的二枚胴。草摺是以伊予札製成，構造為八間六段，二段裾板則以緋色天鵝絨所包覆。

這套是細川忠興歷經逾五十次實戰，反覆改良而成的具足。因穿這套具足參加關原之戰獲勝，帶來好兆頭，故成為上自藩主、下至家臣的正式裝備，稱為「三齋流」或「越中流」。實用且高格調，展現威繩樸素色調與鮮艷緋色裾板所形成的對比。

森蘭丸

侍奉織田信長，在本能寺與主公殉死的十八歲小姓

（一五六五～一五八二年）

森蘭丸所用　胴丸具足（伊澤家所藏）

據傳，森蘭丸是名才貌兼備的武將。有一件相當有名的軼事：有一次，織田信長不慎口誤，命令森蘭丸將已關上的障子門關好，這時，森蘭丸先拉開障子門再關上，並發出關門聲。從這件軼事可知，不管再怎麼細微的小事，在部下面前主君永遠是對的。

兜：兜缽為六片鐵片所構成的六間瓜形兜，並以「南無阿彌陀佛」的文字作為前立。

鎧：胴、袖及草摺均以皮革製成，其中在袖與草摺上貼有金箔。至於從前立「南無阿彌陀佛」來看，這套具足應是森蘭丸之母妙向尼所送的。這套具足的金箔與黑漆維持絕妙的平衡，而以緋紅、艾綠、卯花白等色繩連綴的色色威，可說是象徵了豪華絢爛的桃山文化。但據說森蘭丸從未穿過這套具足作戰。

立花宗茂

一生波瀾萬丈，從大名淪落為浪人，再從浪人回歸大名（一五六七～一六四三年）

立花宗茂侍奉豐臣秀吉，九州征伐時立功，被評為「忠義勇猛為九州第一」，成為十三萬二千石的大名。然而為了堅守對豐臣秀吉的忠

立花宗茂所用
伊予札縫延栗色革包佛丸胴具足（御花史料館所藏）

義，他在關原之戰加入西軍，結果遭到改易，成為浪人。不過德川家康卻很賞識立花宗茂的實力，對他禮遇有加，最後他以筑後柳川十萬九千石的俸祿重登大名之位。

兜：以大輪貫為脇立，並以唐丸（天然紀念物長鳴雞的一種）的尾羽當作後立。兜的重量約三公斤，為份量十足、堅固牢靠的頭型鉢。

鎧：為鐵製伊予札所製成的縫延胴（以伊予札製成的傳統胴甲），表面以皮革包覆，再塗上錆漆。最後將表面拋光，使成品如同看不到接縫的佛胴般，成為彈丸不易貫穿光滑的表面。草摺則採用朱漆塗。

這套具足的胴及臑當比其他的甲冑大上一圈，故可推測立花宗茂的體型應相當高大。據說，這套具足是在關原之戰前所製成。

伊達政宗

仙台八十二萬石初代藩主——獨眼龍政宗

（一五六七～一六三六年）

由於伊達政宗驍勇善戰，使得一般大眾誤以為他是因為戰爭造成右眼失明，實際上是因年幼時

伊達政宗所用　鐵黑漆五枚胴具足（仙台市博物館所藏）

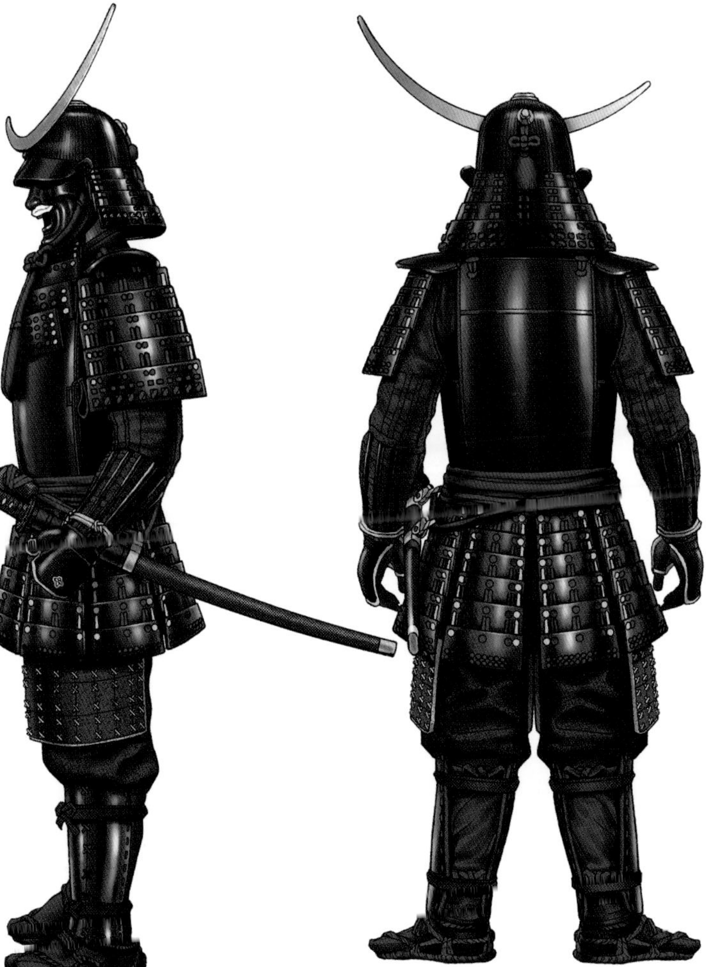

羅患天花而造成失明。

兜：兜鉢以鐵為材質，為黑漆塗六十二間筋鉢，上面刻有兜銘「宗久」二字。鞠則是黑漆塗鐵板物四段構造，吹返部分鏤空刻有梅鉢紋。前立是貼金箔的細長弦月，其左右不對稱的設計不僅充滿美感，在實用方面，亦不會妨礙揮舞太刀。

鎧：胴是由五片黑漆塗鐵板所構成，草摺則是黑漆塗九間六段下垂構造。由於仙台藩歷代藩主與家臣代代繼承這套胴甲，因此五枚胴亦稱作仙台胴。

　這套具足使用大量的鐵以達到防彈效果，總重量重達二十公斤。一身漆黑中外加一輪黃金弦月，這套設計洗練的甲冑帶給京都民眾極大的視覺衝擊。

片倉重綱

伊達政宗的重臣，人稱「鬼之小十郎」

（一五八五～一六五九年）

片倉重綱的母親在懷他時，其父片倉景綱曾因「主君的嫡子尚未出生，片倉家豈可有喜事」，打算殺害他，最後在伊達政宗調解下誕生。而

片倉重綱所用鐵黑漆五枚胴具足（仙台市博物館所藏）

他藏匿逆賊真田幸村之女，後來娶她為妻的軼事也相當有名。

片倉重綱的首次出征，是在十五歲時參加關原之戰攻打白石城，其後在大坂之陣一舉討伐名將後藤又兵衛，立下戰功。

兜：兜鉢為貼金箔的六十二間筋鉢，鞠則在吹返部分鏤空刻上九曜紋（基於印度占星術設計的家紋），為黑漆板物五片構造，用藏青色繩以素懸威方式連綴而成。前立是貼金箔的八日月及愛宕權現守札。八日月為伊達家的合印，至於愛宕權現守札則是片倉家的合印。

鎧：為鐵製的黑漆塗五枚胴，草摺則是黑漆塗板物九間六段構造，用藏青色繩以素懸威方式連綴而成。

仙台藩的前立為月亮，身份愈高，月亮愈細。

讓敵軍不寒而慄的井伊赤備軍

「赤備」的「備」是指戰國時代的「軍團」。其編制包括弓隊、鐵砲隊、槍隊等足輕部隊、騎兵隊、以及擔任補給部隊的小荷駄隊，總人數約三〇〇～八〇〇人。而「赤備」則是指上自大將、下至足輕使用的所有裝備，包括甲冑、旗指物、刀槍等武具的一部分、陣羽織，甚至連馬具都是，全都染上一片朱紅的軍團。最有名的就是德川四天王之一井伊直政所率領的井伊赤備軍。

原本赤備軍是隸屬武田軍旗下的一支軍團，井伊直政在武田氏滅亡後接收武田舊臣時，為鞏固軍心，故將井伊軍全部改編為一身紅的「赤備軍」。

被井伊軍接收合併的舊武田軍心裡當然不好過，何況他們自詡為身經百戰的最強軍團，更甭說當時井伊直政只是個年僅二十出頭且毫無戰績的年輕武士了。因此為了不傷害他們的自尊心，井伊直政才沿用舊武田軍的「赤備軍」，也是守護他們榮耀的高招。

在德川家康對上豐臣秀吉的小牧・長久手之戰，「井伊赤備軍」立下了創隊後的第一個戰功。井伊直政雖身為指揮官，卻採用單槍匹馬殺入敵陣這種超乎常識的戰術。而家臣們也不能落於大將之後，自然就會發動突擊。看到大將身先士卒、率領一身朱紅的軍團全速衝過來，敵軍當然會心生恐懼。

當時，朱色是使用名為辰砂的礦石所提煉製成。由於辰砂的價格昂貴，因此一身朱紅的武士給人驍勇善戰的印象。當成千上百名紅武士攻打過來時，自然會讓敵兵嚇得全身僵硬。

井伊直政從這時起就被稱作「井伊赤鬼」。雖然家臣們再三勸告「若大將帶頭殺入敵陣就沒人指揮軍隊了」，他卻依然故我，終生以此戰術奮戰到底。

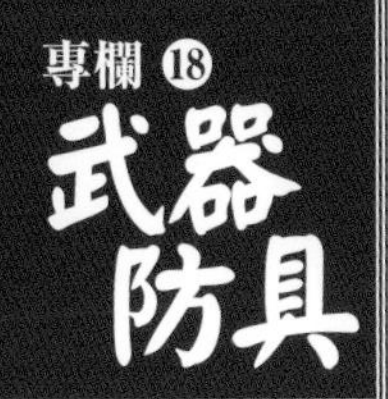

信長與家康賞賜給年輕武士的榮耀——長篠一文字與大般若長光

由於武田家家臣奧平家的反叛，使得織田信長、德川家康聯軍與武田勝賴軍爆發衝突，掀起長篠之戰。德川家康想拉攏優秀的武士集團奧平家，在他的說服之下，奧平貞能與奧平貞昌父子及其一族便趁武田信玄死後投靠德川陣營。

武田勝賴對奧平家的背叛深感憤怒，於是率領一萬五〇〇〇大軍包圍奧平貞能之子貞昌所鎮守的長篠城。儘管這是場雙方兵力懸殊的籠城戰，有鑑於奧平家家臣烏居強右衛門等人賭命盡忠奮戰，在織田與德川援軍抵達之前，奧平貞昌仍率領長篠城五〇〇兵力奮勇抵抗，死守城池。最後在奧平貞昌的活躍下，援軍抵達後隨即迅速佈陣，才得以擊潰武田軍。

織田信長為了讚揚奧平貞昌死守長篠城的表現，不僅將自己名字中的「信」字以及「武者助」的稱號賞賜給他，同時還贈送他由備前刀匠福岡一文字派所打造的太刀。這把太刀刃長二尺三寸四分（約七〇．九公分），刀幅寬且腰反高，外型相當豪壯，現已被指定為國寶。自此，奧平貞昌便改名為奧平武者助信昌，將一文字太刀冠上該戰役名，取名為「長篠一文字」。

另一方面，德川家康也贈送奧平信昌名刀「大般若長光」，以犒賞其功勞。大般若長光是由備前長船的刀匠長光作所打造的太刀，也是自室町時代以來評價極高的名刀。這把刀在當時價值六〇〇貫，而恰巧大般若經共計六〇〇卷，因而取名為大般若。附帶一提，當時最高級的刀價格也不過一〇〇貫，而正宗的價格為五〇〇貫，由此可見大般若長光有多昂貴。

大般若長光原是足利幕府第十三代將軍足利義輝的佩刀，後來賞賜給三好長慶，接著又傳到織田信長手上，之後又賞賜給在姉川之戰立下戰功的德川家康。其刃長二尺四寸三分（約七十三．六公分），現被指定為國寶，由東京國立博物館所藏。

誰是戰國最強武將

一談到誰是最強的戰國武將，在戰國迷之間就會掀起一陣激烈的討論，不光是針對戰略及戰術，一提到哪個武將最擅於手持武器進行個人戰，討論也會愈演愈烈。

在這類話題中，一定會被舉出的就是本多忠勝。侍奉德川家的本多忠勝為德川四天王之一。他從十三歲時在大高城之戰負責運糧、首度出征，一直到關原之戰，共計參加過五十七場戰役，據說從未受過傷。他頭戴鹿角造型的鹿角脇立兜，縱橫奔馳在沙場上。

本多忠勝偏好輕量的甲冑，以迅速的動作作為自身的武器。他手持名為「蜻蛉切」的槍，由於其槍尖將停在其上的蜻蜓一分為二，因而得其名。據說「蜻蛉切」的刃長四十三．八公分，槍柄長達六公尺。

德川家康在「一言坂之戰」敗給了武田信玄，為了讓德川軍順利逃脫，本多忠勝獨自在武田大軍面前奮戰到最後。而在小牧．長久手之戰，他僅率領五〇〇名士兵對抗率領八萬大軍的羽柴秀吉，好讓德川軍成功逃脫。

關於本多忠勝的英勇事蹟多不勝數。首先是其名「忠勝」的由來，據說是取「唯有獲勝」之意而命名。

到了江戶時代，有位武術家要求與本多忠勝決鬥。他手上持刀，以身上綁著襷[75]、頭繫鉢卷的裝束等候，不過當他目睹身穿甲冑、手持長槍的本多忠勝騎馬登場時，便一溜煙地逃走了。

關於本多忠勝的晚年有這麼一則軼事：據說某天，他用小刀在隨身物品上刻名字時，不慎手滑割傷手指。在戰場上從未受過傷的本多忠勝如此感嘆道：「我的命運就到這裡為止了嗎？」幾天後，他真的去世了。

第一〇章

家紋

家紋

❖家紋的意義

所謂家紋，就是以圖案來表示家族的字號（名字），用來顯示出身、地位及家世等。

從平安時代後期開始使用家紋，起初是用於御所車[76]上。源平合戰時，平氏陣營舉紅旗，源氏陣營舉白旗對戰，這時雙方的旗幟上尚未出現家紋記號；據說到了鎌倉時代初期，武士才開始在戰場上使用家紋。之後在承久之亂、文永・弘安之役等戰役上，武士在自己的武具上繪上家紋作為與他人區分的記號，以彰顯自身的武功。

而自室町時代到戰國時代，由於同族相爭的情況漸增，使用相同的家紋難以區別，故他們各自將家紋加以變化產生新的徽紋，家紋的種類數量也因而遽增。

直到江戶時代，家紋種類約多達三五〇種，再加上變化衍生的家紋，據說現有家紋種類已超過二萬種以上。即使是同一植物或動物圖案，形狀、方向等也各有差異，故設計千變萬化。

此外，家紋的主題可分成下列幾種類型：

◎植物紋
◎動物紋
◎自然、天文紋
◎器材、建築紋
◎文字、圖案紋

每一種徽紋都各有起源及由來，形成極具特徵的家紋。

在本章中，將介紹知名戰國武將的家紋及其由來。

垂藤（下がり藤）

（內藤氏　內藤如安等）

垂藤紋是藤原氏的家紋。藤原氏的始祖為中臣鎌足，藉由與天皇家的姻親關係獨占攝政、關白等重要職位，維持長達一三〇〇年以上的繁華。藤原氏大致可分成公家藤原氏與武家藤原氏，前者除了近藤、鷹司兩家之外，均以藤紋當作家紋；而後者也有不少家採用藤紋為家紋。即使與藤原氏沒有任何關係，仍有不少家族因羨慕其繁華或者單純喜歡其設計，而將藤紋當作家紋。

藤紋是由藤花與枝幹所構成。以花瓣下垂的垂藤為基本形式，亦有不少家族迷信吉凶，改以昇藤（上がり藤）當作家紋。

五七桐

（豐臣氏　豐臣秀吉等）

在中國，桐木自古就是傳說中的神鳥「鳳凰」棲息、發出鳴叫宣告天子誕生的神木，不知何時桐成為天子的象徵，也成為日本天皇家的紋章。而桐紋也隨著皇室賜給臣下、臣下再賜給其屬下，逐漸普及。豐臣秀吉就是最明顯的範例。當豐臣秀吉成為天下人後，除了接受朝廷賜姓豐臣之外，同時也獲賜桐紋與菊紋。之後，他也將桐紋賞賜給旗下的武將，企圖藉由使用相同的家紋來增進與下屬的連帶感與親近感。

桐紋根據花的數量，可分成五三桐及五七桐兩種。

丸三柏

（山內氏　山內一豐等）

自古以來，在神明面前供奉貢品時會用槲樹[77]葉墊在下方。因此，具有神聖意味的槲樹就被視為神木。在平安時代常在服飾上繪有槲樹葉的圖案，由此可知槲樹葉早在被當成家紋之前就已相當普及。

由於槲樹被視為神木，因此有不少神社以柏紋為神紋。而三重縣伊勢神宮的神宮久志本氏以及公家中掌管神道的卜部氏，亦使用柏紋。

柏紋的形狀以三葉構成的三柏紋最有名，由於使用柏紋的家族相當多，因此也衍生出各種不同的類型。

加賀梅鉢

（前田氏　前田利家等）

梅紋大致可分成兩種，一種是採用梅花圖案，另一種則是將五個圓形排列成花瓣的形狀，正中央繪有一個小圓，外觀如同梅花般的梅鉢紋。

梅紋大多分佈在盛行天神信仰的近畿、北九州一帶，而天神菅原道真素以愛梅聞名，因此梅紋也是福岡縣太宰天滿宮的神紋。隨著菅原氏的子孫及天神信徒的使用，使得梅紋逐漸普及。

江戶時代以後，梅鉢紋有增加的趨勢，其中鉢的部分較長者稱作「劍梅鉢」。前田氏的加賀梅鉢即屬於長劍梅鉢。

織田木瓜

（織田氏　織田信長等）

（又稱五木瓜）

三盛木瓜

（朝倉氏　朝倉義景等）

有關木瓜紋的由來並不清楚。有一說法認為此乃瓜果的斷面，也有說法認為這是胡瓜（小黃瓜）的斷面。不過木瓜紋與胡瓜的斷面完全是兩回事，故很難斷定木瓜紋源自胡瓜。

另外，也有說法認為木瓜紋是從中國傳來的圖樣。日本神社的御簾邊緣上常出現這種圖案。而神社御簾的邊緣部分又稱作「帽額（Mokou）」，因此也有說法認為木瓜紋的「木瓜（Mokkou）」是帽額的訛傳。

在戰國時代，最先開始使用木瓜紋的是朝倉氏，據說是源賴朝賜給朝倉太郎這個徽紋。後來織田信長亦使用木瓜紋，據說是源自朝倉氏曾將此紋賜給織田家。

撫子

（齋藤氏　齋藤道三等）

撫子是秋天七草之一，有五片邊緣呈細鋸齒狀的花瓣。由於這種花常在河畔綻放，又名「河原撫子」，也就是一般所說的「大和撫子」，至今仍常用來指稱日本女性。而為了以示區別，從中國傳入的撫子「石竹」則稱作唐撫子。

家紋中的撫子紋大多是以大和撫子為範本，而且為數眾多，美濃齋藤氏也是以撫子紋為家紋，而在令人聞風喪膽的「腹蛇道三」，也就是齋藤道三的畫像上，也出現繪有撫子紋的旗幟。

桔梗

（加藤氏　加藤清正
明智氏　明智光秀等）

桔梗是秋天七草之一，綻放紫色的花朵。在武士當中，美濃土岐氏的桔梗紋相當有名。

到了戰國時代，明智光秀以淡藍色的桔梗紋為家紋。雖然明智光秀在本能寺討伐了主君織田信長，然而他的天下不過才維持十幾天，就在山崎之戰遭到羽柴秀吉擊潰，而桔梗紋也隨著其悲慘的命運為世人所知。日本中世的家紋幾乎都是採用黑白兩色，因此淡藍色的桔梗紋在當時顯得十分特別。

除了明智光秀以外，太田道灌與加藤清正亦使用桔梗紋。

七片喰

（長宗我部氏 長宗我部元親等）

片喰[78]紋是仿造酢醬草葉片形狀所設計的徽紋。從平安、鎌倉時代起就是常見的圖案，到了南北朝時代才轉變為家紋。由於酢醬草繁殖力強，象徵子孫滿堂，因此有不少武家以片喰紋為家紋。在植物紋當中的熱門程度僅次於桐紋。

由於有不少家族使用片喰紋，因此種類相當豐富。基本上以三葉為主，有些也會增添花及果實。此外為了展現武家本色，與劍一起搭配設計的「劍片喰紋」也相當受歡迎。

澤瀉

（福島氏 福島正則等）

澤瀉為水邊野生的植物，夏季時會綻放白色花朵，基本上為三片花瓣。自古便被視為帶有好兆頭的野草而受到喜愛，又名勝草或將軍草等。此外，整片澤瀉群生的模樣宛如舉起弓箭、排成一列的武士般，因此被武士們當成尚武的象徵，備受歡迎。

澤瀉紋可分成兩種，一種是清一色由葉片構成，另一種為花與葉組合而成的花澤瀉紋。澤瀉紋的葉子數量介於一到九之間，而搭配水紋的稱作水澤瀉紋。花澤瀉紋以一葉五花為基本款，偶爾也會出現七花或九花。另外，花又可分成綻放與含苞兩種。

丸橘
（井伊家　井伊直政等）

橘柑為蜜柑的原生種，果實小，香氣強，自古以來受到人們的重視。

據說自平安時代起已經開始使用橘的圖案，而在家紋方面，日本四大姓「源平藤橘」當中的橘氏亦以橘紋為代表紋。但後來橘氏敵不過後世藤原氏的勢力，逐漸走下坡，因此橘紋的使用率也跟著減少了。

在戰國時代，據說黑田如水曾侍奉橘氏家系的小寺氏，因此曾使用橘紋。而德川四天王之一的井伊直政亦以橘紋為家紋。

源氏香紋
（佐竹氏　佐竹義宣等）

自從香隨著佛教從中國傳入日本後，日本也開始在寺院或房間焚香、以焚香薰衣等。平安時代，貴族之間除了盛行名為「香合」的聞香遊戲之外，還會使用各種香來調配新香或是舉行練香[79]競賽。

源氏香[80]也是香合遊戲的一種，採用將五條縱線以橫線連接或是改變線段高度作為判斷香味異同的記號，不知何時開始便將源氏香的排列組合圖對應《源氏物語》五十四卷的標題，並欣賞其圖樣。而喜好香合遊戲的人們也開始以源氏香紋為家紋，其中又以佐竹氏的「花散里」最有名。

三葉葵

（德川氏　德川家康　德川秀忠等）

出現在三葉葵紋當中的葵，是生長於山間溼地、以短莖及心型葉為特徵的雙葉葵[81]。這種葵紋也是京都賀茂神社的神紋，又名賀茂葵。

自從德川家康開始使用三葉葵紋後，原本使用葵紋的丹波西田氏、三河伊奈氏及島田氏等遂更換家紋，如此由德川氏所獨占使用的葵紋，遂因此提高了權威性。

立葵

（本多氏　本多忠勝等）

因德川家家紋而聞名的葵，是在京都賀茂神社的例行祭典「葵祭」上開始使用的徽紋。在例行祭典上，葵被當作神聖的植物，後來成為賀茂神社的神紋。

如上一篇所述，隨著德川家康就任將軍之位、開始使用葵紋後，其他大名因顧忌德川家改用其他家紋，然而本多忠勝卻反其道而行，一直沿用立葵紋。其後，本多家亦持續使用葵紋。

竹中二羽雀

（伊達氏　伊達政宗等）

竹雀紋乃勸修寺家的代表性家紋，同族的甘露寺、清閑寺及池尻等，甚至連上杉家亦使用此紋。

據說上杉氏與伊達氏聯姻時，將家紋轉讓給伊達氏，自此伊達家開始使用竹雀紋。為了防止偽造家紋，據說伊達政宗在重要文件內會加上一種特殊設計，嚴密保護家紋的形狀。

竹中二羽飛雀

（上杉氏　上杉景勝等）

自古以來「松竹梅」一直被當成吉祥植物，因此竹也常出現在家紋中。

竹笹紋包括表現竹幹部分的「竹紋」、使用竹葉部分的「笹紋」，以及描繪竹葉與細竹幹的「根笹紋」，另外還有使用不同圖樣組合而成的徽紋。

「竹雀紋」可分成兩種類型，一種是在圍成圓形的竹幹中配置雀紋，另一種則是直挺的竹幹與雀。

二雁金

（柴田氏　柴田勝家等）

所謂雁金亦即現代的雁，體型較人且擅長飛行，常成群飛行。自古以來，雁群於初秋時分自北方飛來，其獨特的鳴叫聲自古以來為人們所熟悉。在二雁金紋中的兩隻雁為一雌一雄，牠們感情融洽地比翼雙飛，構成美麗的畫面。

對鶴

（南部氏　南部信直等）

自古以來，人們將鶴視為一種珍貴的靈鳥。俗話說「千年鶴，萬年龜」，鶴與龜亦被視為象徵長壽的吉祥動物。因此早在很久以前便出現諸多鶴的圖案，自平安時代起也常出現衣服或畫卷等上。而鶴紋就是將鶴的圖案用於家紋上。

由於鶴紋不僅美麗且能帶來好兆頭，因此種類相當繁多，最常見的是一隻鶴展開雙翼、構成圓形的圖案，稱作「鶴丸」。除此之外，「對鶴紋」、羽毛為植物形狀的鶴紋等也相當常見。

三足烏
（鈴木氏　鈴木孫一等）

烏是中國傳說中的神鳥，擁有三隻腳，為太陽的象徵。後來烏傳入日本後被稱為八咫烏，據說高皇產靈神曾派八咫烏擔任使者，引導神武天皇前往熊野三山。因此誓約用的牛王寶印上所畫的就是八咫烏，而八咫烏也被當作熊野三山（熊野本宮大社、熊野那智大社、熊野速玉大社）的神紋。

戰國時代，統治熊野紀伊國的雜賀眾鈴木氏以三足烏為家紋，相當有名。

武田菱
（武田氏　武田勝賴等）

菱屬於菱科一年生水草，夏季會綻放白色四瓣的花，其果實長有尖銳的尖角，可供食用。

關於菱的語源有諸多說法，包括「形狀如同葉子被壓扁」、「果實長有尖銳的突起」等。自古以來，菱就是種眾所熟知的植物，到了平安時代變得更加普及。最先使用菱紋的是武田氏，繼承了甲斐源氏的源流。

菱紋除了單獨使用之外，亦常與其他家紋搭配。

龜甲花菱
（直江氏　直江兼續等）

三盛龜甲
（淺井氏　淺井長政等）

龜甲圖案為正六角形的原始幾何圖樣。由於這種圖案是取自龜殼的模樣，故又稱為龜甲紋。龜不但與鶴一樣被視為吉祥動物，亦被認為是海的化身。

因此，有不少神社將龜甲紋當作神紋，像是島取出雲大社、廣島嚴島神社以及千葉香取神宮皆是。

龜甲紋的形狀有兩種，一種是單層龜甲框紋，另一種則是內層加上細線的雙重框「子持龜甲紋」。此外，龜甲紋鮮少單獨使用，大多與其他徽紋一起組合使用。而在龜甲內也會加入花朵圖案、文字或星紋。

隅立四目

（六角氏　六角義賢等）

目結紋的「目」是指隙縫與空隙，而「結」則是指連結。此外，據說有一種名為「鹿子絞染」的花紋，是將布料捆成一塊一塊的點狀經染色後完成的圖案，也是目結紋的由來之一。

平安時代到鎌倉時代初期的衣服、直垂及日常用品等相當盛行這種圖案，日後逐漸轉變成家紋。目結紋的形狀為方形，其中間目的外框為平行四邊形。此外根據目結數量的多寡，又名「一目結」、「三目結」等。

目結紋為宇多源氏及近江源氏的代表紋，而其分家亦使用此紋。

唐花菱

（陶氏　陶晴賢等）

唐花菱乃從唐朝傳入日本的圖案。原本的圖案為四瓣花樣，但家紋大多採用五瓣花樣。

從奈良時代起，唐花菱圖案開始出現在日常用品上，到了平安時代變得更加普及。不久，便成為家紋的一種。相較於唐朝傳入的寫實唐花圖案，唐花菱的特徵為單純簡約，沒有多餘的細節刻劃。

至於常出現在風呂敷包巾上的唐草圖案，其由來與唐花菱相同。

井筒・井桁

（井伊氏　井伊直政等）

井筒與井桁都是指水井突出地面的部分。以前，原本將○形構造的水井稱作井筒，井形構造的稱作井桁，後來出現誤用，因此用於家紋時，是將井形家紋稱作井筒紋，菱形井字紋則稱作井桁紋。

使用井紋的家族姓氏中大多帶有「井」字。根據《井伊家傳》中記載，由於井伊氏的祖先誕生於遠江國的一口名井，故取「好井」[82]的諧音，將姓氏記載為「井伊」。

井筒紋與井桁紋在江戶時代相當普及，根據井筒的組合、重疊方式及數量，衍生出二井筒、三井桁等。

北条鱗

（北条氏　北条氏康等）

鱗紋除了意指魚鱗之外，也是一種自古沿用至今的三角形原始幾何圖案。由於這種圖案讓人聯想到魚鱗，因此被稱為鱗紋，相當普及。其中又以北条氏的家紋「三鱗紋」最有名。後來小田原北条氏及鎌倉北条氏也繼承沿用此紋。

由於北条氏使用鱗紋，因此幾乎沒有其他家族使用。鱗紋的形狀以正三角形居多，儘管鱗片數量從一到九都有，但幾乎清一色為三鱗紋。不過北条氏以底邊較長的等邊三角形為主流，因此這種鱗紋又稱為北条鱗。

直違

（丹羽氏　丹羽長秀等）

又名「筋違」、「違棒」。基本上以兩條直線為主，有時甚至也會出現三條甚至九條直線交錯的。此外，根據直線的交錯方式，也有呈現出立體感的徽紋。其由來不詳。

據說在戰國時代，侍奉織田信長的丹羽長秀就是使用直違紋，其來歷據說是在某場戰役後只留下丹羽長秀所使用的馬印，上面所繪的圖案即為×印。

卍

（蜂須賀氏　蜂須賀正勝等）

眾所皆知，卍（萬字）紋是現代佛教寺院的記號，不過在古代巴比倫及亞述帝國等，過去世界各地都將卍字當作太陽的象徵或是神聖的印記。

後來卍紋透過佛教傳入日本，逐漸變成寺院等主要使用的徽紋。像是東京的淺草寺、京都的地藏院等都相當有名。

此外根據文字的方向，亦被稱作左卍紋或右卍紋。

足利二引兩

（足利氏　足利義昭等）

二引兩

（最上氏　最上義光等）

引兩紋是由粗橫線所構成的簡單徽紋。不過據說引兩紋的橫線象徵龍，亦帶有飛龍昇天之意，橫線數量有多少就代表有多少條龍昇天。

橫線數量從一條到八條都有，其中又以取得天下的足利將軍家家紋「二引紋」最有名。到了室町時代，為避諱與足利氏家紋使用同樣的徽紋，引兩紋大多與其他徽紋組合使用。將軍足利義昭曾將二引兩紋賞賜給細川幽齋及織田信長。

二頭立波

（齋藤氏　齋藤道三等）

古代人認為自然萬物皆有靈魂，並奉為信仰的對象，因此水中寄宿著海神及水神，而波浪正是水神的化身。他們認為波濤洶湧的時候代表水神憤怒，出現龍捲風時則是水神以龍的姿態現身。

戰國時代有不少武士偏好波浪的狂亂與其美麗的形狀，因而使用波紋。而漁夫為了祈求出海平安，亦使用波紋。美濃的齋藤道三曾使用過「立波」紋，據說山內一豐也因欣賞家臣所使用的波紋而跟著採用。

赤鳥

（今川氏　今川義元等）

垢取是指用來刮除馬梳齒間污垢的工具，後來被當作合印，並逐漸轉變成家紋。「赤鳥（akatori）」是取自垢取（akatori）的諧音字。

赤鳥紋以今川氏的「笠印」[83]最有名。據說，今川氏曾在富士淺間神社聽到神諭：「帶赤鳥行軍就能獲勝」，因而使用赤鳥紋。

中結祇園守

（立花氏　立花道雪　立花宗茂等）

祇園守紋是以京都八坂神社的守護符為主題設計的徽紋。

在江戶時代結束以前，八坂神社一直被稱為祇園社、祇園天神。因此信奉祇園神的神社及信徒都是以祇園守紋為家紋。

另外也有說法認為，祇園守紋可能是用來隱藏十字架的障眼法，成為隱性基督教徒的家紋。

丸十字

（島津氏　島津義弘等）

又名轡紋。馬轡是套在馬嘴上，用來繫上韁繩的道具。其設計及形狀經過各種工藝技巧的琢磨，成了出色的工藝品。轡紋因象徵尚武精神而受到使用，其中又以十字轡紋居多。

此外，由於江戶時代嚴禁基督教，故也有人認為轡紋可能是用來隱藏十字架的障眼法。

關於島津家十字紋的由來眾說紛紜，有說法認為是源自太陽的抽象形象，亦有文字紋及十字架紋的說法。另外，菊花紋同樣也是源自太陽的抽象形象。

抱杏葉

（大友氏　大友宗麟等）

杏葉是指馬身上的金屬製或皮革製裝飾物，當馬行走時會搖曳擺動，相當美麗。據說杏葉是從西南亞國家經由絲路傳入中國，再從中國隨著佛教傳到日本。杏葉原是馬鞍的附屬品，後來成為牛車等的裝飾物，不知從何時起開始用於家紋。

戰國時代，豐後守護大友氏以杏葉紋為家紋，後來鍋島信生在戰場上擊敗大友宗麟後，遂奪走杏葉紋當作紀念。另外，杏葉紋與茗荷紋的外觀雖然相似，不過從沒有葉脈、頂端沒有花這幾點，即可辨識出杏葉紋。

源氏車

（榊原氏　榊原康政等）

平安時代，常可在繪卷等上看到貴族以牛車為代步。而車紋則是以名為源氏車或御所車的牛車為範本，據說車紋在鎌倉時代初期開始被當作家紋。因此，車紋正式被稱為源氏車紋，也是車紋中最為常見的形式。除此之外，亦有以水車或風車為主題的車紋，不過一般提到車紋幾乎都會聯想到源氏車紋。

源氏車紋的形狀可分成圓形及半圓形，前者可用車骨數量來區別。附帶一提，水車紋是以灌溉田地的水車為概念，至於風車紋則是採用玩具風車的形狀，而非實際的風車。

七曜

（九鬼氏　九鬼嘉隆等）

九曜

（細川氏　細川幽齋等）

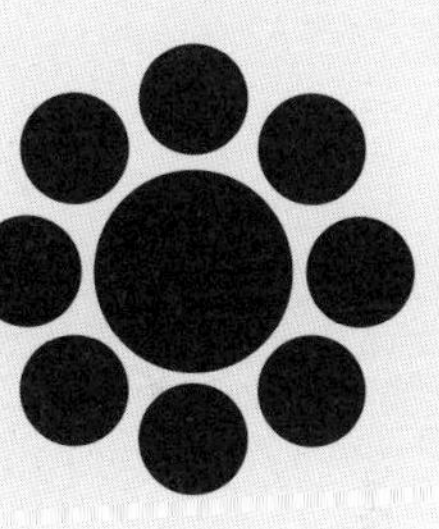

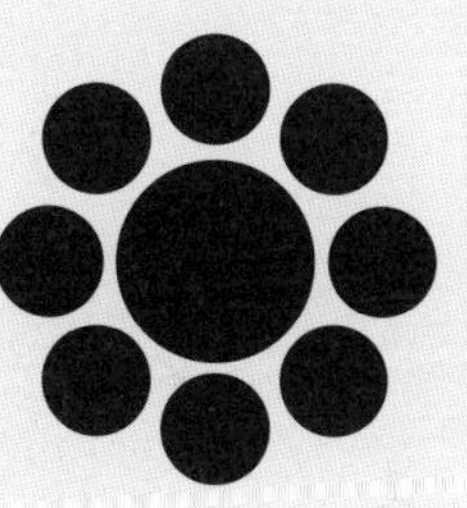

一文字三星

（毛利氏　毛利元就等）

自古以來，太陽、月亮及星星等天體一直受到人們的信仰與崇拜。將這些天體用圓形來呈現，並取星體閃耀之意，因而使用「曜」這個漢字。

九曜紋是上述家紋中最常使用的徽紋。中央的大圓代表太陽，周圍的八個圓則代表繞著太陽運轉的行星。當這八個圓與中央的圓形相接時，稱作「寄九曜」；若是這八個圓與中央的圓形分開時，則稱作「離九曜」。除了九曜紋外，尚有七曜紋、十曜紋等，除了形狀及周圍象徵星體的圓形數量不同之外，其意思完全相同。

此外，星紋是用來表示星星的徽紋，故少了中央的太陽，每個圓形大小一致。星紋包括三星、四星、五星及六星等。其中又以三星紋最常用，毛利氏的家紋就是在星紋上再加上「一」字。三星紋是指獵戶座中的三連星，在中國又稱為參宿，即將軍星，為人們信仰的對象。又名勝星，被視為贏得勝仗的星星。而三星紋上再加上「一」字，則代表「第一」之意。

蛇目

（加藤氏　加藤清正等）

蛇目紋的外形如同蛇眼般，因而得其名。此紋原是來自收納弓弦的道具「弦卷」的紋樣，故又名弦卷紋。

由於這種圖案設計簡單，種類也相當豐富，因此除了象徵武具之外，從鎌倉時代起在諸多日常用品上都會印有此紋。蛇目紋的使用者以加藤清正最有名，他深信蛇擁有靈力，故以此為替紋。此外，加藤嘉明亦使用蛇目紋。（兩家的家系不同）

左三巴

（小早川氏　小早川隆景等）

巴紋的由來是源自鞆繪，亦即從武士射箭時，纏在持弓手上的皮具「鞆」轉化而來的圖案。除了日本以外，巴紋亦常見於世界各地，像是中國周朝、唐朝的繪畫，現代在韓國國旗上也可看到巴紋。

由於巴紋的外觀與古代神器勾玉的外型相似，故被眾多神社當作神紋，例如京都的石清水八幡及八坂神社、千葉的香取神宮、茨城的鹿島神宮以及和歌山的熊野神社等。

到了鎌倉時代，武家才開始使用巴紋，而江戶時代有不少大名使用此紋。根據漩渦的流向，可分成左巴與右巴。

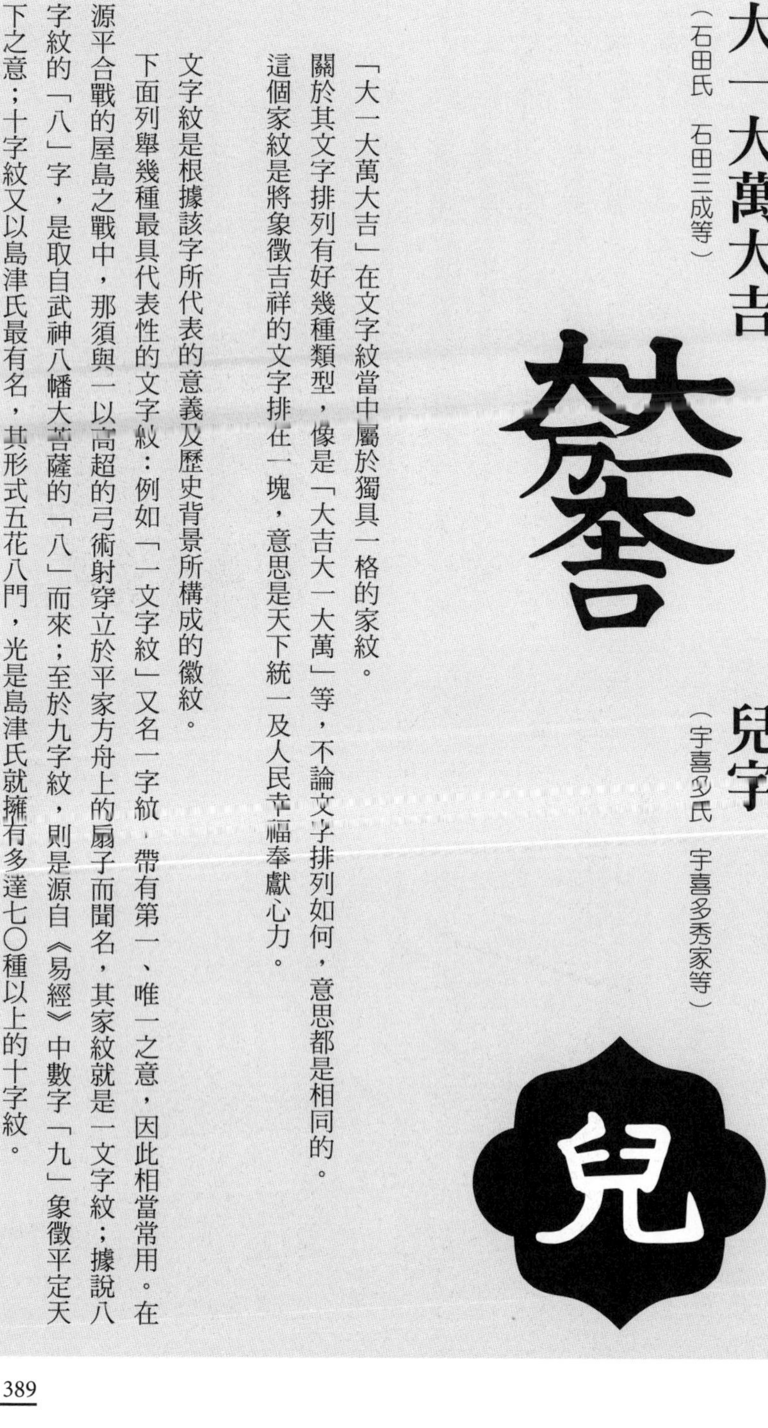

大一大萬大吉
（石田氏　石田三成等）

兒字
（宇喜多氏　宇喜多秀家等）

「大一大萬大吉」在文字紋當中屬於獨具一格的家紋。

關於其文字排列有好幾種類型，像是「大吉大一大萬」等，不論文字排列如何，意思都是相同的。

這個家紋是將象徵吉祥的文字排在一塊，意思是天下統一及人民幸福奉獻心力。

文字紋是根據該字所代表的意義及歷史背景所構成的徽紋。

下面列舉幾種最具代表性的文字紋：例如「一文字紋」又名一字紋，帶有第一、唯一之意，因此相當常用。在源平合戰的屋島之戰中，那須與一以高超的弓術射穿立於平家方舟上的扇子而聞名，其家紋就是一文字紋；據說八字紋的「八」字，是取自武神八幡大菩薩的「八」而來；至於九字紋，則是源自《易經》中數字「九」象徵平定天下之意；十字紋又以島津氏最有名，其形式五花八門，光是島津氏就擁有多達七〇種以上的十字紋。

六連錢

（真田氏　真田昌幸　真田幸村等）

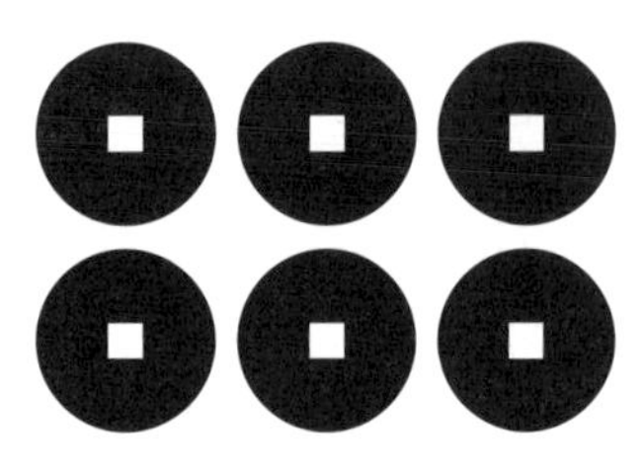

錢紋當中最有名的莫過於真田氏的六連錢紋。這是由六枚一文錢所排成的圖案，象徵佛教的六道。六道是指天道、人道、阿修羅道、畜生道、餓鬼道及地獄道。據說死者啟程前往彼岸時，三途川的過河費為六文錢，因此六連錢紋象徵真田氏隨時抱著必死的決心上戰場。

錢紋可分成帶有文字的有文錢紋，以及不帶文字的無文錢紋二種。日本自安土桃山時代以後才開始正式使用貨幣，在這之前所使用的是中國製貨幣，而「永樂通寶」就是其中一種。織田信長不但將永樂通寶當成軍旗使用，亦將此家紋賜給部下。

專欄 20

武器防具

一刀斬斷妖物的守護刀——笑面清江

這把有著奇怪名稱的脇差「笑面清江」，現由香川縣丸龜市立資料館所保管。

笑面清江曾被江戶時代的刀劍鑑定權威·本阿彌家評定為「無價（出色到難以定價）」的名刀。是由活躍於平安末期到鎌倉、南北朝時代的備中刀匠集團「青江派」所打造，將原長二尺五寸（約七十五公分）的太刀重新打磨成長一尺九寸九分（約六〇公分）的脇差，刀莖上刻有持刀者的刀銘「羽柴五良左衛門尉長」，而「長」字以下的部分則被切掉。

一般認為這個刀銘指的是織田家家臣丹羽長秀，但也有其他假說指出，刻這句刀銘的並非丹羽長秀，而是其子丹羽長重。相較於曾位居俸祿一二三萬石大大名的父親，丹羽長重則因做出諸多失態之舉，加上豐臣秀吉的策略，被貶為俸祿四萬石的小大名。有一說法認為，自覺不孝的丹羽長重刻意將這把名刀重新打磨成小刀，並將「重」字消掉，好讓後人誤以為此刀為偉大父親的愛刀。

這把刀之所以被取名為「笑面」青江，據說是源自這麼一段軼事：據說有一名武士在夜間行走時，斬殺了一名笑容令人發毛、朝他走來的女子，隔天早上他去確認情況時，發現連路旁的石燈籠（或是地藏菩薩石像、石塔）也一併被斬斷了。不過關於斬殺妖魔的人物卻不詳，最有力的說法有三種，分別是近江領主中島修理太夫、淺野長政的家臣、曾侍奉六角義賢的狛丹後守。之後，柴田勝家得到了笑面清江，再轉讓給其子柴田勝敏，而丹羽長秀於賤岳之戰討伐柴田勝敏，得到了笑面清江。據說，丹羽家後來將這把刀獻給豐臣秀吉，之後又先後賜給了豐臣秀賴及京極高次。

隨著歲月流逝，京極家被改封到讚岐丸龜，笑面青江也就成為鬧鬼的丸龜城之守護刀。二次大戰結束後，笑面青江從京極家外流出去，到了平成九年（一九九七）才由丸龜市買回。

後記

最近，動漫及電玩等各種娛樂產業，相當盛行以戰國武將及合戰為主題。就連電影及電視也是，雖然不比過去時代劇全盛時期，仍然持續製播及上映以戰國時代為舞台的作品。

而這類視覺媒體自然將重心放在勇壯華麗的甲冑武士，刻劃他們在戰爭中的活躍表現。近來，隨著有關武器甲冑的款式、合戰順序、戰國時期城郭的真相等學術研究成果，作為一般教養類書籍出版，使得有良心的創作者參考這些書籍創作，因此鮮少看到荒謬無稽的描寫，但現在卻變成難以區分正確的歷史考證與演出效果的界線。

這本書的誕生，是為了幫助各位讀者分辨歷史考證與演出的差異，進而享受戲劇作品的樂趣，同時對戰國時代產生更深一層的認識，藉此發現歷史的樂趣。不過對於原著作者及讀者們也相當期待的「老梗」場面——假設某位史實武將的勇猛無雙事蹟多不勝舉，他以一身忠於考證的裝束登場，卻手持大身槍用力一揮，輕而易舉地將周圍的敵兵一刀兩斷之類——本書也沒有打算不識趣地吐槽。

最後，我要感謝耐心統籌本企劃的Universal Publishing全體工作人員，以及與我共同擔任本書監修、同時也是我可敬的友人大山格先生，更要向繪製豐富又詳細圖解的諸位插畫家致上最深的謝意，這是本書最大的賣點。

中西　豪

主要參考文獻

秋山忠彌監修《圖說江戶八大江戶捕物帳》 學習研究社 二〇〇三年

池上裕子、池享、小和田哲男、黑川尚則、小林清治、三木靖、峰岸純夫《Chronic戰國全史》 講談社 一九九五年

伊澤昭二《歷史群像系列〔決定版〕圖說・戰國甲冑集》 學習研究社 二〇〇二年

伊澤昭二《歷史群像系列〔決定版〕圖說・戰國甲冑集二》 學習研究社 二〇〇五年

石原結實《改變日本！種子島的鐵砲與沙勿略的十字架》 青萠堂 二〇〇〇年

井筒雅風《原色日本服飾史》 光琳社出版 一九八二年

INDEX編輯部編《新版從家紋探索日本歷史》 ごま書房 二〇〇八年

榎本秋《徹底圖解戰國時代～賭上一族的存亡，目標稱霸天下～》 新星出版社 二〇〇七年

大野信長《戰國武將一〇〇家紋、旗、馬印FILE》 學習研究社 二〇〇九年

小笠原信夫《日本刀的歷史與鑑賞》 講談社 一九八九年

尾崎元春、佐藤寒山《原色日本美術二一甲冑與刀劍》 小學館 一九七〇年

小和田哲男《戰國一〇〇大合戰之謎（愛藏版）》 PHP研究所 二〇〇八年

小和田哲男監修《從地圖解讀戰國合戰的真實》 小學館 二〇〇九年

學習研究社編《歷史群像系列特別篇〔決定版〕圖說日本武器集成》 學習研究社 二〇〇五年

加藤秀幸、楡井範正《別冊歷史讀本從索引自由檢索家紋大圖鑑》 新人物往來社 一九九九年

河合敦《Visual讓人恍然大悟的日本史》 PHP研究所 二〇〇六年

河內國平、真鍋昌生《刀匠親授日本刀的魅力》 里文出版 二〇〇三年

川崎庸之、原田伴彥、奈良本辰也、小西四郎總監修《閱讀年表「日本史」》 自由國民社 一九九〇年

久留島典子《日本歷史一三一揆與戰國大名》 講談社 二〇〇一年

黑田基樹《戰國大名的危機管理》 吉川弘文館 二〇〇五年

笹間良彥《圖錄日本甲冑武具事典》 柏書房 一九八一年

笹間良彥編著《Visual版資料日本歷史圖錄》 柏書房 一九九二年

笹間良彥《時代考證日本合戰圖典》 雄山閣出版 一九九七年

笹間良彥《日本甲冑大圖鑑縮刷版》 柏書房 二〇〇七年

笹間良彥《圖說日本合戰武具事典》 柏書房 二〇〇四年

平凡社編《日本史事物事典》 平凡社 二〇〇一年

柴田光男《趣味的日本刀》 雄山閣出版 一九九一年

瀨田勝哉責任編輯《一看就懂日本的歷史二中世》 朝日新聞社 一九九三年

高橋敏《一看就懂日本的歷史三近世》 朝日新聞社 一九九二年

谷口克廣、伊澤昭二、大野信長《歷史群像系列特別篇〔決定版〕圖說・戰國武將一一八》 學習研究社 二〇〇〇年

得能一男《普及新版日本刀事典》 光藝出版 二〇〇三年

得能一男《日本刀圖鑑保存版》 光藝出版 二〇〇七年

所莊吉《火繩槍》 雄山閣出版 一九八九年

戶田藤成《武器與防具日本篇》 新紀元社 一九九四年

戶部民夫《圖解「武器」日本史不為人知的威力與形狀》 KK Best Sellers 二〇〇六年

戶部民夫《圖解武器・甲冑全史【日本篇】》 綜合圖書 二〇〇八年

名和弓雄《從繪畫看時代考證百科・槍、鎧、具足篇〉》 新人物往來社 一九八八年

西谷恭弘《復原 戰國的風景～戰國時代的居、食、住～》 PHP研究社 一九九六年

丹羽基二《家紋軼事事典》 立風書房 一九九五年

丹羽基二監修《家紋——愈瞭解愈有趣——》 實業之日本社 一九九八年

福島克彥《戰爭日本史一一 畿內・近國的戰國合戰》 吉川弘文館 二〇〇九年

藤木久志《雜兵們的戰場》 朝日新聞社 一九九五年

藤本正行《身著鎧甲的人們 合戰・甲冑・繪畫手冊》 吉川弘文館 二〇〇〇年

二木謙一《戰國 城與合戰 愈瞭解愈有趣》 實業之日本社 二〇〇一年

牧秀彥《劍技・劍術三 名刀傳》 新紀元社 二〇〇二年

松田毅一監修／東金博英 著《日本的南蠻文化》 淡交社 一九九三年

三浦一郎《復活的武田軍團 其武具與軍裝》 宮帶出版社 二〇〇七年

森本繁《村上水軍全史》 新人物往來社 二〇〇七年

山岸素夫、宮崎真澄《日本甲冑的基礎知識 第二版》 雄山閣出版 一九九七年

歷史之謎研究會《圖說完全揭露你想知道的「內幕」！戰國地圖帳》 青春出版社 二〇〇八年

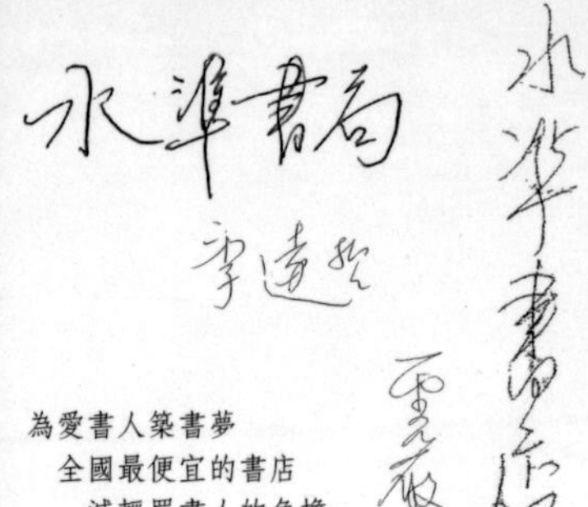

為愛書人築書夢
全國最便宜的書店
減輕買書人的負擔

閱讀——
守護心靈的力量
人之幸福貴賤，
全由心靈傾向來決定

少而學，則壯而有為；
壯而學，則老而不衰；
老而學，則故而不朽。

一曾大福

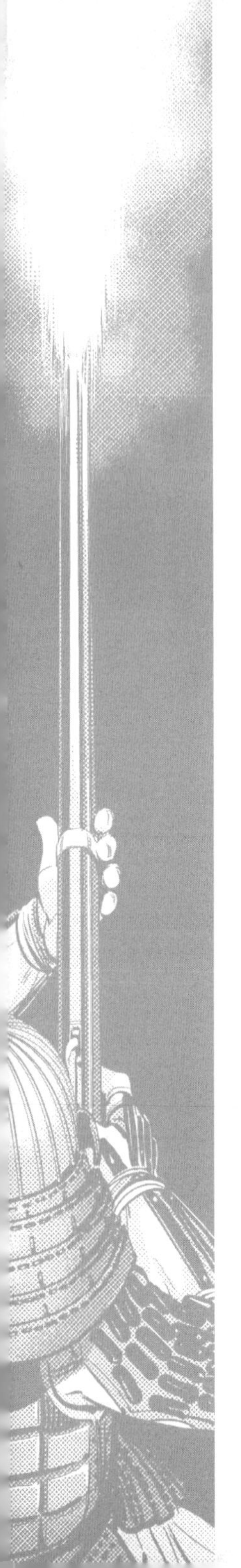

國家圖書館出版品預行編目(CIP)資料

戰國武器甲冑事典 / 中西豪, 大山格監修 ; 黃琳雅譯. -- 初版. -- 新北市 : 遠足文化, 2016.09-- (大河 ; 8)
譯自 : 戦国武器甲冑事典 : 戦術、時代背景がよくわかる, カラー版
ISBN 978-986-93512-0-1(平裝)
1.武器 2.戰國時代 3.日本

595.9 105014508

大河 08

戰國武器甲冑事典

カラー版 戦国武器甲冑事典：

戦術、時代背景がよくわかる

監修——中西豪、大山格
編集——Universal Publishing
譯者——黃琳雅
總編輯——郭昕詠
責任編輯—陳柔君
編輯——王凱林、賴虹伶、徐昉驊
通路行銷—何冠龍
排版——菩薩蠻數位文化有限公司

社長——郭重興
發行人兼
出版總監—曾大福

出版者——遠足文化事業股份有限公司
地址——231台北縣新店市民權路108-2號9樓
電話——(02)2218-1417
傳真——(02)2218-1142
電郵——service@bookrep.com.tw
郵撥帳號—19504465
客服專線—0800-221-029
部落格——http://777walkers.blogspot.com/
網址——http://www.bookrep.com.tw
法律顧問—華洋法律事務所 蘇文生律師
印製——成陽印刷股份有限公司
電話——(02)2265-1491

初版一刷 西元 2016 年 9 月
Printed in Taiwan

41 板物，即板札，用鐵或皮革等壓延製成的板所做成的小札板。

42 切付，製作甲冑的一種手法。這種手法是在橫長形板的上面部分刻出紋路，使其外觀看起來如同本小札及伊予札一般。

43 盛上札，室町時代以後，以厚塗手法上漆的小札稱作盛上札。這是因為這時期的小札既薄又小，為了彌補小札的凹凸不平，增進美觀，因而誕生。

44 石高，在日本近世用來表示土地的法定收穫量。隨著一五八二年實施太閣檢地後，成為年貢賦課的基準，亦用來表示大名及武士的領地與俸祿。

45 切支丹大名，信奉天主教的大名。

46 日輪，即太陽。

47 大黑頭巾，七福神之一的大黑天所戴的頭巾。

48 內眉庇，其位置較靠內側，通常下緣會沿著眉形。

49 齒朵前立，形狀如同蕨類般的前立。

50 三日月，即初三的上弦月形。

51 朱潤漆，潤色是泛指以朱色及黑色為基調混合而成略帶混濁的色調統稱。朱潤漆的顏色接近深褐色。

52 鯱，一種日本的幻想神獸，有著虎頭魚身、魚尾朝天的形象。通常會飾於屋脊兩端，以求避火除災。

53 日文中「葉を食う」是指吃葉子，而葉與刀的日文都唸作「は」，因此又暗藏「吃刀子」之意。

54 采配，作戰時用來指揮的令旗。

55 知行，在日本中世及近世，是指直接支配領地與財產。

56 張子，一種以竹、木、黏土製模，將紙糊於表面成形，乾燥後脱模的紙糊製品。

57 金泥、銀泥，將金粉及銀粉溶在膠液中所製成的塗料。

58 明珍，為甲冑師的流派之一，自室町時代起開始製作甲冑與鐵鐔，桃山時代初期為全盛期。

59 縮緬，一種有細小皺紋的絹織品，為了讓皺紋有起伏，通常採用經加捻的絲線做經線，織好後使用煮沸的肥皂水搓洗使布面產生皺摺。

60 居木，為搭在馬鞍的前輪與後輪之間的木頭。

61 三懸，漢字亦寫作「三繫」、「三掛」。

62 引兩，家紋的一種。為一條到三條的粗引線。二引兩紋，即二道粗引線。

63 以呂波耳本部止，平安時代的和歌〈伊呂波歌〉開頭第一句歌詞，意思是「（花的）顏色與芬芳」。第二句歌詞為「千利奴流乎」，意思是「終將消散」。一般認為，〈伊呂波歌〉是在歌頌佛教的無常觀。

64 法華宗，為日蓮宗的一派。

65 題目，指日蓮宗所誦唱的「南無妙法蓮華經」七字。

66 外樣大名，為江戶時代大名分類的一種。相對於代代跟隨德川家的譜代大名，關原之戰後才臣服於德川家的大名稱為「外樣大名」，例如長州藩（毛利家）、薩摩藩（島津家）等。

67 持城大名，日文中「白餅（shiromochi）」與「持城」的讀音相同。

68 總覆輪，覆輪是指以金、銀、錫等金屬裝飾甲冑、馬鞍或太刀邊緣的配件。如在兜鉢下方周圍飾有名為齋垣的裝飾配件，且兜筋及齋垣全都用覆輪滾邊，就稱作總覆輪。

69 片白，只有兜鉢正面的中央飾有篠垂。篠垂是從兜鉢頂端往下垂，形狀細長的劍狀金屬裝飾物。

70 吹返，指鞠的兩端向外翻的部分。

71 傾奇者，指喜好異風、穿著光鮮的服飾、及行為舉止超乎常識的人。

72 鬼會，在當世具足中將胸板稱作「鬼會」。

73 溜塗，是一種上漆的技法，先在木材上底漆再上紅漆，最後再厚厚地重複上透明漆。

74 天衝，用來裝飾兜的一種前立物，形狀如同鋼叉般。

75 襷（たすき），是指綁和服衣袖用的肩帶，長度約3公尺，寬約3～6公分，使用時從肩膀兩邊纏繞，在背後交叉呈十字狀，最後在腋下打結，就能固定住寬大的衣袖。

76 御所車，公家所搭乘的牛車俗稱。

77 槲樹，槲樹在日文中漢字寫作「柏」。在此為方便説明，將「柏紋」及「三柏」視為專有名詞，沿用日文漢字的表示方式。

78 片喰，即酢醬草。

79 練香，使用各種香料調配出自己喜歡的香味。

80 源氏香，玩法如下，取五種香，各準備五包，共計25包，混亂後從中任取五包放進香爐薰香，聞香後在紙上記載香味的異同。書寫方式如下：先在紙上劃五條縱線代表五個香爐，認為香味相同的就用橫線連接。源氏香的排列組合共計52種。

81 雙葉葵，中文名稱為「雙葉細辛」。本文為方便説明葵紋的由來，故採用日文名稱「雙葉葵」。

82 好井，日文原文為「良い井戸（ii-ido）」，取其諧音就變成「井伊（ii）」。

83 笠印，在戰場上，插在頭兜上方便辨識我方人員的標誌。

84 替紋，家紋分成定紋與替紋兩種，前者是指該氏族較常使用且正式的家紋，又稱為「代表紋」或「表紋」；後者則是指定紋以外的家紋，又稱為「裏紋」、「別紋」、「副紋」、「控紋」等。

12 鉢卷，即頭巾。

13 脛巾，即綁腿。

14 間（けん），是指分割之意。七間即分成七片，八間即分成八片。

15 袖，為鎧甲的附件，裝在肩上用來抵擋刀劍及弓箭的攻擊。

16 文永．弘安之役，又稱為「元寇」或「蒙古襲來」。日本鐮倉時代中期，元朝皇帝忽必烈與其屬國高麗曾二度派軍攻打日本，第一次是文永十一年（一二七四）的「文永之役」，第二次是弘安四年（一二八一）的「弘安之役」

17 長卷，刀劍的一種，從大太刀發展而來的一種武具。雖然有部分研究者及資料認為長卷與「薙刀」屬於同一種武具，但一般認為薙刀屬於「長柄武器」，而長卷則是為了讓大太刀更方便揮動所發展而成的一種「刀」，被歸類在刀劍類。

18 引合，指鎧甲、胴丸及腹卷等穿脱用的接縫處。

19 指物，是指戰國時代的軍旗。

20 有識故實，研究有關朝廷與武家自古以來的官職、法令、裝束、儀式、禮法的學問。又稱為「有職故實」。

21 家地，作為甲冑內裡之用的布料，常見的布料有錦、金襴、銀襴、綢緞等。

22 座盤，縫在籠手上，用來保護二頭肌與手臂的鐵板。

23 長柄足輕，手持長槍的足輕。

24 組紐，是由細線編織出花樣的繩子。

25 綾織物，一種透過經緯線交叉做出立體花紋的織品。

26 母衣，插在鎧甲背面作為裝飾，亦可當作防禦弓箭的防具。

27 丸胴，由一片甲片所構成，大多使用本小札或伊予札製成甲片，具有柔軟性，不須使用蝶番就能開合。

28 本小札胴，使用本小札所製成的胴。

29 縫延胴，使用切付伊予札製成的胴稱為縫延胴。

30 鎬，指形成稜線且突出的部分。

31 袴，即下半身穿著的褲子。

32 腳絆，即綁腿。

33 篠，製作籠手及臑當等的材料，為縱長形鐵板。

34 臑，即小腿。

35 千鳥掛，將繩子左右交叉綁緊。

36 垂，是附著在頰當顎下的配件，用來保護喉嚨。

37 肌襦袢，和服專用的內衣。

38 鞐（こはぜ），一種用法類似牛角扣的繩扣。

39 繰締繩，位於胴甲下端的繫繩，可讓胴與身體貼合。

40 上帶，綁緊鎧甲的繩子。或是綁緊胴的白色帶子。

40 火箸，夾取火鉢、火箱和地爐中的木炭時使用的筷子，一般以鐵製成。

41 萬刀，即園藝用的大型樹剪，又稱作「卍刀」。

42 分銅，即秤坨。

43 山名宗全，室町時代備後、但馬等中國地方的大守護。

44 公家，原是指天皇及朝廷之意，平安後期後泛指天皇身邊的朝臣。相對於武家。

45《北条記》，又名《小田原記》，屬於軍記物語，成立年代、作者均不詳。

46 山本勘助，戰國時代的武將及兵法家，三河人。據説其外貌為獨眼且瘸一隻腿，根據《甲陽軍鑑》記載，山本勘助熟知軍略，曾任武田信玄的參謀，最後在川中島之戰中戰死。

47 三太刀七太刀，據説川中島之戰時，在八幡原一帶，武田信玄以右手持軍配團扇接下上杉謙信在馬上揮下的一刀，其手臂及肩上也分別遭到第二、第三刀所傷。事後調查武田信玄的軍配團扇，發現上面有七道刀痕，後世便稱二人進行單挑之地為「三太刀七太刀之跡」。

48《信長公記》，本書是中世～近世的記錄資料，也是歷史上首部織田信長一代記，著者為信長的舊臣太田牛一。為可信度極高的史料。

49 外堀，位於城堡外側的壕溝。

50 內堀，位於城堡內側的壕溝。

第二幕　甲冑

1 蝶番，是用來連接前後胴甲、讓胴甲開闔自如的配件。類似現在的「鉸鏈」。

2 小札，構成甲冑最基本的材料，素材包括鐵板及皮革板。

3 埴輪，為排列在日本古墳頂部、墳丘四周或壕溝外堤的素燒陶器總稱，大致可分成圓筒埴輪及形象埴輪兩大類。

4 律令政治，律令制度是指以律令格式為基本法的政治體制，而採用此一體制治理國家就稱為律令政治，例如中國的隋唐時代、日本的奈良時代乃律令政治的全盛時期。

5 威毛，穿過小札上的孔，將小札串連起來的色線或皮繩，稱為威毛。

6 金具迴，甲冑當中，諸如胸板、脇板、壺板、冠板等鐵板製部分的總稱。

7 革所，使用皮革製作的部分。

8 金物，裝在甲冑上的金屬製裝飾品。

9 下帶，即兜襠布。

10 中帶，即綁緊小袖的腰帶。

11 引立烏帽子，為武士出征時，在兜下所戴的揉烏帽子。

譯註

第一幕　武器

1 這句話出自《朝倉宗滴話記》。《朝倉宗滴話記》原是朝倉宗滴的家臣萩原宗俊將宗滴的生平、所說過的話及訓示彙整成書，經後世編纂而成，成書時期不詳。這句話是全書最經典的名句，也彰顯了戰國武將「為求勝利不擇手段」的戰爭哲學。

2 差裏，刀鞘靠近身體那面稱為「差裏（さしうら）」，朝外那面稱為「差表（さしおもて）」。

3 小柄，附在刀鞘鯉口部分的小刀之刀柄。

4 鐔，日文為「つば」，漢字又寫作「鍔」。

5 源平合戰，史稱「治壽．承平之亂」，此戰是在平安時代末期（一一八〇～一一八五）源氏與平氏兩大武士家族為爭權奪勢而展開一系列戰爭的統稱。

6 帽子，漢字亦寫作「鋩子」。

7 膨付，「膨（ふくら）」是指切先的曲線部分，切先呈彎曲狀就稱作「膨付」，切先呈一直線則稱作「膨枯」。

8 法蘭索斯．卡隆（François Caron），流亡到荷蘭的法國休京諾派教徒，曾任初代法屬東印度公司長官，以及荷蘭統治台灣時期第八任台灣長官。

9 首實檢，由大將親自檢查敵人的首級，驗明正身。

10 大磨上，由於刀身太長，藉由截短莖尻來縮短整體刀身長度的手法，稱之為「磨上」。若截短到連莖上刻的銘文都看不見了，就稱為「大磨上」。

11 普請，即進行建築、修繕等工程。

12 本阿彌光悅，日本江戶時代初期的書法家、藝術家。本阿彌家歷代以刀劍鑑定、研磨及擦拭為業，但光悅在書法等藝術領域成就卓越，被譽為「寬永三筆」之一。

13 茶坊主，室町時代、江戶時代的官職名，剃髮及有佩刀，主要是在將軍及大名身旁供茶、接待訪客以及處理各項城內雜務。雖稱為「坊主」卻不是僧侶，屬於武士階級。

14 農民一揆，農民發起的武力抗爭。

15 門番，門衛。

16 番人，看守人。

17 蜻蜓，蜻蜓在日文中漢字寫作「蜻蛉」。

18 天草一揆，即「島原之亂」。為江戶時代初期發生於天草及島原的百姓一揆，以益田四郎時貞為首領，參加者多為基督徒。是日本史上規模最大的一揆，也是幕末前日本國內最後一場內戰。

19 駕籠，日式的箱型轎子，主要乘坐者為武士和貴族階層。

20 捏箭型（つまみ型），弓箭的射法會隨時代、民族、地域的不同而有所差異。捏箭型①與捏箭型②是最古老也最簡樸的射法，而捏箭型②是①的變化型。在未開化的部落常見到這種射法，不過以娛樂為取向的「四半的弓道」亦採取這種射法。

21 藤原廣嗣之亂，發生於日本奈良中期（七四〇年）的內亂，由貴族藤原廣嗣在北九州舉兵叛亂。

22 據説飫肥城是土持氏在南北朝時代所興建，戰國初期成為薩摩國島津氏的屬城，起初是由築城的土持氏負責治理。一四八四年，日向的伊東氏背叛土持氏，對飫肥城發動侵略。當時伊東氏的當主伊東祐國戰死，害怕伊東氏正式發動侵略的島津氏以此為契機，改由島津豐州家來治理飫肥城。失去當主的伊東氏對飫肥城的執念很深，其後也斷斷續續地進攻飫肥城。

23 四半的（しはんまと），是日本宮崎縣日南市飫肥地區所獨傳的弓術，被指定為日南市無形民俗文化財。由於標靶離射手的距離為四間半（約8.2m），使用的箭長四尺半（約1.36m），標靶大小為四寸半（約13.6㎝），因而將這種弓術稱為「四半的」。

24 匁為重量單位，一匁相當於三．七五公克。

25 指物師，專門用木板製作木箱、桌椅、衣櫃等傢俱的木匠。

26 金具師，專門製作金屬零件的工匠。

27 口藥，即點火藥。

28《鐵砲記》，慶長十一年（一六〇六），薩摩國大龍寺的禪僧南浦文之奉種子島久時之命所編纂有關鐵砲傳入的歷史書。

29 小槍，直到江戶時代結束之前，日本人將大型槍砲（砲）稱作「大槍（大銃）」，小型槍砲（槍）稱為「小槍（小銃）」。

30 志能備．志能便，日文發音「しのび（shinobi）」與戰國時期有忍者之意的「忍」一樣，即後來的「忍者」一詞的始源。

31 透波，日文發音為「すっぱ（suppa）」。由於忍者的行動總是出人意表，突然襲擊人，因此當秘密突然被揭發、戳破就叫做「すっぱ抜き（suppa-nuki）」，而透波正是取其發音而來。

32 虛無僧，遊走諸國，邊吹著尺八邊化緣，帶髮修行的僧人。

33 山伏，在山中修行的修驗道行者。

34 大道藝人，相當於街頭藝人。

35 手品師，變戲法的人。類似現在的魔術師。

36 同心，日本近世初期附屬於武家的下級兵卒，尤其是指步兵。

37 放下師，「放下」是盛行於日本中世～近世的一種街頭藝能，在戶外表演雜技維生的表演者就稱為放下師。

38 猿樂，又稱為申樂，為盛行於日本古代～中世的一種藝能，也是能樂與狂言的源流。

39 撒菱角，菱的果實均具有突出的尖角，以前的忍者常將曬乾後的菱角撒在地面上，用來妨礙追捕者的追趕。

索引

一劃

二劃

三劃

四劃

九劃

十劃

十一劃

十二劃

十三劃

十四劃

十五劃

十六劃

十七劃

十八劃

十九劃

二十劃

二十一劃

二十二劃

二十三劃

二十四劃

二十五劃